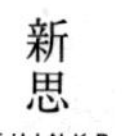

有思想和智识的生活

食物如何改变我们人类和全球历史

NEAR A THOUSAND TABLES

a history of food

Felipe Fernández-Armesto

［英］菲利普·费尔南多－阿梅斯托 著

韩良忆 译

中信出版集团 | 北京

图书在版编目（CIP）数据

吃：食物如何改变我们人类和全球历史 /（英）菲利普·费尔南多-阿梅斯托著；韩良忆译 . -- 北京：中信出版社，2020.1（2022.6重印）

书名原文：Near a Thousand Tables: A History of Food

ISBN 978-7-5217-1187-5

Ⅰ. ①吃… Ⅱ. ①菲… ②韩… Ⅲ. ①饮食—文化史—世界 Ⅳ. ① TS971.201

中国版本图书馆 CIP 数据核字 (2019) 第 233189 号

Near a Thousand Tables: A History of Food

吃：食物如何改变我们人类和全球历史

著　　者：［英］菲利普·费尔南多-阿梅斯托
译　　者：韩良忆
出版发行：中信出版集团股份有限公司
　　　　　（北京市朝阳区惠新东街甲4号富盛大厦2座　邮编　100029）
承 印 者：河北鹏润印刷有限公司

开　　本：880mm × 1230mm　1/32　　印　　张：11.5
字　　数：257千字　　插　　页：8
版　　次：2020年1月第1版　　印　　次：2022年6月第6次印刷
京权图字：01-2019-3288
书　　号：ISBN 978-7-5217-1187-5
定　　价：68.00元

目 录

自　序

英国报业巨子诺斯克利夫勋爵（Lord Northcliffe）曾对手下记者说，下列四个题材一定会引起公众的兴趣：犯罪、爱情、金钱和食物。其中只有最后这一个是根本且普遍的事物。即使在秩序最混乱的社会，犯罪也只是少数人关心的话题。我们可以想象没有金钱的经济体和没有爱情的繁殖行为，却无法想象没有食物的生活。我们有充足的理由把食物当成世上最重要的主题。在大多数时候，对大多数人来说，食物是最紧要的事情。

然而食物的历史却相对遭到冷落，至今仍被大多数学术机构所忽视。[1]有关这方面最杰出的研究，多半来自业余爱好者和文物研究者。对于如何着手研究也是众说纷纭，莫衷一是。有些人认为，应该致力于研究营养和营养不良、基础食物和疾病；有些人则不怕被讥为浅薄之辈，认为本质上应该研究烹饪之道。经济史学家将食物视作生产和交易的商品，当食物到达要被人送入嘴里的阶段，这些学者就会失去兴趣。对社会史学家而言，饮食是体现差异性和阶级关系变化过程的指标。文化史学家则越来越关心食物如何滋养社会和个体，即食物如何满足认同、界定团体。在政治史学界，食物是附庸关系的要素，而食物的分配和管理是权力的核心。人数虽少但声势日壮的环境史学家，则认为食物是连接存在之链的环节，是人类拼命想要主宰的生态体系的实质所在。我们与自然环境最亲密的接触，发生在我们把它吃下去的时候。食物是欢乐和危险的主题。

近年来，或可说是自法国年鉴学派在二战前开始教导史学家正视食物以来，各式各样的研究方法层出不穷，这使得相关的学术论述成倍增加，也使人更难综合各家之研究。今天，如果有人想撰写食物史纲要，可以找到大量令人赞赏却难以处理的资料。很多历史期刊效法年鉴学派，时常刊登相关文章，专业期刊《闲话烹饪》（*Petits propos culinaires*）也已发行逾二十年。由艾伦·戴维森（Alan Davidson）和西奥多·泽尔丁（Theodore Zeldin）创办的“牛津食物史研讨会”，为感兴趣的学生提供了研究焦点，并持续出版会报。出色的通史书籍也纷纷上市，包括蕾依·塔娜希尔（Reay Tannahill）初版于 1973 年、迄今仍广受好评的《历史上的食物》（*Food in History*），玛格隆妮·图桑-沙玛（Maguelonne Toussaint-Samat）初版于 1987 年的《食物的自然史和伦理学》（*Histoire naturelle et morale de la nourriture*），以及 1996 年 J. - L. 法兰德（J. - L. Flandre）与 M. 蒙塔那利（M. Montanari）编撰的文集《营养的历史》（*Histoire de l'alimentation*）。

然而，由于新的数据源源不绝地出现，我们越来越难以通过定期修订，对数十年以来最杰出的作品做差强人意的更新。塔娜希尔的著作虽名为“历史上的食物”，实则仍坚守“我们如何走到今天这一步”的传统，并不很关心众多读者特别感兴趣的话题：食物史和一般历史之间的关系。图桑-沙玛的著作结集了一系列不同食物历史的论文，堪称知识宝库，整体却失之散漫、缺乏条理。法兰德和蒙塔那利的文集，是当时最具学术气息也最专业的雄心之作，却只讨论到西方文明和古代的食物史。如同大多数由不同作者共同撰写的著作一样，该书虽然趣味盎然，却欠缺连贯性。《剑桥世界食物史》(*The Cambridge World History of Food*)在本书即将完成的2000年才问世。戴维森所编撰的《牛津食物指南》(*The Oxford Companion to Food*)出版于1999年，这本书参考价值很高，极适合浏览，但是它所涉范围太广，使它自成一格；研究重点也并未放在食物的文化上，而侧重讨论食物作为营养来源这个功能。

本书无意取代其他的食物史著作，而是想提供给读者另一个有用的选择。本书旨在采取真正的全球视野；把食物史当成世界史的一个主题，和人类彼此之间以及人类与自然之间的一切互动密不可分；平等处理有关食物的生态、文化和烹饪各方面的概念；兼收并蓄，既有概观式的论述，也在某些例子上做巨细靡遗的探讨；在各个阶段追踪过去的食物和我们今日进食方式之间的关联；并尽可能精简地完成上述种种目标。

我所采取的方法是将全书分为八个章节，我称之为八大“革命”。在我看来，将这八章联合起来就可呈现食物史的全貌。传统方法是依产品种类或时代地点划分章节，但我采取的方法应可做到更简明扼要。我所谓的“革命”，并不代表过程快速的时代插曲。相反，尽管我也承认这些革命都是在特定时刻展开的，但它们都起步蹒跚、过程漫长，而且影响深远。有些革命的源头已在浩瀚的史前时代烟云中佚失；有些在不同的时代、不同的地方展开；有些则从很久以前便已开始，如今仍在进行。虽然我已尽量按照广泛的编年结构提出论述，但是读者应会发觉我笔下的革命并非依照时间次序先后展开，而是互有交集、错综复杂。在某种意义上来说，所有的革命都是食物史的一部分，对世界史其他层面都有明显的影响。为了强调这些延续性，我尽量在时间和地点的转换上做到清楚流畅。

第一场革命是烹饪的发明，我认为从此以后，人类变得有别于自然界其他生物，而社会变革的历史也从此展开。紧接着，我讨论到食物不仅能维持生命，食物的生产、分配、准备和消费促成了仪式和魔法，吃变得仪式化、非理性或超乎理性之上。我谈到的第三场革命是“畜牧革命”——可食的动物被驯化，经挑选后加以养殖。在此，我的论述局限于以植物为基础的农业革命发生以前的时代，而把农业革命放在第四章，这么做一来比较方便，二来可以让读者注意到我的一个主张，即至少有一种动物养殖业——蜗牛养殖——比一般所认为的早了许多。第五场革命是将食物当成区分社会阶层的指标，在此章，我从可能源起自旧石器时代的争夺食物形同角逐特权的现象，谈到现代优雅又布尔乔亚式的饮食，设法从中爬梳出一条连续不断的脉络。第六场革命涉及远程的食物贸易，以及食物在文化交流中所扮演的角色。第七场是近五百年来的生态革命，亦即如今一般所称的“哥伦布交流”，以及食物在其中的位置。最后，我将讨论到19世纪和20世纪“发展中”世界的工业化过程，食物对它有何贡献，而工业化又如何影响了食物。

本书主要写作于2000年学校放假期间，大部分篇章算是我在为前一本著作《文明》搜集资料时的副产品，该书探讨了文明和环境之间的关系，2000年在英国出版，美国版则在2001年上市。荷兰人文社会科学高等研究院院士以及美国明尼苏达州太平洋客座教授这两项职务，帮助我厘清了一些想法，解决了一些问题。我深深感谢这两个机构提供给我美妙有趣又有价值的工作环境。

菲利普·费尔南多-阿梅斯托

于伦敦大学玛丽女王学院，2001年1月1日

第一章

烹饪的发明

THE INVENTION OF COOKING

第一次革命

“我们首先需要的呢，”海象说，“就是条面包。外加胡椒和醋，的确非常好吃。这会儿，亲爱的牡蛎呀，你们要是准备好了，咱们就可以开始大快朵颐啦。”

——刘易斯·卡罗尔（Lewis Carroll），

《爱丽丝镜中奇遇记》

（*Through the Looking Glass and What Alice Found There*）

所以，一切一览无遗，生的食物正在火上烧，这不但可叫注重保健的人闭上尊口，还可替屋里增添生气。

——威廉·桑瑟姆（William Sansom），

《蓝天空，褐书房》（*Blue Skies, Brown Studies*）

火带来了改变

牡蛎不是这样吃的。你在餐厅里常可见到挑剔的食客拨弄着牡蛎，要么把包在棉纱布里的柠檬挤出汁来，淋在牡蛎上，要么在上头浇点怪味醋，要不就洒上几滴红艳艳的塔巴斯哥辣酱（tabasco），或其他辛辣得叫人双眼发直、喉头为之一呛的辣酱。这可是存心挑衅的举动，用意是要刺激这些贝类，使它们在临死之前回光返照。这不过是小小的一番拷打，你偶尔会觉得看到受害者的身躯扭动或退缩了一下。接着，吃客举起勺子，撬开壳，让牡蛎脱壳而出，滑进弯曲清冷的银匙中。他举起这滑溜溜的软体动物，送至自己的唇边，牡蛎的光泽和餐具的银光相映生辉。

大多数人喜欢这样吃牡蛎，然而这意味着，他们因此丧失了完整且真实的牡蛎时刻。你应当抛开那些器具，将半边壳举至嘴边，脑袋朝后一仰，用牙齿把这小家伙从它的巢穴里一刮而下，尝尝它带着海水味的汁液，让它在舌上稍微停一下，以便味蕾玩味玩味，接着才将它生吞下肚，你要是没这么做，可就硬生生错失了历史经验。长久以来，吃牡蛎的人都是这样品尝壳内那略带腥臭的强烈味道的，并没有淋上可以去腥的芳香酸调味汁。高卢诗人奥索尼乌斯（Ausonius）就爱如此食用“这甘美的汁液，其中混合了妙不可言的大海之味”。有位现代的牡蛎专家则是这么说的：你旨在接收“大海锐利的直觉，以及所有的海草与和风……你正在吃大海，就这么回事，只不过在魔法的点拨下，有股奇妙的感觉自那一口吞下的海水中逸散而出”。[1]

在现代的西方烹饪菜品中，牡蛎有其独特的地位，不用煮也不必宰杀即可食用。牡蛎可是我们最接近“天然”的食物，堪称唯一足可冠上“天然风味”这一形容词的菜品，而且这说法当中并无一丝嘲讽意味。当然，在餐厅食用牡蛎时，训练有素的专家会运用全套的繁文缛节，外加合宜的技术、神圣不可侵犯的仪式和华丽优美的花招，替你处理好并撬开牡蛎壳。在那之前，牡蛎并不是天赐宝物，并非就生长在岩壁上或水洼中任人摘取，而是被养在水底的石板或木头棚架上，群聚于牡蛎床上，在专家的密切注意下成长，而后由熟手收获采集。不过，牡蛎却是把我们和列祖列宗结合在一起的食物。一般认为自有人类以来，我们的祖先就生食牡蛎以摄取营养，而这也正是你吃牡蛎的方法。

有些人在一把抓起一颗梨或一粒花生，直接生食咀嚼时，总以为自己听到梨和花生在哀叫。你就算跟这些人一样，还是得承认在现代西方烹调中，除了几种菌类和海藻以外，牡蛎其实可谓最“天然”的食物。我们所吃的蔬菜水果都经过千年万载以来一代代人的精挑细选、改良培育，就连直接从树丛上摘下来的“野生”浆果也不例外。牡蛎则是经过自然淘汰过程留存下来的生物，品种未经人类改良，会随着海域的不同而有显著的差异。而且，我们是趁牡蛎还活生生的时候就把它吃掉。其他的文化还有更多这一类的食物，例如澳大利亚原住民爱吃木囊蛾幼虫，趁幼虫肥嘟嘟的，体内还有未完全消化的木髓，就将它们自橡胶树上刮下；北极圈内的涅涅特人（Nenet）把自己身上抓下来的虱子放进口中咀嚼，“像在吃糖”；[2]南苏丹的努尔人（Nuer）情侣，据说会互相喂食从头发里现抓下来的虱子，彼此示爱；东非的马萨伊人（Masai）会生饮从活牛的伤口挤出的鲜血；埃塞俄比亚人爱吃里头藏有幼蜂的蜂巢；我们则吃牡蛎。小说家毛姆说过，吃牡蛎这回事，有种“讨人厌的装腔作势”，是“想象力迟钝的人所领略不来的”，[3]而且这铁定会叫《爱丽丝镜中奇遇记》里的海象发出赤诚的哀泣。此外，牡蛎算是相当不平常的一种生食，因为牡蛎一经烹煮便美味尽失。英国人会把它们加进牛肉腰子派的馅里，裹上培根肉串起来做串烧，或者浇上厚厚一层各种口味的奶酪酱汁，做成名为“洛克菲勒牡蛎”和“马斯葛雷夫牡蛎”之类的菜肴；再或者，加进鸡蛋里，煎成中国厦门的名菜蚝煎；或将牡蛎剁碎了，作为小牛肉或其他大菜的填料，凡此种种的做法都是为了掩盖牡蛎本身的滋味。有时，创意食谱还比较成功，有一回我在伦敦的雅典娜神殿饭店吃到一道蛮不错的牡蛎菜肴，牡蛎用葡萄酒醋稍微煮过，上面浇了一点菠菜口味的贝夏美白酱（bechamel）。这类的尝试好玩归好玩，在美食境界上却难能有所超越。

牡蛎是极端的案例，然而所有的生食都有迷人之处，因为生食实在反常，这显然与文明产生前的世界，甚至进化史上人类尚未出现的阶段有关。人类所独有的奇行怪举并没有很多种，烹调是其中之一，之所以称其为奇行怪举，是因为如果从自然的角度来看，以大多数物种摄取营养的方式为标准，那么烹调还真是奇怪的举动。史上最漫长且最不走运的探索之一，就是追寻人类本质的这趟旅程，人们汲汲于探究到底是什么特质使人之所以为人，使人类在集体上有别于其他动物。这项追寻却始终徒劳无功，迄今只有一项可被检验的客观事实将人类与其他物种区分开来，那就是，我们无法和其他动物成功交配。其他一些所谓的人类特质，要不令人无法接受，要不就令人难以置信。有些说法听来可信，却不够严谨。我们大言不惭地表示“意识”乃人类所独有，却不很明白“意识”是个什么玩意儿，也不知道其他动物是否拥有“意识”。我们宣称唯有人类拥有语言，可是倘若我们有能力和其他动物沟通，它们大概会反驳这个说法。我们在解决问题这件事上，相对还算有创意；我们也算有适应力，能居住于不同的环境。我们使用工具——特别是使用导弹时，手还算灵巧。我们在创造艺术和具体实现想象力这两件事上，算是有雄心。就某方面来说，在上述这些事例中，人类的行为和其他物种之间的差距实在巨大，因此我们或可放心表示，两者的特质确实不同。在使用火这件事上，我们的确匠心独具，虽然有些猿猴经过教导也学会用火，招数却很有限，就只有点烟、燃香或看着火不让火熄灭等等，不过这些猿猴必须得经人的指导才能学会。同时，自古至今也只有人类会主动地利用火。[4]有不少标志能证明人类是具有人性的，烹调好歹也算其中之一，只是它存在一个重大局限，那就是，在漫长的人类史上，烹调是晚期才诞生的一项创新。根本没有证据显示烹调已有50万年的历史，而烹调可能起源于15万年以前的证据，又无法令人彻底信服。

当然，这一切都得看所谓的烹调所指何意。正如古罗马诗人维吉尔所说的“地煮”（terram excoquere），有人认为，耕作即是一种烹调的形式，在烈日下曝晒泥土块，把土地变成烘烤种子的烤炉。[5]

胃够强壮有力的动物经由咀嚼反刍来调理食物，又为何不能被归类为烹调呢？在狩猎文化中，猎人在捕获猎物后，往往会犒赏自己一顿，大啖猎物胃里未完全消化的东西，如此一来，便可即刻恢复他们在打猎时消耗的元气。这是种既天然又原始的烹调，乃是迄今所知最早的加工食品。包括我们人类在内的许多物种，都会先把食物咬碎了吐出来，喂给婴儿或老弱者，以便后者进食。食物不论是置于口腔中温热也好，用胃液分解也好，还是咀嚼咬碎也好，都应用到某种将食物加热加工的过程。你一旦把食物放在水中漂一漂，便开始在加工处理食物了，有些猴子在食用坚果前就会这么做。不过，确实也有真正嗜食生食的怪人，就爱把食物连同泥土一起吞下肚。小说《远离尘嚣》（*Far from the Madding Crowd*）里的农夫奥克，便“从来不会为最纯净的泥土而大惊小怪”。

你一旦把柠檬汁挤在牡蛎上，便开始改造牡蛎，使得它的质地、口感和味道产生变化，广义来讲，或可称之为烹调。把食物腌很久，就和加热或烟熏一样，也会将食物转化。把肉吊挂起来使其产生腥气，或者将肉置于一旁使其稍稍腐败，都是加工法，目的在于改良肉的质地，使之易于消化，这显然是早于用火烹调的古老技术。风干是种特殊的吊挂技术，它能使某些食物产生彻底的化学改变。掩埋法也是如此，这种技法以前很常见，能促使食物发酵，如今则少见于西方菜品中，不过 gravlax（北欧式腌渍鲑鱼）这个词倒还留有此古风，它字面上的意思正是“掩埋鲑鱼”。另外，有若干种奶酪以前也采用掩埋这种“类似烹调”的传统技法，制作时需埋进土里腌渍，如今则改用化学上色，使奶酪表面色泽暗沉。有些骑马的游牧民族在漫长的旅途中，把肉块压在马鞍底下，利用马汗把肉焖热、焖烂，以便食用。搅拌牛奶以制作奶油，使液体变成固体，乳白变成金黄，简直像炼金术。发酵法更是神奇，因为它可将乏味的主食化为琼浆玉液，让人喝了以后改变言谈举止，摆脱压制，产生灵感，走进充满想象力的领域。凡此种种转化食物的方法既然都这么令人瞠目称奇，生火煮食这件事为何会显得格外出众呢？

倘若真有解答，那么答案就在于生火煮食对社会所造成的影响。用火烹调堪称有史以来最伟大的革新之一，这并非由于煮食可以让食物产生变化（有很多别的方法都有这个功效），而是因为它改变了社会。生的食物一旦被煮熟，文化就从此时此地开始。人们围在营火旁吃东西，营火遂成为人们交流、聚会的地方。烹调不光只是料理食物的方法而已，在此基础上，社会以聚餐和确定的用餐时间为中心组织了起来。烹调带来了新的特殊功能、有福同享的乐趣以及责任。它比单单只是聚在一起吃东西更有创造力，更能促进社会关系的建立。它甚至可以取代一起进食这个行为，成为促使社会结合的仪式。太平洋岛屿人类学的先驱学者马林诺夫斯基在特罗布里恩群岛（Trobriand Islands）研究时，有一个仪式极大地吸引了他的注意，那就是基里维纳岛（Kiriwina）上一年一度的红薯收获祭，祭典中的大多数仪式都是在分配食物。人们一边击鼓、舞蹈，一边把食物聚拢成堆，然后抬到家家户户，以便各户人家私下进食。大多数文化都把真正开始吃东西当成祭典的高潮，但是基里维纳岛的祭典却“从未共同达到高潮……祭典的要素存在于准备的过程中”。[6]

在有些文化中，烹调暗喻生命的转变。比如加利福尼亚原住民以前会把刚生产完的妇女和进入青春期的少女抬进地上挖的坑洞里，然后把垫子和热石头堆在她们身上。[7]在另外一些文化中，料理食物变成神圣的仪式，不但促成社会的产生，献祭时四散的烟和蒸气也滋养了上苍。亚马孙人认为“烹调行为是在天地、生死、自然和社会之间调和的活动”。[8]他们归纳出的这个观念，大多数社会都至少在某几项烹饪行为中有所体现。

日本人一般称呼一餐为“御饭”，字面意思为“可敬的米饭”，[9]这不但反映出米饭在日本是餐餐不可或缺的基本食品，也反映出进食这件事的社会性质——实际上，应该说是社会地位才对。仪式性的餐食成为衡量人生的尺度。有新生命诞生时，邻居亲友会致赠红色的饭或加了红豆的米饭为贺礼；小孩满周岁时，父母会把被孩子的小脚踩过的米糕碎片分赠给亲朋好友。新屋落成时，得供奉两条鱼谢神；入住新居时，则需宴请邻居。婚礼结束时，新人应赠送食品给观礼嘉宾，往往是鹤形或龟形的糕饼或鱼板，鹤和乌龟都是象征长寿的吉祥物；葬礼和忌日时，则会出现其他种类的餐点。[10]

> [在印度社会中]有关食物的规矩极端重要，这些规矩标示并维系社会界限和差异。不同的种姓纯净程度有别，这一点反映在食物上，有些种类的食物能和别的种姓分享，有的不能……生的食物可以在所有的种姓之间流通，熟食则不可，因为熟食可能会影响到种姓的纯净状态。

熟食还有更精细的分类，用水煮的不同于用澄清奶油煎炸的食物。煎炸食品可以在较多的种姓之间交换，水煮食品则受到较大的限制。除了食物能否共享与交换有一定的规矩外，某些特殊地位的人还有特定的进食习惯和饮食规定。举例来说，最高、最纯净的种姓必须吃素，“比较不纯净的种姓才会吃肉饮酒，而有些贱民吃牛肉的行为则明显标示出其种姓的低下”。[11] 尼泊尔唐区（Dang）第三阶级的塔鲁人（Tharu）不和种姓较低的人交换食物，也不让低种姓者在自己家里吃东西，但是他们吃猪肉和鼠肉。斐济人禁忌之复杂，让他们成为人类学家乐于研究的对象。在斐济，某些特定团体一起进食时，只准吃彼此互补的食物；如果有战士在场，首领吃捕获的猪，而不吃鱼或椰子，这两样必须留给战士食用。[12]

眼下，在自诩现代的文化中，我们所说的生食在上桌以前已经过精心料理。我们必须采用“我们所说的生食”这样的明确用语，因为“生”实为文化所塑造的概念，或至少是经文化修饰过的概念。我们一般在食用多数水果和某些蔬菜前，都尽量不加以料理，我们理所当然地认为，这些蔬果本就该生食，因为这在文化上是件正常的事，可没有人会说这是生的苹果或生的莴苣。只有碰到一般是煮熟了吃，但生食亦无妨的食物，我们才会特别指出这是生胡萝卜或生洋葱等等。在西方国家，生鲜上桌的鱼和肉实在太不寻常了，令人联想到颠覆和风险、野蛮与原始等意涵。中国人传统上会把野蛮部落依开化程度区分为“生”番和“熟”番，西方在为世人分类时自也有类似的心态，西方长久以来的文学传统把好吃生肉和蛮荒、嗜血以及一空腹便怒气冲冲的恶形恶状画上等号。

西方最经典的“生”肉菜品就是鞑靼牛排。菜名中提到中世纪时形象凶残的蒙古人，又名鞑靼人（Tatar），鞑靼是其中一支蒙古部落之名。此二字令中世纪的民族志学者联想到古典地狱观念中的深渊“塔耳塔洛斯”（Tartarus），因此用“鞑靼”二字来妖魔化蒙古敌人简直再合适不过。[13] 然而我们今日所知的这道菜却是非常讲究的佳肴，肉被绞碎，变得又软、又烂、又细，色泽鲜丽。好像为弥补它的生似的，这道菜在餐厅的备菜过程演变为一整套的桌边仪式，侍者一板一眼、行礼如仪，把各式添味的材料一样样拌进碎肉中，这些材料可能包括调味料、新鲜药草、青葱和洋葱嫩芽、酸豆、少许鳀鱼、腌渍胡椒粒、橄榄和鸡蛋。淋点伏特加虽非正统做法，却能大大增添菜肴美味。文明社会所认可的其他生肉、生鱼菜品，同样也完全失去其天然状态，味道都调得很重，并经过精心料理，好脱去它野蛮的本色。"生"火腿经过盐腌及烟熏。意大利式生牛肉要以优雅的手法切得薄如蝉翼，还得淋上橄榄油，撒点胡椒和帕马森干酪，这才入口。北欧式腌渍鲑鱼如今虽不再用掩埋法制作，但仍得抹上一层层的盐、莳萝和胡椒，并浸在鲑鱼本身的鱼汁中好几天才能食用。让·安泰尔姆·布里亚–萨瓦兰（Jean Anthelme Brillat-Savarin）在 1826 年的著作中写道："如果说我们的远祖吃的肉都是生的，那么我们尚未完全失去这习性。最细腻的味蕾仍旧能品味阿尔勒香肠和博洛尼亚香肠、烟熏汉堡牛肉、鳀鱼、新鲜的盐渍鲱鱼等等。这些东西通通未经烧煮，却依然能勾起人的食欲。"[14] 他的这本著作直到今日仍被美食家奉为圣经，被饕餮者当成自我辩护的依据。

西方如今正时兴的寿司就以生鱼为材料，鱼肉要么不调味，要么只加一点醋和姜；不过这道料理的主成分却是熟米饭，有时会撒点烤芝麻。"刺身"则比较复古，回归绝对的生鲜状态，但还是经过悉心的料理：生鱼片必须用利刃切得薄透纤美，摆盘务必高雅，如此一来，生食的状态反而更能令食者感觉到自己正在参与教化文明的过程。配菜必须分开来切成各形各状，呈碎末、细丝或薄片，同时得附上好几样精心调配的酱汁。丹麦人喜欢用生蛋黄当酱汁或盘饰，即使如此，还是得把蛋黄、蛋白分开，只有蛋黄才上桌。南非作家劳伦斯·范·德·波斯特（Laurens van der Post）曾在埃塞俄比亚被款待以“生肉流水席”，食物本身虽未经多少处理，宴会过程却充满繁文缛节。

> 众位宾客依序传递生肉，那肉刚从活生生的牲畜身上割下，不但血淋淋，而且仍然温热。每个男人用牙齿牢牢地咬住肉块一侧，然后用利刀往上一削，削下正好一大口的量——在这过程中，一不小心，便会削下自己鼻头的皮。[15]

肉片并非就这么空口吃，而得蘸上贝若贝若酱（berebere），这种酱料热辣得“叫人以为这肉已经烫熟了”。此酱也可把一锅炖菜变得“火辣到令人简直耳朵都要流血了”。[16]经常有人会隔着男人肩头递一片肉给默立在用餐者身后的妇孺。这些食物都只是狭义上的生食，大不同于其天然的状态——暂且不管那天然状态是什么模样——因此我们想象中的原始人类祖先就算看到了，想必也认不出它们是什么，这些祖先应当是手上有什么可吃的就吃什么。人类开始用火煮食后，生食在世上大部分的地方似乎都成为罕见之事。

在大多数文化中，烹调的源头要么可追溯至一项神圣的恩赐——“普罗米修斯之火”，要么就得归功于某位幸运的文化英雄。古希腊人认为，火是逃离奥林匹斯的叛神者泄露给凡人的秘密。古波斯人相信，有位猎人射偏了石弹，从而自石块中央引出了火。达科他的印第安人则认为，当初是美洲虎神的爪子不断抓地而引起了火花。对阿兹特克人来讲，第一把火便是太阳，是众神在一片黑暗的太古时代点燃了这把火。库克群岛的居民则认为，天神茂伊（Maui）降临大地时，把火带到库克群岛。澳大利亚一原住民族群则在一种图腾动物的阳具里发现火的秘密；另一族群则认为是女人发明了火，她们趁男人出外打猎时用火煮食，然后把火藏在阴部。[17]“每个人都有自己的普罗米修斯”，几乎每个文化也都有自己的普罗米修斯之火。[18]

人类究竟是何时开始使用火的，我们不得而知。[19]所有的相关理论似乎都有如擦石取火，短暂地放出火花，其中最令人难忘、寿命最长的一项理论，乃“现代古生物学之父”步日耶神父（Abbé Henri Breuil）所提出。1930年，则轮到步日耶的年轻门生德日进（Pierre Teilhard de Chardin）成为20世纪思想史上最具影响力的人物之一。这位耶稣会神父兼考古学家秉承了耶稣会科学和传教相结合的优良传统，在中国一边传教，一边考古，挖掘出“北京人”的洞穴居处。这种原始人生活在50万年前，照理讲，当时应该尚未出现工具，人也还不会用火。德日进拿了一只鹿角给步日耶看，请教老师的意见。步日耶答道：“被火烤过，而且被一种粗糙的石器切割过，可能不是燧石，而是某种原始的劈砍工具。”

“不可能，”德日进回答，“这是周口店出土的东西。”

“我才不管它是在哪儿出土的，”步日耶坚称，“有人制造了这东西，而且那个人会用火。”[20]一如其他有关人类何时开始用火的理论，近年来有越来越多人对上述理论存疑。不过，步日耶仍从周口店出土的灰石堆中重构了一个复杂的原始人社会，其理论固然引人入胜，却难免包含了一些奇想的成分。他在想象中为北京人勾勒的生活画面是这样的：一个女人在磨燧石，一个男人则在切鹿角，附近还有两三个人在生火。男人一打出火花，女人赶紧用手中握着的一束干草叶去接火，"接着她会把火拿到炉边，这用小石头堆砌成的炉子，就在他们两人之间。他们身后还有另一堆火，熊熊的火焰上正烤着一头野猪"。[21] 事实上，相关的遗址一直未出现使用燧石或用火的证据。

我们或可推论，人类会用火之后，接下来必然就会用火来把食物烤熟。现代西方社会有个最常见的迷思，与之相关的代表性叙述可参见英国作家查尔斯·兰姆的名作《论烤猪》(*A Dissertation Upon Roast Pig*)，其中对烹调的起源有一番想象。有个养猪的农人粗心大意引起一场大火，把一头乳猪意外烧死。

> 其中一只早夭的受难者的残骸冒出浓浓的白烟，他不安地绞着手，正想着该怎么对父亲启齿时，一阵香味扑鼻而来，他以前从未闻过这么香的味道……就在此时，口水自他嘴角流出，濡湿了下唇。他不知该做何感想，紧接着，他弯下腰摸了摸猪，看看那头猪是否还有一丝生气。他烫伤了手指，却仍傻劲不改，赶紧把手指塞进嘴巴里，好凉一凉指头。烧焦的猪皮屑随着手指进了他的口，他有生以来第一次尝到了——脆猪皮！（说实在的，是世界破天荒头一遭，因为他是天下头一个有此经历的人。）[22]

"事情一发而不可收拾"，直到一位贤明之士出面干预，"烧房子的习俗"才被淘汰。这位贤士"发觉不必放火烧掉整间房子便可烹饪（他们称之为‘烧灼’）猪肉——实际上，应该是任何一种动物的肉”。[23] 耐人寻味的是，据兰姆说，这项重要的技术源自中国，而就整体而言，中国的确是有史以来世上技术发明最多的国家，只是西方通常并未给予适当的认可。至于兰姆认为用火烧烤乃是偶然的发明，这一点就属于老生常谈了。在史学著述中，“偶然”近来有复苏之势，因为量子物理学和混沌理论显示，我们活在随机的世界中，无法追溯的原因似乎的确会引起不可预知的后果。埃及艳后克利奥帕特拉的鼻子就像蝴蝶翅膀：在蝴蝶效应中，某地的蝴蝶翅膀拍动，可以在地球另一边掀起一场风暴；而要不是埃及艳后那几厘米长的鼻子偏偏就那么美丽挺直，说不定就绝对不会有罗马帝国的诞生。“虚拟历史学家”如今老是告诉我们，若非这件或那件偶然的事件，整个历史的进程都会不一样，某某王国就因为缺了根钉子而失败。然而老实说，只有通过历史的记录才看得出来，偶然的因素是否真的左右了事情的走向。偶然为我们提供了一个模型，使我们得以解释“原始”社会的变迁，而我们往往自以为是地认为，原始社会如一潭死水，愚昧且固定不变。可是创造发明并非在偶然间发生，就算有，也极为罕见，发明的背后一定有想象力的落实与切乎实际的观察。

早在人类学会用火以前，某种形式的烹调可能即已出现。很多动物会被吸引到野火烧过之处，在余烬中翻寻被火烧烤过的可食种子和豆类。今日仍不难看到野生的黑猩猩拥有此种觅食的技巧，而我们可以放心大胆地将其类比为原始人类觅食者。[24] 对拥有足够智力和灵敏度的动物来讲，火烧后满目疮痍的树林的几个特征，比如一堆灰烬和倾倒半焦的树干，看起来可能都像是天然的烤炉，虽仍冒着烟，却不会烫得无法触碰。硬壳种子和豆子、无法咀嚼的豆荚和软骨皮肉，这么一来都吃得下去了。

烹调是人进行的第一个化学活动。烹调革命是破天荒的科学革命：人类经由试验和观察，发现烹调能造成化学性质的变化，改变味道，使食物更易消化。尽管现代的营养专家经常针对肉类中的饱和脂肪酸提出恫吓，使得肉食失宠，但肉仍是人体最好的蛋白质来源，只是肉实在含有太多纤维，也太有韧性了。烧煮使得肌肉纤维中的蛋白质熔化，使胶原变成凝胶状。如果是直接用火烧烤（最早的厨师们采用的大概就是这项烹调技术），那么在肉汁逐渐浓缩时，肉的表面就会历经类似“焦糖化”的过程，因为蛋白质受热会凝结，蛋白质链中的胺类和脂肪中含有的天然糖分，就会产生“梅拉德反应（焦糖化反应）”。有史以来，淀粉便是大多数人热量的来源，可是直到人类用火煮食后，淀粉质的摄取才变得有效率。热度能够分解淀粉质，释放一切淀粉质当中都具有的糖分。同时，干火能将淀粉中含有的糊精烧成棕色，我们看到这颜色，便感到安心，因为这代表食物熟了。在史上大多数的文化中，除了直接用火烧食物以外，另外一个主要的烹调法就是用水煮。水煮可以软化肉类的肌肉纤维，使碳水化合物的分子膨胀，当加热到 80℃时，分子会破裂并扩散开来，汤汁就变得浓稠了。热力改变了其他食物的质地，使食物变得容易咀嚼，或易于用手剥开，这是“在饮食习惯开化的过程中第一个重大的突破，要等到很久以后，才出现筷子和刀叉”。[25] 由于加热烹调使得食物更容易消化，人就可以多吃一点，现代人一生可以吃掉足足 50 吨的食物。这多多少少提升了人类的效率，也进一步带来了摄食过量的可能，从而对社会产生某些影响，我们稍后再讨论有哪些影响（参见第五章）。

烹调除了能使可食的东西更易摄取，还会施展更神奇的魔法，那就是把有毒的东西转化为可口的食物。火能毁灭某些食物中的毒素。对人类而言，这种可化毒为食的魔法尤其可贵，因为人类可以储存这些含有毒素的食物，不必害怕别的动物来抢，等到人类自己要食用前再加热消毒即可。这个文化优势使得苦味木薯成为古代亚马孙人的主食，也使一种名叫“纳度”（nardoo）的苹属植物的种子成为澳大利亚原住民的佳肴。亚马孙人当成主食的苦味木薯是制作木薯粉的常见原料，其中含有氰酸，只要一餐的分量就可以把人毒死，但是苦味木薯经捣烂或磨碎、浸泡在水中并加热等烹调程序处理以后，毒素就会被分解。印第安人当初如何发觉木薯的这种特性，进而种植并当成主食，这个问题至今没有定论，惹人好奇却也令人百思不解。[26]烹调可以消灭大多数害虫。猪肉中常含有一种寄生虫，人类吃了以后会得旋毛虫病，但加热烹调后就变得安全无虞。以快火将食物彻底煮熟可以杀死沙门氏菌，高热则可杀死李斯特菌。有个例外应特别注意，大多数的烹调程序并不能杀死最致命的细菌——肉毒杆菌。传统烹调法中可以达到的最高温度毁灭不了这种细菌，不过添加大量酸料倒是可以抑制它的生长。

一旦人亲眼看到加热对食物产生的影响，用火烹调这件事立刻就走上康庄大道。focus（焦点）一词不论照字面来讲或探究其词源，都意指“壁炉”。人一旦学会掌控火，火就必然会把人群结合起来，因为生火护火需要群策群力。我们或可推测，早在人类用火煮食以前，火即是社群的焦点，因为火还具有别的功能，使得人群围拢在火旁：火提供了光和温暖，能保护人不受害虫、野兽侵扰。烹调让火又多了一项功能，使得火原本就有的社会凝聚力更加突出。它使进食成为众人在定点定时共同从事的行为。在烹饪出现之前，人们没有什么动机共同进食。整合的食物可以当场吃掉，也可以随个人意愿私下食用。虽说我们可以想象原始人类聚集在一副生的兽体四周，好像秃鹰围在骨头旁边，但是在人开始用火烹调以前，进食这件事却未必能聚合社群。狩猎、宰杀动物和维护集体安全等共同行动固然激发了群体合作，然而猎来的兽肉或捡拾来的腐肉却可以分配下去各自食用。直到火和食物结合在一起后，大势所趋，社区生活的焦点才沛然成形。进食以独特的方式成为社交行为：共同进行却不必同心协力。用火烹调赋予食物更大价值，这使得食物不再只是可吃的东西，还开启了充满想象力的新可能性：餐食可以变成祭品、爱筵、仪式，以及种种借着火的神奇转化功能所促成的事物，其中之一便是将彼此竞争的人转化为社群。

在现代社会，或至少可以说是近代以来，人仍可重拾或重新体会这种凝聚力所具有的原始感觉。有“农民哲学家”之称的加斯东·巴什拉（Gaston Bachelard）在20世纪30年代对童年往事有过以下一段追忆：

> 火比较像社会产物，而非天然物质……当热腾腾的松脆烘饼在我的齿间嘎巴嘎巴作响时，我吃下了火，吃下它金黄的色泽、它的气味，甚至它燃烧时噼噼啪啪的声音。因此，带着某种奢侈的快感……火总是如此这般地证明它的人性。火不只能烧煮，还能把烘饼变得香脆金黄。它把物质形式带进人类的节庆。不论追溯到多久以前的时代，食物的美食价值总是在它

的营养价值之上，而人类是在喜悦而非痛苦中找到自己的灵魂的……黑色的大气锅悬挂在链条上，这口三足锅立在热灰的上方，我祖母会拿着一根钢管，鼓起双颊吹气，好扇醒沉睡的火焰。在这同时，所有东西都在炉上煮着，有喂猪的马铃薯，还有给一家人吃的上好马铃薯。热灰里头捂着一只新鲜的鸡蛋，那是给我吃的。[27]

最初的食品科技

从火的驾驭到用火来烹调，不论在实践上或观念上，都得发挥创意十足的想象力，才能迈出这重大的一步。在有些气候环境中，火很快就能生起来；在有些地方，只要手边有燧石和易燃物品，生火就不是难事。然而在远古时代，大多数社会并没有理想的生火环境，火因此是神圣的，必须收藏妥当，保持不灭。甚至在现代社会，我们有时也会保持圣火不灭，比如在纪念逝去的尊亲长辈时，或彰显“奥林匹克理想”时。而过去在大多数地方，保持火种不灭并随身携带，往往比需要时再起火简单得多，也可靠得多。有些民族甚至失去了或从来就不懂得生火的技术，他们也可能认为火太神圣了，自己根本没有能力学会生火。这恰好能解释塔斯马尼亚岛、安达曼群岛和新几内亚若干部落的一种习俗：这些部落的人一旦碰到火种熄灭，并不会设法自行生火，反而会外出向邻居求火。在天主教和东正教的复活节光明仪式中，守夜弥撒在黑暗中展开，基督教传统在此保存了一个远古的记忆：当时的社会要是失去火种而不得不设法重新生火，可是件很严重的事。

就算火俯拾可得，要将它应用在烹调上也并非易事。[28] 有些食物用火直接烧烤也好，吊挂起来用烟熏也好，还是埋在余烬中焖烤也好，都很好吃。如果火本来就另有其他用处，比如当作篝火、用来取暖或吓阻野兽、恶魔等而一直保持不灭，用上述方法来烹调倒也方便。这种烹调能够制出非常精美的菜肴。然而倘若没有固体燃料，这却是件不可能的事，即使在拥有最好设备的现代高科技厨房里也并不方便。古希腊美食家、诗人杰拉的阿切斯特拉图（Archestratus of Gela）建议在鲣鱼上撒点马郁兰香料，然后用无花果叶包裹起来，埋进余烬中焖烤，直到叶子焦黑且冒烟。[29] 烧烤看似并不复杂，却可以有多种变化。食物可以先涂上酱料腌制后再用火烤，也可边烤边淋上精选的酒料或酱汁。倘若这就是最初的烹调法，它至今仍是极美味的一种，无疑也是极普遍的一种。现代的户外烧烤或野外烤肉活动与西方文学中相当知名的一场盛宴一脉相承，那就是《奥德赛》中涅斯托尔为了向雅典娜致敬而举办的宴会。

> 利斧朝小母牛的颈腱劈下，它登时倒地不起。此时，妇女扬声欢呼……深红的鲜血涌出，生命离开了小母牛的躯体。他们利落地将其分解，按平常的办法割除腿骨，用肥脂包裹骨头，然后将生肉置放其上。尊贵的国王将肉放在柴火上烤，一边在火上淋浇红葡萄酒；青年们则手持五齿叉，聚拢在火边。牛腿表皮烤焦了，他们尝了尝里头的肉，然后将其他的部位分割成小块，叉起了肉，举到火上，把肉烤熟。[30]

我们或可猜测上述的方法正是最原始的烹调技术，不过此法却显然大有缺点。能用此法烹调的食物并不多，必须细火慢炖的食物就无法应用此法。同时，牛得生宰活杀，这让人虚耗掉太多的力气，另外还得消耗大量的燃料。而且，其中显然还暗示了此法十分野蛮，因为这些肉只做了最基本的屠宰处理就送到火上烧烤。1910 年，有位意大利人来到南美大草原时，骇然见到高乔人（gaucho）以“全然原始”的方法烤肉。他们连皮带肉一起烤，“以便保存鲜血淋漓的肉汁”，然后坐在树干上，用剃刀割肉，就这么吃将起来。[31]

热石烤锅的发明替早期的厨师找到了解决办法。他们用火烧热石头，再把食物放在热石头上，把食物烤熟。[32] 此法尤其适合原本就有外壳或皮的东西，比如带壳的螺或贝，或一些外皮较硬或韧的果实或野生谷物。这么一来，食物经加热后，原汁并不会流失。另外，也可以像用余烬焖熟食物那样，先用叶子把食物包裹起来。想利用这种方法来烹调时，可以把两块热石头叠起来，中间夹着食物，不过这并不代表石烧法和余烬焖烤法效果相同。因为石头压在食物上头，它的重量会造成影响，如果想避免这种情形而预留些空隙，又会形成气孔，削弱全面加热的效果。有几个由来已久的办法可以解决问题，就是改用合适的草叶、草根土或兽皮来当作上方保温层。稍有冒险精神的旅行者今日仍不难见到这种烹调方式。饮食作家雨果·唐-梅内尔（Hugo Dunn-Meynell）数年前在库克群岛吃到用叶片包裹、置于浮石上烤熟的木薯、面包果、芋头、章鱼、红薯、乳猪、鹦鹉鱼和用番石榴汁腌过的鸡肉。当地人在地上挖坑，坑里堆放椰子壳当燃料，再把浮石置于火上。有些家族的坑炉已用了一个半世纪之久。他们用两根香蕉树树枝摩擦生火，点燃椰子壳。[33]

至少直到近代，当代文明中最近似热石烹调的做法，是海滨烤蛤餐会。19 世纪末和 20 世纪初，新英格兰的拓荒先民常举办向印第安人学的烤蛤餐会，这种餐会可是社区民众共同参与的盛事。理查德·罗杰斯（Richard Rodgers）和奥斯卡·汉默斯坦二世（Oscar Hammerstein II）合作的百老汇音乐剧《天上人间》（*Carousel*），就曾把这个全民餐会的情景搬上舞台。在剧中，“那场野餐会办得可真好”，大伙儿“可真开心”。这出音乐剧捕捉到了那股坦荡而纯真的浪漫精神，而人们今日缅怀传统的海滨烤蛤餐会，回忆的也是这股精神。美国画家温斯洛·霍默（Winslow Homer）有幅画作也描绘了烤蛤餐会的情景，画中的食烤蛤者全神贯注地进行烤蛤这件大事。他们得从沙里挖出蛤蜊，以漂流木和海藻为燃料烤热石头。由于蛤蜊一受热就会开壳，因此上方保温层千万不能有渗透性，否则蛤蜊天然的汁液会整个蒸发掉，蛤肉就会变得很难吃。

热石烹调史上有一项重大的改良措施，就是烹调坑的出现。这项革新之举实在精巧，却不需要多少工具，只要有一个可以挖洞的器具即可。干燥的坑里只要堆放热石头，即成烤炉；把坑挖深一点，深至地下水位以下，用同样的方法加热后，便可拿来烫煮或煨煮食物。这代表了一项至为重要的革新，重要性超过至今烹调史上所有后续的技术革新：它使人能够用水煮食，开创了一种新的烹调法。在那以前，只有一种烹调法可以与之比拟，就是用兽胃或兽皮盛水当锅，吊在火堆上。1952 年在爱尔兰科克郡的巴利沃尼（Ballyvourney）发现的实例虽较晚，却很有代表性。该地区的地下水位够高，因此水并不会外渗。公元前 2 千纪，有人在泥炭沼泽上开凿了一个凹槽，槽边铺了木材，凹槽附近有座用干土堆成的烤炉，土堆中央铲了一个洞，洞壁铺有石头。[34] 单是在爱尔兰便有至少

4 000 个类似的遗址。[35] 就地试验的结果显示，只要定时更换新的热石，并用草根土当盖子，仅需数小时即可煮熟一大块肉，效果很不错。运用此法，仅需半个钟头即可将 70 加仑 * 左右的水煮沸。如果土质是黏土，人们通常会把内壁的土烧成像陶器一样，这么一来内壁便不会渗水，可以将水倒入坑里。另一种做法是用黏土涂抹坑洞内壁，而后加热使黏土变硬。

除了在野外做试验，现代的西方社会已不易找到坑煮的菜肴。美国西部名人詹姆斯 ·H. 库克（James H. Cook）在他持续到 20 世纪、长达数十年的牛仔生涯中，将一道菜视为人间美味，那就是“印第安风味”猪头肉：地上挖一个 2.5 英尺 † 深的洞，堆满烧得火红的煤炭，然后把整个猪头埋进煤炭里，焖烤数小时。猪头“自洞中取出时，焦黑得像一大块煤炭，可是味道香极了，惹得荒野子弟食指大动，埋首大嚼美味”。[36] 在太平洋许多地区和印度洋部分地区的乡下地方，地洞烹调法仍受到传统厨师的喜爱。不过，我们不能不承认这种烹调法在文明社会逐渐被淘汰，此法有一大缺点，那就是，只为了烧几样不需多少火力便可烹调的简单小菜，或即使只不过想要干烤一下食物，都得大费周章，先在坑洞外生火，再把热石头移至坑内。在印度和中东有种一般称之为“坦都烤炉”（tandoor）的土窑，烧烤食物的效果和地洞烹调法类似，甚至一模一样。坦都菜品绝对沿袭自地洞烹调法。坦都烤炉本质上就像个烹调坑，只不过突出地表，不在地里。燃料火源置于烤炉当中，炉顶隙缝得开得不大不小，既要宽大得足以提供燃烧所需的氧气，又要窄小得便于用厚

---

* 英美制容量单位。英制 1 加仑等于 4.546 升，美制 1 加仑等于 3.785 升。——编者注

† 英美制长度单位。1 英尺等于 0.304 8 米。——编者注

重的盖子遮盖起来，这样一来，加上盖子以后，炉内的火虽逐渐熄灭，温度却不会降低很多。整座烤炉变热时，可以把面团贴在外壁，制成烧饼。火灭了以后，则利用烤炉保温的特性来烤肉、烤鱼和烤蔬菜，或用来炖砂锅菜。

用余烬焖烤也好，把石头架在火堆上烧烤食物也好，在地上挖洞烧烤也好，直接在火上烤也好，凡此种种烹调术的出现绝对都在烹调专用器具发明以前。贝壳在古代或可充当还不错的保温锅，但是世上没有多少地方找得到足够大的贝壳，可以一次煮上足量的食物，只有乌龟之类动物的壳有可能早在锅具出现以前即为人所用。可是在人类史上，就算是用木头凿成的锅都可以肯定是相当晚的发明，土锅或金属锅的年代当然还要更晚。编织叶片或草则是较易掌握的技术，只要能取得合适的植物，就可以制成完全不漏水的器皿，美洲西北部至今仍有人使用这类器皿。有关远古时代的人类如何发明陶土器具，有个常见的说法是，古人为了把柳条编织的器皿吊挂在火上烤，而在器皿上涂抹黏土作为隔热层，因此发明了陶器。

由于篮子本身易腐烂，所以无法追溯得知人类何时开始用锅形器皿烹调。不过在此之前还有个更简单的办法，就是用动物的皮、胎膜或胃当容器煮东西。大部分动物的皮都不大适合拿来当密封容器；在煮兽肉前先把皮剥下来，曝晒后做成衣物、袋子和遮篷倒比较划算。然而大多数四足动物的内脏却是天然的烹调器皿，既不会渗漏，弹性又足够，可用来盛装兽肉和其他可食部位等各种食物。动物内脏可以盛水，所以也可当成煮锅，比如，主厨者不想让太猛的火烧坏脏器，那么把小的内脏套在大的内脏里，就成了过得去的双层煮锅。今天，即使在最精美的菜品中，仍然看得到这种早期烹调残存的痕迹。最好的香肠依然用肚肠为外膜，血肠必须把材料灌进肠衣里才算上乘。很多种现代人爱吃的甜布丁在烹调时外层须包裹纱布（以免布丁在煮的过程中散开），以前用的则是动物的胃或膀胱。袋布丁（bag puddings）用于保存杂碎或兽血，而动物的下水在未烹调的情况下极易腐坏。因此这类菜品常出现于游牧民族的菜谱中。信手拈来的例子就是有“布丁至尊”之称的苏格兰羊肚包（haggis），只要有苏格兰人的地方，就有这道菜。细究起来，这并不是古而有之的菜品，因为它会用上不少的燕麦，而燕麦是农耕民族的食物。不过碎羊肺、肝和心等其他材料仍是典型的牧民食物。如果是较纯正的牧民菜，羊肚里不会包燕麦，而会改用羊血和羊脂。

对游牧生活而言，全套的厨具会是一大负担，因此游牧民族长期以动物内脏为烹调器具自是可想而知的事。在牧民烹饪中，锅从未全面取代动物内脏，不过就连牧民似乎也爱用易于携带的金属器皿：一定程度上，几乎全世界都认为多样化的烹调带有奢华的意味。况且不论如何，用锅来煮羊肚包或牛肚总是方便一些。突厥人有好几种奇特的烹调器具，比方说“库桑”（qazan），直译为“中间挖空的东西”，这是种大容量的锡制器皿，底部有脚，以便绑缚于马上。突厥人外出也必定携带一副蒸架，好用来在火上蒸煮面团。他们以前还会用盾牌来煮菜，此古风仍可见于一道名为“沙依”（saj）的菜品当中，这道菜用盾形的大浅盘盛装。至于矛，则可用来当烤叉。我们不难想象，有些文化中的烤肉叉由树枝串食物的做法演变而来。但欧亚大草原大部分的地区并没有树，树枝因而罕见且珍贵。中亚带给世人的佳肴烤肉串（shish kebab）在远古时代更可能是用匕首叉着烤的。[37]

不过如果是最隆重的盛宴，大多数人都比较爱吃最传统的食物。对草原牧民而言，这表示要回过头来以兽皮、胃或内脏为烹调器皿。美国作家莎伦·赫金斯（Sharon Hudgins）曾对她在欧亚大草原的饮食经验做过一番当代最栩栩如生的描绘。1994 年，她在西伯利亚的布里亚特（Buriat）参加了一场盛宴，食物中有连毛带皮的绵羊头。她的丈夫躲过了为绵羊头引吭高歌的任务——此乃古老仪式的遗风，在大多数传统当中，隆重的宴会似乎都少不了这种仪式。那场宴会还有洒酒献神以及将小块的羊脂投入火中的仪式。布里亚特人喜欢边敬酒边唱歌，他们饮用的烈酒由谷物酿造，从非游牧民族的邻邦进口而来。接下来的大菜是绵羊肚，里面灌了牛奶、羊血、蒜和葱，并用肠子绑紧。

> 全桌的布里亚特人都带着期待的眼神等着我吃第一口，我却不知道该从哪里下手。最后女主人倾身过来，切下羊肚顶上的那块。里头的馅并未完全煮熟，羊血流进我的盘子里。她取来一只大汤匙，舀了一些半凝固的馅，然后将汤匙递给我……其他客人等着我采取下一步行动，突然之间，我恍然大悟，我该把盘子递给别人，由大家轮流取用。那正是他们指望我做的事。[38]

有一件事说来不太合理，那就是有些灌肠类的菜品在当今的西方美食中多少仍被当成佳肴，可是用牛羊肚来烹煮的布丁却被视为难登大雅之堂，乃不具古风的粗菜。要灌制法国的安肚叶肠肚包（andouilles）和个头较小的小安肚叶肠肚包（andouillettes），有种做法就是把切碎的猪小肠灌进猪大肠里，根本用不着包裹的材料；白香肠（boudins blancs）则是非常美味细腻的菜肴。美食家可能会把入口即化的西班牙莫西亚血肠（morcilla）视为美食，却觉得整个山羊肚很恶心，殊不知奥德修斯当年因为摔跤身手矫健而被人款待时，享用的就是灌了血和脂肪的烤山羊肚。[39]

列维–斯特劳斯说得没错，他认为要用水来煮食物，就“必须用到容器，一种有文化意涵的客体”。[40] 实在是有人发挥了想象力，才能把兽皮或动物的胃当成煮锅使用，从而转化为工艺品。至于在地上挖洞并铺以石头，把坑洞当成大煮锅，更是独具匠心的发明。不过按照同样的标准，烤叉或串肉的树枝，甚至人生起的火堆，也都是有文化意涵的客体，因此烘烤或炙烤也必须被归入“文化”或“文明”的范畴，它们的文明程度并不低于其他烹调法。人类在过渡至文明的时期，也就是早期的“文明化过程”中，又跨出了比用水煮食更大的一步，那就是用油来煎炸食物，这么一来就一定得用上特制的器皿，因为内脏或许可以充当煮锅，却无法拿来当煎锅。最早的证据为年代最久远的陶器碎片。在日本，最古老的例证年代可追溯至公元前 11000 年至公元前 10000 年，看得出来它们是锅的碎片；非洲和近东的碎片年代晚了 3 000 年左右。希腊和东南亚出土的碎片，年代则为公元前 6000 年左右。[41] 由于这项技术进展，现代的全套厨房用具基本上已经齐备了。掌厨者手边有了不怕火烧又不会漏水的陶锅，除了做烧烤和水煮菜品外，还可以煎炸食物。我们常为现代科技的进展越来越快速而喜不自胜，可是自发明陶器后，我们却一直未发明出其他更精良的烹调器皿；在微波炉问世以前，我们始终也未开发出另一种真正创新的烹饪法。同时，我们虽有了可以让烹调更得心应手的工具和配件，却从未超越烹调原有的范畴。

反烹饪浪潮

烹调为个人和社会带来如此大的好处，因此烹调革命会延续至今似乎也是自然的事。不过，效益再大的事都无法消除猜疑。今日不乏有人非议烹调，也有人认为科技的改变使烹调的社会化效应受到威胁。

有人伤心欲绝地预言烹调即将走到尽头，也有人迫不及待地等待那一天到来。广义来看，所谓的反烹调运动至今已有逾百年的历史，最初的倡议人士为女性主义者和社会主义者，他们想将妇女从厨房中解放出来，以较广泛的社区来取代家庭。美国女权运动者夏洛特·珀金斯·吉尔曼（Charlotte Perkins Gilman）想让烹调变得"科学化"，她说，事实上，就是要在大多数人的生活中铲除烹调这件事，使他们看不到、听不到、闻不到食品柜和灶台，只能住在没有厨房的公寓里。厨事则交由制餐工厂的专业人士代劳，后者会尽心尽力，好让专心工作的世人摄取到足够的热量。她写道："世上有一半的人担任业余厨师为另一半的人烹调，这样做根本不可能在科学或技术上达到高度精准的境界。"[42] 除了进步主义者对烹调大加批判外，尚古主义者也颇有成见。印度圣雄甘地就是其中之一。他试吃水果、坚果、山羊乳和椰枣，想找出有哪些食物无须烹饪就好吃又营养。潜藏在甘地偏好之下的，说不定是某种婆罗门式的自负，就像爱德华·摩根·福斯特（Edward Morgan Forster）的小说《印度之旅》（*A Passage to India*）中的印裔教授葛伯乐，此人对一切食物都表现出漠不关心的态度。他吃得很多，也吃得很心不在焉，"眼前凑巧有什么就吃什么"。今日，这种唯"天然"（也就意味着原始）的偏见，让生食在现代都会蔚为时尚，不少都市人早已对时下过度造作的生活方式心存反感，寻求重返伊甸园。文明似已僵化，而有个办法可让人超越文明的限制，那就是恢复生食。浪漫的尚古主义和对生态的焦虑就此结为同盟。美国黑人中产阶级已扬弃肥猪肉煮芥菜、黑眼豆炖猪脚之类高油脂的南方传统菜式，而改食生菜或腌菜等新式灵魂食物（soul food）。如今的高档餐厅往往会供应法式生蔬菜（crudités），大众馆子则备有叫人反胃的“沙拉吧”——不大新鲜的菜叶和破烂的蔬菜做成的沙拉横陈餐台，暴露于污染源中——都在证明生食如今已大为风行。

生食的流行并不代表烹调即将告终，但是烹调可能会因其他的压力而产生不易觉察的变化。烹调原是宝贵的发明，因为它塑造、凝聚了社会。而当代的进食习惯可能使此成果化为无形。仓促进食满足了拼命工作挣钱的价值观，助长了后工业化社会的失范。人一面吃东西，一面做其他事，眼睛也不看食伴。他们在赶赴约会或外出消遣的途中吃东西。他们在办公桌旁吃东西，眼睛还盯着电脑屏幕。他们在讲座或研讨会上，边吃边看着白板或幻灯片。他们早上不先和家人共进早餐就出门，这要么是由于现代人的工作时间是错开的，要么是由于生活忙碌到挤不出时间享用早餐。晚上回到家后，家里可能并未备好饭菜供家人共享，就算有，可能也没有一起吃饭的伴儿。老式的三明治店可以是社交场所，大伙儿排队轮流向主厨兼老板点餐，不时低声聊个两句，其乐融融。可是当今工业化西方国家的大超市里却充斥着没什么人情味的三明治，一个个分别包装好放在冷藏架上，任人选购。

孤身吃快餐实在是有违文明。食物不再具有社交意义。在拥有微波炉的家庭，家常烹调看来天数已尽。如果人们不再共同用餐，家庭生活终将碎裂。作家卡莱尔说过："如果说灵魂是某种脾胃，那么一起吃东西不就是精神的圣餐吗？"我们不可低估微波炉改变社会的力量，这种设备正以惊人的速度崛起。根据法国的调查，1989 年时，家中有微波炉和解冻器的受访者仅占不到两成；一年后，数据增加到近四分之一；到 1995 年，则有超过五成的受访者家里有这些设备。[43] 此趋势激发了警讯，我认为其中至少有部分警讯不无道理。当然，就技术层面而言，微波科技不过是一种烹调形式；它不用火所产生的红外辐射，而用电磁波渗透食物。它是自煎锅以来头一项真正开发了烹调新方法的革新发明：热爱食物的人当初应当是欢欣地迎接它的来临，可是说句公道话，它的成果却不怎么叫人兴奋。大多数微波烹调的菜品看来不怎么令人垂涎，因为电磁波无法使食物外层变得焦黄。食物的口感也不怎么样，因为微波烹煮无法使食物变脆；说实在的，微波无法制造多样化的口感。在大多数厨房，微波炉只用来热剩菜。对于少数重新热过以后反而更好吃的菜品，比如咖喱或砂锅炖菜，微波加热的效果的确还不错，但多数菜品经微波加热后不但不大悦目，还有一股怪味，闻起来略带土味，有点刺鼻。

尽管有上述缺点，却有两个不算好的理由使微波炉依然受人青睐。第一个原因是"方便"，使用微波炉来热现成包装好的餐点既快又干净。这多少也导致了一个后果：在现代西方，成长最快速的市场就是乏味且过度加工的消遣产品。当然，这不全是微波炉的错，因为不单单是食物，就连饮食文学也逃不开这种无营养的消遣趋势：读者明明有布里亚-萨瓦兰的作品可阅读，却偏偏去看黛丽亚·史密斯[*]的书。我们或可称微波炉为无营养的消遣文化的一部分。有史以来，不同形式的现成餐点在高度城市化的社会往往有不小的市场。这些现成餐点今日再度风行，微波炉的兴起是因亦是果（参见第八章“便利食品”一节）。在喜爱使用微波炉的人心目中，它的第二个好处是给人自由。只要是眼前有的现成餐点，想热哪一样来吃都悉听尊便，而在西方现代都市中，这表示有很多东西任你选择。不必考虑大伙儿共同的口味，父母没有机会为全家人做主今天吃什么，家中没有一个人需要对别人让步，更有甚者，没有人需要同时间坐下来一起用餐。这种新的烹调方式简直反革命到惊人的程度，它彻底逆转了使进食变成社交行为的烹调革命，从此角度观之，它让我们回到进化史上社会尚未形成的时代。

食物带来营养，烹调革命扩大了这一效应，使人有更多食物可吃，也让食物更易消化。食物带来乐趣，烹调使乐趣更添几分。食物打造了社会，烹调更提供了社会的焦点和结构。烹调发明后，紧接下来的大革命就是人类发现食物的其他优点和缺点：它能承载意义。它可以使吃的人获得营养以外的种种好处，也有比毒药更糟的种种坏处。食物不仅维持生命，也增进生命，有时还会侵蚀生命。它可以让吃的人好转或变坏，它能带来精神上、形体上、道德上的影响，并有让人改变特质的效果。不过说来也怪，这项发现的最佳例证竟然是食人族，因此下一章就要从食人族开始讲起。

---

* 黛丽亚·史密斯（Delia Smith），英国烹饪书市场的“天后”作家，所著烹饪书本本畅销。——译者注

第二章

吃的意义

THE MEANING OF EATING

食物是仪式和魔法

食人习俗是个难题。在不少案例中，食人习俗源自某种仪式或迷信，人并不是基于美食目的而吃人，不过也有例外。17 世纪时，有位法国多明我会修士发现，加勒比人（Carib）对于敌人的滋味是好是坏有极其明确坚决的看法，可想而知，法国人最好吃，显然是最上等的。连国籍都顾及了，这一点并不算奇怪。令我欣慰的是，英国人的肉美味居次。荷兰人的肉无滋无味，形同嚼蜡，而西班牙人的肉太韧了，就算煮熟了也难以下咽。可悲啊，听起来像是贪吃鬼在讲话。

——帕特里克·利·费尔默（Patrick Leigh Fermer），

《暴饮暴食》（*Gluttony*）[1]

有两本书始终能赐给我力量，那就是我的食谱和《圣经》。

——海伦·海丝（Helen Hayes）

在电影《我的儿子约翰》（*My Son John*）里的台词[2]

食人习俗的逻辑

现已正式确定，食人族，亦即吃人肉的人，的确存在过。很早以前即有关于食人族的神话传说和街谈巷议，如今据报确为事实。参与哥伦布两度横越大西洋壮举的整批人马都是目击证人，可以提供确凿的证据。船医的家书中提到阿拉瓦克人（Arawak）俘虏，他们在今天名为瓜德罗普（Guadeloupe）的岛屿获救，逃离岛上的食人族之手。

> 我们问曾被岛民俘虏的妇女，岛上的这些居民是哪一族，她们答称："是加勒比人。"她们一听说我们痛恨这种食人肉者，就感到释怀……她们告诉我们，加勒比男人对她们做出极尽凌虐之事，残暴的程度简直令人发指；这些男人还把她们替他们怀的孩子吃掉，只抚养当地同族的妻子生的小孩。他们要是活捉到男性敌人，会将其押回家，宰杀了以后痛快大吃一顿；至于战死的敌人，则在战事结束后当场吃掉。他们宣称，男人的肉是世间无上的美味。这话大概不假，因为我们在各户人家找到的人骨都被啃得干干净净，骨头上只剩下硬得咬不动的部分。在其中一户人家中，我们发现有一截男人的脖子正在锅里

煮着……加勒比人在战事中如果俘虏到男孩，会割除生殖器，把他们养肥养大，等到想大摆盛宴时，就把他们宰来吃掉，因为据说妇孺的肉不好吃。因此，当我们来到这些房子时，就有三个已被阉割的男孩向我们逃过来。[3]

哥伦布在上一次航行中，误把阿拉瓦克人说的Cariba（加勒比人）听成Caniba，因此cannibal（食人者）和Caribbean（加勒比海）二词其实源自同一个名词。

后来又传出不少类似故事，欧洲人探险的脚步越走越远，有关食人族的报道也随之倍增。每一次新的发现都让奥德修斯遇见食人族的事迹，还有希罗多德、亚里士多德、斯特拉博以及普林尼等古代先贤的记述更加可信。文艺复兴时代“发现人的价值”，被发现的不只是人，还有吃人的人。意大利探险家阿梅里戈·韦斯普奇（Amerigo Vespucci）的著作《航海记》（*Voyages*）最早的版本中就收有食人族把人烤来吃的木版画插图。有位对阿兹特克人心存好感的观察者，大费周章收集来不少第一手资料。资料显示，阿兹特克人大宴宾客时，席上菜品有先前专程采购回来的奴隶，这些奴隶已被特意养肥，“这样肉才会好吃”。[4]中美洲的奇奇美加人（Chichimeca）的肚子堪称“人肉的墓穴”；[5]南美的图皮南巴人（Tupinamba）据称会把敌人通通吞下肚，“连一片指甲也不留”。[6]汉斯·施塔登（Hans Staden）写了一本畅销的回忆录，追述他16世纪50年代遭俘的往事，情节惊险，过程高潮迭起。因为食人族打算宰了他打牙祭，却一拖再拖、迟迟未下手。他描述的食人族仪式恐怖又令人难忘，受害者必须忍受妇女的嘲弄，还得看管待会儿就要拿来烤自己的那堆火。

食人族会往受害者的脑袋用力一击，敲得他脑浆飞溅，一命呜呼。

> 接着，妇女们把他的皮肤仔细刮干净，弄得白白净净的，然后用一小块木头塞住他的屁股，这样就不会有任何东西流失。这时有个男人……会来砍掉他的双臂，双腿则齐膝斩断。接着由四个女人抬着被切下的肢体绕着房屋跑，并且嘴里不断欢呼……内脏由妇女负责保管，煮成给妇孺喝的浓汤，名为“命高”（mingau）。她们将肠子和头皮肉吃个精光，脑子、舌头和其他任何可食的部位则留给小孩。吃完以后，大伙儿带着各自那份肉打道回府……我身在现场，目睹了一切情景。[7]

16 世纪末，德国雕版师汉斯·德·布里（Hans De Bry）雕刻了不少广为流传的美洲旅行版画，栩栩如生地描绘了人的肢体被砍下来用火烤以及食人族妇女啜饮人血、咀嚼人体内脏的画面。17 世纪在这方面则并无多少新的成绩，因为人们对这类恐怖的情景早已耳熟能详，当时亦未发现新的食人族或奇风异俗。不过，18 世纪的欧洲人又重新燃起兴趣，因为人们接触到更多的食人族，加上“高贵的野蛮人”理论方兴未艾，使得思想家努力想把食人习俗融入此新理论中。在欧洲人的想象中，就连高度开化的基督教帝国埃塞俄比亚也有人专卖宰杀处理过的人肉。[8] 在 18 世纪发生于北美的印第安战役中，马萨诸塞民兵团的一位士兵惊觉，交战的对手正一片一片烤着敌人的肉，情景“令人不寒而栗”。[9] 在愈发野心勃勃的航海家争相到南太平洋探险期间，新的事例如风起云涌般大量出现。18 世纪时，传出许多有关美拉尼西亚食人族的故事，这些食人族似乎特别务实：被俘获的敌人的身体器官，能吃的通通被吃掉，人骨则拿来磨成针，用以缝制船帆。库克船长首度遇见毛利人时，毛利人比手画脚地示范如何把人骨剔干净。他的说法在欧洲受人质疑，但有被俘者以生命为代价证实了此说。19 世纪初，传教士传出的斐济食人族事例在欧洲广为流传，恶行恶状似乎更胜以往已知的所有案例，这是因为传出的例子特别多，而斐济人又把人肉当成日常餐食，这使得人们再也无法引经据典来粉饰太平。正如卫理会传教士 1836 年所断言，这些食人行径"并不是为了复仇雪恨，纯粹只是比较爱吃人肉"。[10]

把以上所有的记述一件一件分开来看，它们的真实性皆有待商榷。[11] 食人族是恐怖却无伤大雅的好题材，能够刺激游记的销量，让文章读来不那么枯燥无趣。在中世纪晚期以及热潮渐缓的 16 世纪和 17 世纪，形容敌人有食人恶行于己极其有利，因为食人和鸡奸以及渎神的行径一样，都是违背自然法则的行为，犯此罪行者不受法律保护。欧洲人大可攻击、奴役食人族，用武力迫使他们屈服，扣押他们的财产，而不必受法律制裁。"吃人迷思"有时会主客易位，白人征服者意外发觉"土著"也害怕食人族，还疑心白人会吃人。英国航海家沃尔特·雷利（Walter Raleigh）在圭亚那就被当地的阿拉瓦克人误会为食人族。[12] 冈比亚的马尼人（Mani）以为葡萄牙人之所以如此贪得无厌地捕捉奴隶，是因为嗜食人肉的胃口太大。[13] 1792 年，乔治·温哥华（George Vancouver）船长款待达可通道（Dalco Passage）的居民享用晚餐时，居民因怀疑上桌的并非鹿肉，而是人肉，因此不肯食用。[14] 高原新几内亚的库瓦鲁人（Ku Waru）以为，"发现"他们的澳大利亚人是"会吃别人的人，他们来这里，想必是要杀了我们，把我们吃掉。大家都说，晚上可不要到处走动”。[15]就像其他报道罪行的统计数字，有些有关食人族的记述想必出自杜撰，有些则是在讲述过程中加油添醋，越传越恐怖。

尽管如此，确凿的案例之多仍足以显示食人习俗非属偶然。食人族的确存在，某些社会存有食人习俗乃是毋庸置疑的事实。再者，考古证据更指出食人习俗分布极广，每处文明遗址的石块底下似乎都有被牙齿咬噬、骨髓被吸光的人类骨骼。我们看到的事例越来越多，也越来越难以认定食人习俗在本质上是反常或反自然的脱序行为。

当然，西方社会有不少故事描述了违背常理的残忍事例：可称之为“犯罪”的食人行为，吃人者有意识地施暴，令人发指。恶魔理发师同时成了大卖人肉馅饼的老板。*饿得发狂的饥民吃同伴；在城镇遭到围攻或撤守的极端严峻时期，活人吃死人。[16]疯狂的暴君为追求最极致的虐待，把敌人妻儿的血肉煮成食物端给敌人吃。甚至有人为乐趣而吃人：食人者有因逾越世俗惯例而在心智上感到愉悦的个人，也有因吃下人肉而得到快感的性变态者。最诡异残忍的事例来自一个在落基山探矿的人——“食尸鬼”帕克（“Alferd” Packer）。1874 年他干了件恶名昭彰的事。他趁着同伴们就寝时劈开了他们的脑袋，另有一位被他从背后射杀。接着他将遇害者身上的财物搜刮一空，并吃掉遗体。他坐牢 18 年后获释，回到一个大不相同的世界。他被当成奇人，受到欢迎，甚至得到“老山民”这个尊称，迄今仍有人到他的墓前朝拜。讽刺的是，有所大学的食堂用他的大名来命名，还有人觉得此名取得恰到好处。[17]虚

* 在英国传奇小说《理发师托德》（*Sweeney Todd*）中，杀人魔理发师托德被判入狱，出狱后仍以剃头刀作案，并供应尸首给街坊老板娘烘焙人肉馅饼。——编者注

构人魔汉尼拔有不少活生生的例子，包括“食肝者琼森”，他在妻子于1847年遇害后，为了复仇，专找克劳印第安人下手。另外还有“布隆森林的食人魔”佐川一政，他在1981年把不讨他欢心的女友杀死并吃掉。1991年在美国的密尔沃基有个名叫杰弗里·达默（Jeffrey Dahmer）的男同性恋不但是恋尸癖、虐待狂，还爱吃人肉。警方接获报案到他家时，发现冰箱里装满了尸块。[18]

即使在西方现代史上，也有一项群体食人行为受到认可，并有颇长一段时间于法所容。海难和空难的幸存者靠着吃死亡旅客的肉来维持生命，这种事并不算少见，有时甚至会有濒死的人抽签决定由谁牺牲生命，好喂养饥肠辘辘的同伴。现代时期之初，大海航行既漫长又危险重重，为了求生而食人成为“海员共同认可的行为”，是“航海习俗”。[19] 比如，1710年时，“诺丁汉号”（*Nottingham Galley*）遇难，幸存者在分食船上木匠的尸肉后变得“凶恶又野蛮”。19世纪时，经常传出其他的事例。法国画家热里科（Géricault）的杰作《梅杜萨之筏》（*Wreck of the medusa*）是描绘海难的最著名画作，他在这幅画的草图中画了食人的景象，不过并没有确凿的证据显示这次海难有人吃人的事情。虚构往往比事实更占上风。小说《白鲸记》（*Moby Dick*）中的捕鲸船长亚哈一心一意要追捕巨鲸莫比·迪克，他被白鲸造成的不愉快往事所刺激，才如此执迷不悟。他的故事实有所本，就是“埃塞克斯号”（*Essex*）的海难，这艘船在1820年遇难时，船上的人抽签决定吃人与被吃的顺序。1835年，“弗朗西斯·史帕特号”（*Francis Spaight*）翻覆，据称船长史帕特获救时，“正在吃徒弟的肝和脑子”。[20] 1874年，被弃的“尤克欣号”（*Euxine*）运煤船的小艇在印度洋上获救，艇上储物柜里有一名船员被分尸肢解的遗体。康拉德小说里吃了船上唯一同伴的邪恶英雄福克，在现实生活中有很多同伴。1884 年，这种航海习俗终于不再合法，“木犀草号”（*Mignonette*）游艇沉没，船上有两人在海上无助漂流 24 天，杀死并吃掉船上另一人，令他们大吃一惊的是，他们因此被判刑。[21]

这种航海习俗在陆地上也有相似案例，不过传统道德对这部分始终没有明确的看法。比如，1752 年有批殖民地民兵团的逃兵从纽约逃到法国的属地，他们半途迷路，吃光了粮食，其中有四五人被其他人吃掉。[22] 1823 年，塔斯马尼亚岛的罪犯亚历山大·皮尔斯（Alexander Pearce）承认把一名同伴杀了当食物，他这么做并非为了求生，而是要满足上一回逃狱未遂时养成的食人胃口，当时他是八名逃犯中唯一在丛林中生还的人。除了“食尸鬼”帕克这样堕落的案例，19 世纪时在北美边境，尚有不少迷路的矿工和马车夫基于现实或投机因素而吃人的事情，马克·吐温曾据此写过讽刺小说，故事中一批高尚体面的旅客因圣路易和芝加哥之间的火车行程延误而吃起人来。最近的一个食人例子发生在 1972 年，载运“老基督徒”（Old Christians）橄榄球队的飞机从乌拉圭起飞后，在安第斯山脉坠毁，幸存者靠着吃死人的肉而生还。[23]

光是主张“吃人是错误的”绝对不够，如果食人违反自然，那么在人真的很饥饿时，这个主张似乎并没有足够的约束力。对某些人而言，食人是不正常的；对另外一些人来说，食人却是正常的。总是有人会替食人行为辩护，比如那些捍卫航海习俗的人，他们说，吃人是情非得已，不得不然。换句话说，他们把人肉视为食物来源来解释食人行为，极端点说，人肉在道德上与其他的食物来源并无二致。还有些人则援引文化相对论以及一些文化对食人习俗的认可提出辩解说，食人之所以有理，并不只是因为这样可以维系个体的生命，还由于它可以滋养社会群体、召唤神明或施展魔法。

在早期现代，西方思想不得不忍受群体的食人习俗，当时的宗教改革人士决意要将“原始人”自剥削和迫害中拯救出来，从而构想出具有独创精神的辩词。西班牙传教士巴托洛梅·德·拉斯卡萨斯（Bartolomé de Las Casas）谴责新世界的征服者不公不义，主张食人习俗只不过是所有社会在发展过程中必经的阶段，他还从希腊、迦太基、英格兰、德意志、爱尔兰和西班牙的远古历史中援引有力的证据作为证明。法国传教士让·德·列里（Jean de Léry）曾在巴西被食人族俘虏后获救，他认为食人族如果听说圣巴托罗缪惨案*也会觉得心里很不好受。蒙田所撰的《论食人族》一文常被人引用，说明西方社会在历经征服美洲所带来的文化冲击和文艺复兴时期“人的发现”运动的洗礼后，自我认知是如何彻底革新的。他表示，尽管欧洲有基督教教化和哲学传统的优势，但是让欧洲人自以为是、互相残杀的那一套虚伪道德并不比食人行为的道德水平高尚多少。在法国，宗教仇敌彼此凌虐、焚烧对手，形同“吃活人”。“我认为吃活人比吃死人更加野蛮……按照理性法则，我们可以称呼这些人为野蛮人，但是论野蛮，这些人却比不上我们，我们在这方面可谓有过之而无不及。”鲁滨孙靠着善心得以净化“星期五”的食人习性。他一开始的念头是要射杀他遇到的每个食人族，因为他们“惨无人道，异常残暴”。三思之后他领悟到，“这些人并不认为这

* 圣巴托罗缪惨案（Massacre of St Bartholomew）指 16 世纪时法国天主教徒在巴黎屠杀胡格诺派（新教）人士的事件。——译者注

是犯罪，他们并不会受到良心责备或非难……在他们看来……吃人肉就像我们吃羊肉……算不上犯罪”。[24]

我们对食人习俗的认知越来越多，它所显现的问题也就越来越尖锐。真正有意思的并不是现实，也不是食人习俗的道德，而是它的目的。它难道是营养史的一部分，吃人只是为了摄取蛋白质？还是如本章所述，是食物史的一部分，即吃人是仪式，并非求饱餐一顿，而是为了它的意义，它所滋养的并不只有物质而已？研究该主题的文献众多，其中一派持务实的看法，得出一个可靠的结论：食人者吃人有时或许只是为了让身体得到营养。话虽如此，这一点却绝对无法解释有些文化为何珍视并保留食人习俗。大多数的例子牵涉到其他目的：自我转化、挪用权力、食人者与被食者之间关系的仪式化。这使得人肉等同于其他许多种食物，我们吃这些东西不只为了维生，也为了改善自己：我们想要沾这些食物的光。这一点特别能将食人族与他们在现代社会的真正同类联系起来，也就是那些为了改善自我，获得世俗成功，达到较高尚的道德层次，使得自己更美丽、更纯净，而奉行“健康”饮食的人。说来也怪，食人族和素食者竟有不少共通之处，将他们联系在一起的这个传统，正是本章的主题。

在新几内亚，有很多过去的食人族以及若干仍保有食人习俗的部落，对于猎头行动和食人盛宴依然有鲜明的记忆，他们告诉人类学家，敌人就是他们的“猎物”。[25] 1971年，法庭判决贾布西人（Gabusi）吃掉邻村一位村民的尸体无罪，因为这在他们的文化中是很平常的事。[26] 食人习俗可以具有社会功能这个事实，或可和把人肉当成食物来食用这件事同时存在。新几内亚附近的马西姆群岛（Massim）以及东南亚和太平洋地区其他社会，迄今或直到近代仍不乏“因饥饿而食人”的事情。[27]不过，大多数食人族对民族志学者表示的只是他们把敌人“当作食物”，似乎隐瞒了行为背后的象征与仪式逻辑，比如巴布亚欧洛凯瓦人（Papuan Orokaiva）就认为食人是为了“捕捉灵魂”，以补偿失去的战士。[28]欧纳巴苏鲁人（Onabasulu）的人肉餐则没有明显的仪式特征，除了人肠必须丢弃以外，料理人肉和料理猪肉或野味并无两样；不过他们只吃巫师的肉，并且不吃同伴的肉。此差别待遇显示，除了摄取蛋白质外，还有别的动机促使他们吃人。[29]新几内亚的化族人（Hua）吃本族死人的肉，以保存“努”（nu）——他们相信此维系生命所需的液体无法自然再生。[30]

一般来说，在食人实属正常的社会中，食人是战时才发生的现象。这有别于猎取食物，而是敌对的掠食者之间的冲突。即使是最热衷于食人的部族，食人也非轻易从事的活动：被拿来食用的受害者肉体部位往往经过精挑细选，有时仅取象征性的一小块，多半是心脏。整件事情往往极富仪式意味。对阿兹特克人来说，食用战俘的肉可以占有死者的力量，此外，俘人者还会把死者的皮剥下，披在身上当作装饰，听任死者的双手在自己的腰际摆荡。斐济在基督教未传入前已有大规模的食人现象，有些人吃人肉来补充营养，尤其是酋长和精英战士们。残存的人骨总是有被凌虐或献祭的迹象，这和其他动物的遗骨大不相同，别的动物都迅速而高效地被宰杀。人肉是神的食物，食人行为是人与神交流的形式；食人行为作为“象征支配的隐喻”模式的一部分，也就说得通了。[31]此外，同样也在斐济，食人行为透过“精心安排的循环，以生的女人交换熟的男人”，成为“社会的神秘特许”的一部分而流传下来。[32]

食人者及其批判者只对一件事有同样的看法：食人并不是中性的行为。批判者声称，食人行为会使人腐化，正如辛巴达的同伴在吃了人肉以后马上“表现得像贪得无厌的疯子”，“在经过数小时的暴饮暴食后”，看来“不比野蛮人好到哪里去”。[33]相反的，在食人族看来，吃人是改善自我的方法。根据食人族的逻辑，食人是显而易见、普世皆然的事实。食物经过重新诠释后，不再只是维持生命的物质，而被赋予象征价值和魔力，所以人要吃食物；人类发现食物具有意义。这说或许正是继用火烹调后，食物史上的第二场大革命。虽然我们知道食人的历史大概早于用火烹调，不过因为它的重要性不比烹调高，所以称之为第二革命。人不论有多饿，都逃避不了此事带来的影响，因为如今在任何一个社会，人吃东西都不单单只是为了活下去而已。放眼天下，不论何地，饮食都是文化的转化行为，有时更是具有魔力的转化行为。它有着独到的点金之术。它将个体转变为社会，使病弱者变得健康。它可以改变人格，可将看似世俗的行为变得神圣。它具有仪式作用。它成了仪式本身。它可以让食物变得圣洁或恶毒。它可以释放力量，可以创造联系。它能代表复仇或爱，可以彰显认同。当饮食不再只具有实用目的而变成了仪式时，这种改变所带来的革命性影响不亚于人类史上的其他革命。从食人到顺势医疗师和健康食品推崇者，人们都在食用他们认为可增强个人特质、扩展力量、延年益寿的食物。

饮食及饮食习惯与文化的其他部分密不可分，更者甚者，它们和宗教、道德以及医学有互动关系。它们也与饮食过程中的精神认知有关，也就是“滋养灵魂”的那一部分。它们和健康、美容以及健身等世俗观念也有所关联。崇尚健康食品的人，还有为了美容、提高智力、增加性欲或追寻平静和灵性而吃东西的当代潮流人士，和食人族都是同类。他们也是为了食物的超越性功能而吃它们。他们也参与了这场至今仍轰然进行的大革命，率先为吃这件事赋予意义。

神圣与不敬的食物

大多数社会都有属于神圣领域的食物：有些东西吃了以后，会让人变得圣洁或使人得以亲近鬼神；有些东西则介乎肉与灵之间，能够拉开与神的距离。主食几乎永远是神圣的，因为人不能没有主食，主食具有神祇的力量。虽说主食通常是由人耕种得来的，但此事实似乎并未折损其神圣地位。因为耕种即是仪式，是一种最卑微的崇拜仪式。人们天天在田里服侍谷物，弯下腰去耕耘、播种、除草、挖地和采收。当这些神明牺牲自己，进了人的肚子时，可以确知的是，神明霎时重生了。食用神明并非不敬，而是在奉祀神明。

许多文化将其主食赋予神圣意义。在基督教世界，只有小麦制的面饼可以当作圣餐。同样的，在美洲，只要是能栽种玉米的地方，大多数人都把玉米视为传统的神圣食品。不仅食用玉米的北美原住民认为玉米是神圣的，这种神秘的传统也散布到更远的地方。即使在玉米主食文化区域之外，在热带和亚热带地区，也能在神圣之地找到玉米的踪迹。比如安第斯的高山圣地，当地山民传统上会在神殿庭院里保留一小块地种植玉米供仪式之用，而那里的海拔远高于适合种植玉米作物的地方。从北美的圣劳伦斯河到南美的黑河，玉米神话都有共同的要素：神圣的起源和神圣的誓约。散居在墨西哥数省的高山民族惠秋人（Huichol）认为，玉米原是太阳的礼物，由太阳之子赠予人类，太阳之女则教人栽种。玉米的成熟期之所以漫长，劳作之所以艰苦，是因为神要惩罚人类忘恩负义。在惠秋人的笑话中，最受喜爱的主题和阴茎形状的挖地棒有关，人们用这棒子挖洞，种进玉米种子，使大地“受孕”。玉米茎被称为“幼鹿的角”。在他们看来，所有的食物都与玉米相似，甚至都是某种形式的玉米。而在西方，人们则统称食物为“面包”。* 玉米有知觉、意识和意志，巫师在收获期恳求玉米恩准人们食用它们。[34] 阿兹特克妇女要先进行赎罪仪式才敢吃玉米。她们拾起散落的玉米粒，以免惹得玉米不高兴“而向它们的神抱怨”。她们在煮玉米前会先对着玉米呼一口气，这样玉米就不必畏惧火焰。[35] 基督教传入后，人们不能再把玉米当神来崇拜，小麦成为上帝的食物。即便如此，惠秋人仍视他们优良的玉米为神的恩赐，他们的玉米就是比形形色色其他邻族人食用的谷类来得好。他们在玛雅文化的影响下用玉米粒来占卜，因为玉米能够进入超越的世界。

在其他社会，则是难得吃到的食物拥有奥秘神圣的地位。并不是所有具有仪式意味的肉类都是神圣的。欧美在过圣诞节时，鹅和火鸡是常见的桌上佳肴，这两种禽类却并不神圣。复活节的羔羊象征上帝的自我牺牲，但是人们从来不会将羔羊与基督的圣体混为一谈。不过，在一些很少见的节庆场合上，北美洲的奥格拉拉人（Oglala）会吃幼犬的肉，在他们看来，这一餐本质上是灵魂食物。狗肉大餐按照神圣仪式的规定而进行，屠狗之前需念诵，为失去朋友表示哀悼。他们会在狗身上用油彩涂一条红线，象征着“红色的

* 就像中国人统称用餐为“吃饭”。——译者注

道路……代表世上所有的慈善"。他们让狗面向西方，颈上绕着绳索，分立两侧的妇女用力一拉将狗绞死，巫师这时则会从后方猛力击狗。"杀狗的过程犹如闪电的一击，这样便可确保狗的灵魂能够超脱到西方，和雷电灵会合；这些神灵可以主宰生死，闪电就是他们的象征。"他们不加调味料就将狗肉煮熟：不同文化的神圣食物都有此特色，人们不是为了美味，而是为了救赎去吃这些东西。[36]

虽然享有崇高声誉的食物一般是神圣的，而在几乎所有已知文化中，献祭过的食物最终也都会被食用，但食品是否圣洁和是否可吃这两者之间并无关联。种姓高于贱民以上的印度教教徒视牛为圣兽，故不吃牛肉。这样做使得神圣的肉和不洁的肉变成同类，因为不洁的肉类同样被禁止食用，例如肉食动物、昆虫和啮齿动物的肉。人们一直在寻求理性、科学的解释，来说明为什么有些食物被禁止食用。有许多人发表理论，古罗马理论家西塞罗是最早提出解释的一位，他认为经济动机促成了禁忌。比如，不能吃牛肉是因为牛很宝贵，社会将牛神圣化等于在采取保护措施。[37]不过，此理论想必是错误的，因为有不少地方的人用牛来耕地、运输和挤奶，牛对他们而言很重要，但是他们照样吃牛肉；而在把牛当成圣兽的社群，比如印度教教徒，牛的实用价值却因而大大降低。另一方面，有理论说人是因为和某些动物关系亲近而不吃它们的肉，然而有些社会却吃狗肉和猫肉。另一个相当普遍的说法则是，至少有些食品成为禁忌是出于卫生考虑，特别是犹太人的禁忌。根据旧约的《利未记》，有些东西禁止食用，但其缘由令人费解。犹太哲学家兼医师迈蒙尼德（Maimonides）写道："我坚持认为律法所禁止的食物是不健康的。猪肉含有太多水分，太多累赘的物质……（猪的）生活习性和食物都十分肮脏，令人厌恶。”[38]这一观点的本意是好的，但其牵强程度堪比迈蒙尼德的另一个主张，即女人有两个子宫，与乳房数量相对应。毕竟，摩西禁止食用的肉类和大多数可以食用的肉类，在清洁程度上根本没有什么差别。人类学家玛丽·道格拉斯（Mary Douglas）的说法，是迄今比较能令人信服的理性解释。她认为，被禁止食用的动物是在各自种类上反常的动物，爬行的陆生动物、四足的飞禽或猪与骆驼等偶蹄但不反刍的动物。它们破坏了完整性，而完整性却是“神圣”不可或缺的特质。[39]

要为饮食禁忌找到理性和实质性的解释并无意义，因为这些禁忌本质上是超乎理性、形而上的。加诸食物的含义，就像一切事物的含义，都是约定俗成，归根结底是主观随意的。这并不是说食物禁忌不具有社会功能。它们的确有社会功能，因为一切的禁忌都有如图腾，将尊崇者联结起来，将不敬者标为异类。允许食用的东西激发认同，不可食用的东西则有助于界定认同。禁忌通常和有助于社会运作的集体信念有关，并可支持这些信念。有个常见的现象就是，如果一种食物被视作不洁，从而妨碍人进入神圣的世界，这种食物就会被列为禁忌。甚至还有魔鬼的食物，比如伊甸园的苹果，这些食物表面上有益健康，实际上却使人堕落、远离神明。有一些菜肴可能因被他物连累而受到污染，还有一些可能吃了无害，也可能夺人性命，视情况而定。在斐济，没有人可以吃自己所归属的图腾动物或植物，他的邻居却可以尽情食用。斐济人也不能吃长在神殿附近的植物，不过同一类植物若是采收自他处，就可以食用。他们也不准吃长于墓地的果实，这些禁忌食物会引起口腔溃烂。怀孕妇女的禁忌食品则有其医学根据，螃蟹和章鱼会使皮肤发疹或起疣。

母亲如果喝了椰子水，可能会引起胎儿咳嗽。[40]非洲本巴人（Bemba）的妇女必须小心看守炉火，不让从事过性行为却未接受净化仪式的人走过炉边，否则小孩吃了东西以后就会夭折。[41]阿兹特克人说，如果炖肉粘到锅边，用餐者的长矛在刺击时就会偏斜，如果用餐者是女人，她的胎儿就会粘在子宫里。[42]他们假定的后果都令人不可思议，人们不是出于无知，就是根本不讲证据，才会这么以为。还有些说法和流传甚广的一个观念有关，那就是食物具有魔法效力。不同的社会尽管开发程度有所不同，却都有一个共通点，每个社会都认为食物和性有彼此依赖的关系。

虽然食与性似乎是互相调剂、满足感官知觉的活动，但是任何一种春药的效用却都像是在黑暗中亲吻一样，全凭摸索猜测，没有哪种有科学凭据。不少人以为松露有催情效果，有一则有关布里亚-萨瓦兰的逸事说，他调查过松露是否真有此效用。“做这种调查显然有点粗鄙，可能引来冷嘲热讽。不过套用一句英王爱德华三世所说的话，认为这是坏事的人才是可耻的。对真理的追求永远值得称赞。”有位受访者向他承认，“吃过佩里格的美味松露禽肉后”，她的客人强行向她求欢。“先生，我能说什么呢？我只能归咎于松露。”他的这一番非正式调查显示，“松露并非真的春药，不过在某些情况下，的确可使女性更为迷人，男性更加殷勤。”[43]然而每个社会中的食物魔法师始终相信春药的效用，这一点曾被用来解释石器时代的洞穴中为何会发现大量硼砂碎屑。[44]每位调情高手都需要一柜子的：

吗哪和椰枣，由大船自非斯运来。

还有加了香料的佳肴，一道道都出自
丝绸铺就的撒马尔罕，到雪松遍野的黎巴嫩，
［或凡此种种的事物。］

毕达哥拉斯在西方传统中有数学家和第一位科学家之称，他其实是个魔法师，追随者相信他是神灵的儿子，身体由黄金打造。他疾呼：“可耻的人哪，戒食豆子吧！”从这一点看来，他和过去那些脖子上挂着广告牌的广告员颇有共鸣：后者漫步在购物街上分发传单，呼吁民众拒食“激情蛋白质”。大多数的饮食配方并不认为豆子有多大害处，只是会引起胀气。有些食物之所以被认为具有催情作用，比如芦笋尖或淡菜，是因为在热情如火的眼睛看来，它们形似男性和女性的性器官。而有些人则是心里本来就有鬼，才会把那些黏稠的食品联想成咯吱有声的器官和淫水。有暗示性的食物效用也就仅此而已，不可能会激起性欲。有些食物会引发欲火，有些则有灭火作用，使人守身如玉。同样的，只有交感巫术理论才能证明此说有理。史学家吉拉尔德斯·康布伦西斯（Giraldus Cambrensis）在12世纪末造访坎特伯雷时，支持用北极鹅当教士的大斋期食物，因为他误以为北极鹅不需交配即可繁殖，人吃了可以养生，却不会受到不当欲望的刺激。我们马上就会看到，创立于19世纪早期的现代饮食学，有一部分即源于想要借食物使人守贞。

食疗魔法

有不少食物之所以成为忌讳，是因为人们以为吃了它们就会

生病或畸形，从某种层面来看，这一点使得食物禁忌被划入保健养生之道的范畴当中。几乎在每个社会都找得到保健养生之道，现代的西方尤其热衷此道。古埃及流传下来的唯一食谱集是给病人吃的食疗方子，例如菊苣可以治疗肝病，鸢尾可治败血症，茴香可治结肠炎。[45]体液理论主宰希腊和罗马的食疗医学，在西方世界，此理论对饮食传统一直有着最历久弥新也最深远的影响。在古代，替病人拟菜单的人为了矫正病人体内过多湿寒的“体液”，而给他们吃燥热的食品，反之亦然。古代名医克劳迪乌斯·盖伦（Claudius Galen）对食物组合提出的建议，似乎跟20世纪初的海伊节食法（Hay Diet）一样不大科学。盖伦表示，用面粉和黄油制作的糕饼，必须配合大量蜂蜜食用，否则对身体有害；水果不适合小孩吃，甚至哺乳期的母亲也不宜食用。

不少其他文化则相信，食物有各自的属性，应平衡摄取才能使身体健康。在许多社会，体液饮食理论构成药典的传统架构，可其中细节总是有所差异，常常还彼此抵触。在伊朗，除了盐、水、茶和若干菌类以外，所有食物均被分为“热”或“寒”两种。这种说法令人联想起盖伦的理论，但是所有这类划分法，各分类之间似乎欠缺一致性，和世界其他地方的食物划分法也没有交集。牛肉性寒，黄瓜、淀粉类蔬菜和白米等谷物也都性寒；羊肉、糖、菜干、栗子、大麻子、鹰嘴豆、甜瓜和粟米则性热。[46]在印度的传统体系中，糖性寒，米性热。在马来西亚，米则是中性的。而在中国，就连不信道家之学、谓之妖言惑众的人，在饮食之道上也都受到阴阳调和之说的影响，大多数食物都被区分为阴性或阳性。此外，传统中医有一套现已废而不用的体液理念，这套理论说不定源自西方。人们难免会运用常识来替食物分类：姜、胡椒、肉和血性热；大白菜、豆瓣菜和其他绿色蔬菜性寒。这样的理论有时却给病人带来悲惨的后果，比如，腹泻者忌食蔬菜，因为他们的病属“寒”，最好多吃肉和浓重的辛香料。[47]在马来西亚传统医学体系中，治疗便秘应避免吃寒性食物，包括秋葵、茄子、南瓜和木瓜。[48]

在大多数文化中，传统营养学都仰赖随意的分类，因此是不科学的，起码不符合一般意义上的科学。不妨将它理解成一种转化魔法，类似于食人习俗的魔法：你吃了什么，就可以获得那东西的特质。你也可以有苗条的身材，有“火热”的脾气、“冷静”的性情。另一方面，有一个常识性的假设把食物和健康联系在一起。古代一篇伪冒的希波克拉底论文问道，“如果不是药”，那正在煮的是什么呢？[49]虽然政府基于税收和法规等目的，努力要把食物和医药区分开来，但是就某种意义而言，食物的确就是医药。英国当代艺术家达明·赫斯特（Damien Hirst）开了一家餐厅，名字颇令人倒胃口，叫作“药房”，他还画了一些风格慧黠的讽刺画作，把食物画成像包装好的化学药品。同理，食物也是毒药。世人普遍观察到，吃得太多或太少都是有害的，有时甚至会夺人性命。还有些其他组合则显然很不科学，但又自有道理，不算迷信。盖伦反对给老人吃自污水中捞捕的鱼和不易消化的食物，[50]比如肉的软骨。[51]食物和医药的历史有一大半可谓追索的过程，人们在探究的是，特定的食物和特定的生理状况该如何结合才算合适。

有一种情况最能凸显食物和健康之间的关联，那就是饮食缺陷引发的特定疾病，这类疾病可通过调整饮食而治愈。过度仰赖精米的人因缺乏维生素 B1，会罹患脚气病。在极少数的病例中，有人是因极度偏食而缺乏维生素 A 从而引起干眼症，甚至导致失明；缺少维生素 D 则导致驼背；缺少维生素 B3 则可引起糙皮病。在食物的矿物质成分中，碘可以预防甲状腺肿大，钙可以预防骨质疏松，铁则可以预防贫血。史上最引人注目的例子是维生素 C 缺乏病（坏血病），这是一种纯粹因缺乏抗坏血酸维生素 C 而引起的疾病。大部分时候，在大多数社会，很少有人罹患维生素 C 缺乏病。但 16 世纪至 18 世纪时，它在世界历史上占有很不寻常的显著地位。当时的欧洲人进行航海探险和贸易，从事空前漫长的航行，许多海员得了维生素 C 缺乏病，变得衰弱，最终丧命。

大多数动物可以从葡萄糖中合成足够的维生素 C；然而人类跟猴子和天竺鼠一样，新陈代谢无此功能，必须从饮食中直接补充维生素 C。如果 6 周到 12 周没有补充，人体的自然储备会逐渐耗损到危险的程度，一开始的症状为疲倦和沮丧，接着长脓包、出血、关节肿大。最大的痛苦在口腔部位，出现牙龈炎，牙床肿胀、发黑、变软然后包覆住牙齿，病人疼痛难忍，根本无法咀嚼。1535 年至 1536 年，法国探险家萨米埃尔·德·尚普兰（Samuel de Champlain）一行人在越过大西洋后，被冰封于圣劳伦斯河上。他手下海员的症状就十分典型：腿部浮肿发炎，肌腱收缩且变成炭黑色，口腔感染，牙龈烂到根部，90 天以后，病人可能就会死亡。

16 世纪时，欧洲人开辟了新航道，可以从大西洋沿岸的欧洲起航，一路横越世界，这使得海员开始面对更长途的海上航行。旅行者正常需至少 90 天才能到达印度洋，中途不停靠任何港口，而且航行时间往往很长，150 天至 180 天是常态。在横渡太平洋的旅程中，任何两个主要港口之间的航程都不少于 90 天，在海上一待半年是常有的事。即使能较短也较快横渡大西洋的航线，航行时间亦会超过维生素 C 缺乏病的发病期，当船只直接横渡加勒比海或执行护航任务时，尤其会如此。从西班牙的塞维利亚到墨西哥的韦拉克鲁斯，正常的航程为 100 天至 130 天。人类以往从未有过也未曾料想会有如此漫长的航行，没有人知道会遭遇什么问题，更别提该如何应对。在这段航海史的早期，探险过程中耗尽食物是很平常的事，携带抗维生素 C 缺乏病药物上船的做法更是罕见或根本不可能。在现代西方容易取得的食物中，黑醋栗显然是最佳的维生素 C 来源：它的维生素 C 含量是柳橙和柠檬的 4 倍、酸橙的 8 倍。可是这些水果和大多数其他富含维生素 C 的水果，当时却从未被列为船上储存品。况且，就算海员知道这些水果的特性，它们又能长期在船上保存吗？维生素 C 一受热就会被破坏，因此不适用于大部分的食品保存法。水果只要储存几天，里面的维生素 C 就会很快流失，这个事实使得在长途航程中摄取维生素 C 的问题更形复杂。暴露于空气中也好，用铁质刀子切开也好，任何氧化作用都会加速维生素 C 的流失。

1497 年至 1499 年，葡萄牙航海家达·伽马首度航行于印度洋，往返两次航程在海上各度过整整 90 天。这是维生素 C 缺乏病第一次大规模出现，探险途中病故的 100 人当中，大部分可能即因此疾而送命。当时，探险者为使牙龈消肿，奉长官的命令，用自己的尿液来清洗口腔。1520 年，在历史纪录上首次横渡太平洋之旅中，麦哲伦率众还没到达关岛，情况已经惨到船上人员不得不食用长了象鼻虫还沾到鼠尿的饼干，用他们因维生素 C 缺乏病而肿胀的牙龈，无助地咬噬帆桁两端的皮套。只有少数人未患病。共有 21 人死亡。其后 250 年，维生素 C 缺乏病一直是长途航海家的大敌。

虽然在城池受到围攻和军队长途征战期间，也传出过维生素 C 缺乏病的事例，但是维生素 C 缺乏病的出现一般都和海上长途航行有关，这使得医生猜测湿度和盐度是致病的原因。船上人员拥挤的情况促使他们更加深信维生素 C 缺乏病是流行病，会交互感染。食用新鲜食物或许有所帮助的观念在 16 世纪末首度被提出，这可能是得到了盖伦理论的启发。盖伦对水果有强烈的偏见，但是他的健康理论体系强调，必须让寒性和多痰体质的病人体液保持平衡。特别是盖伦曾修订过他对食物的一般分类，承认对“寒性”的疾病而言，柠檬是“热性”的水果。维生素 C 缺乏病被归类为“寒性”疾病；即便如此，当时的人依然认为除非病人体质可以适应，否则最好不要让病人吃水果。[52]

与此同时，西属美洲的医生在寻找治疗法的过程中进展最大，他们观察了相当多的维生素 C 缺乏病病例，又有民族植物学药典（汇编了当地原住民所了解的植物属性）可供参考。16 世纪 60 年代，杰出的方济各会作家弗雷·胡安·德·托尔克马达（Fray Juan de Torquemada）针对维生素 C 缺乏病的症状和疗法发表了精辟的见解。他栩栩如生地描述了治疗痛苦的病人时有多恐怖，这些病人剧痛难忍，不能被触摸，也无法穿衣服，因为只能吃流食而虚弱不堪。他建议的神奇疗法是一种野生菠萝，当地原住民称之为“绍克休滋奥”（xocohuitzle）。

> 上帝赐予此果奇效，消除牙龈的肿胀，令牙齿不再松动，还能清洁牙龈，排出牙龈中所有的腐烂物和脓液，病人在食用此果两三天后，病情好转，又能正常进食，吃什么都不费力气，也没有痛苦。

早在 1569 年，横渡太平洋的西班牙探险家塞瓦斯蒂安·比斯凯诺（Sebastián Vizcaíno）就煞费苦心，一有机会便补充新鲜食物，以治疗或预防维生素 C 缺乏病。

> ［一结束辛苦的横越太平洋之旅，返抵墨西哥，］将军便下令带回新鲜食品给船上人员，有鸡、小山羊、面包、木瓜、香蕉、柑橘、柠檬、南瓜和浆果……如此一来，在港口停留的 9 天或 10 天里，所有人都恢复健康和元气，不再卧病在床。等到船再度扬帆，他们又能操作索具和舵轮，重拾站岗、守卫的职责……因为没有任何医药、疗法、处方或其他人为方法可以诊治此疾，除非是大量的新鲜食物。

1592 年，修士兼药师奥古斯丁·法尔范（Agustín Farfán）建议用半颗柠檬和半颗酸橙混合的果汁，再加上少许烧过的明矾来治疗维生素 C 缺乏病。在那之前，早就有许多人知道此药方的效果。英国和荷兰航海家尽己所能获取柠檬、柑橘或其他水果给手下的船员食用；可是补给和储存仍旧困难，从航运主管的角度看来，耗资依然太过庞大。

维生素 C 缺乏病在 1740 年至 1744 年造成历史性危机，英国海军上将乔治·安森（George Anson）在环球之旅中，手下逾 1 900 名在编人员有近 1 400 人死亡。在营养缺乏而引起的疾病中，维生素 C 缺乏病是最严重的一种，其他包括脚气病、失明、“痴傻、精神失常、痉挛”，[53] 但是安森此行至少使得人们开始有系统地探究如何医治维生素 C 缺乏病。曾在西印度群岛服役的海军医生詹姆斯·林德（James Lind）以12位在海上患病的病人为对象，试验多种前人提出的药方，包括不容乐观的海水和“硫酸圣水滴”（数滴硫酸溶液），还有混合了大蒜、芥末、萝卜、奎宁和没药的诡异药剂。

> 我尽量找类似的病例，他们大致都有牙龈腐烂、皮肤生斑、倦怠和膝部无力的症状。他们集中躺在同一处……饮食相同，亦即早上喝加了糖的麦片粥，午餐时常喝新鲜羊肉汤，有时改吃布丁和加了糖的煮饼干等，晚餐则食用大麦和葡萄干、白米和无籽小葡萄干、西谷米和葡萄酒之类的东西。其中有两人每天必须喝一夸脱*的苹果汁；有两人每天3次空腹服用25滴硫酸圣水，辅以强酸溶液漱口；还有两人则每天3次空腹服用两汤匙的醋，粥和其他食物里也掺醋，他们同样用强酸液漱口。病情最重的病人中，有两位……采用海水疗法，他们一天喝半品脱†的海水，分量时多时少，因为我们采用的是温和的医疗手法。另外两人则每天吃两颗柑橘和一颗柠檬。他们空腹食用，每次都狼吞虎咽吃个精光。他们接受此疗法仅6天，吃光了我们的所有存货。剩下两位病人每天服用医院医生建议的一种制剂，分量如肉豆蔻大小，里头有大蒜、芥末籽、萝卜根、秘鲁香膏和没药；他们平常的饮料是加了酸角的大麦水，在疗程中，他们还饮用过三四次额外添加了塔塔粉的大麦水当作泻剂。结果，食用柑橘和柠檬的患者，病况好转得最快，成效也最卓著，其中有一位在6天疗程将结束时已能重返工作岗位。

* 英、美计量体积的单位。1夸脱（英）=1.137升。——编者注

† 英、美计量体积或容积的单位。1品脱（英）=0.568 3升。——编者注

喝苹果汁的患者病情略有改善，其他人的病情更加严重。

林德发现了一种疗法，但不能用于预防疾病，因为依然没有办法在海上长期保存柑橘和柠檬来保障船员的健康。同时，他的研究无法证明柑橘类水果对所有病人均有帮助：体液理论仍残存于医师的脑海中，他们不相信有人人适用的疗法，认为那是江湖郎中的骗术。在 18 世纪 50 年代和 60 年代早期，单是在英国便至少发表了 40 种有关维生素 C 缺乏病诊治法的论述。英国医师理查德·米德（Richard Mead）研究安森的记录和回忆录后，彻底断掉想找到解决方法的念头。他的结论是，海风非常不利于健康，令病人无药可治。林德个人建议配给浓缩柠檬汁；但是在加工过程中，维生素 C 会遭到破坏，且花费超出海军部愿意承担的费用。另一位英国医师约翰·赫克萨姆（John Huxham）主张船上配给苹果酒，可是这种饮料一旦在船上储藏一段时间后，原有的一点疗效便荡然无存。吉尔伯特·布兰（Gilbert Blane）医师发觉，必须在果汁中添加东西以便在海上长期储存。因此他建议添加酒精，可使果汁在一段时间以后仍可饮用，但如此并不能保持疗效。爱尔兰医师戴维·麦克布赖德（David MacBride）主张采用未发酵的麦芽，皇家海军因其价格低廉而采纳这项建议，后来却证明这东西毫无疗效。此主张当时得到了约翰·莱茵霍尔德·福斯特（Johann Reinhold Forster）的热心支持，他是 1772 年至 1775 年间库克船长探险航行的船医，不过后来，当他的日志公开印行时，这项建议被删除了。[54] 一位曾至俄罗斯北极圈探险的船医建议食用“温热的驯鹿血、生的冻鱼和任何能找到的可食绿色植物”。[55] 法国探险家让-弗朗索瓦·德·拉彼鲁兹（Jean-François de La Pérouse）在 1785 年至 1788 年间航行于太平洋时，深信必须呼吸“陆地空气”，配合饮用糖蜜、“麦芽汁、云杉啤酒，以及在船员的饮水中泡入奎宁”。[56]“云杉啤酒”是库克的发明，混合了纽芬兰的云杉萃取液、糖蜜、松汁和烈酒，实际上完全不含维生素 C。

腌渍后还能保有适当维生素 C 含量的蔬菜只有酸圆白菜（sauerkraut），在 18 世纪早期只有荷兰海军食用，效果似乎不错。在 18 世纪 60 年代和 70 年代早期，库克船长经过试验，确信它的确有神奇的药效；多亏了库克船长无与伦比的声望，酸圆白菜成为长途航行的必备配给。库克在热切地试验了所有疗法后，终于打败了维生素 C 缺乏病这个致命的敌人。他的成功得益于他讲求清洁的生活习惯和铁的纪律。然而除非人们发现能够长期保存柑橘类果汁，而且不会破坏维生素 C 的经济方法，否则任何替代品的效果都相当有限。唯一有效的疗法就是每当船只靠岸，船员就得把握机会尽量补给新鲜食品，多吃绿色蔬菜，把荒岛上一种勉强可食、名叫“辣根菜”的杂草搜刮一空。意大利航海家亚历山德罗 · 马拉斯皮纳（Alessandro Malaspina）于 1789 年至 1794 年进行了 18 世纪最具雄心的科学探险，拜船医佩德罗 · 冈萨雷斯（Pedro González）所赐，整支舰队没有人罹患维生素 C 缺乏病。这位医师深信新鲜水果，尤其是柑橘和柠檬，就是最根本的治疗法。整个航程中只有一段有人罹病，那是从墨西哥的阿卡普尔科到马里亚纳群岛的 56 天航行。当时有 5 人在墨西哥感染痢疾，身体虚弱，因而罹患维生素 C 缺乏病，其中仅一人症状严重。这名病人在关岛停泊 3 天期间吃了大量蔬菜、柑橘和柠檬后，便能起床到处走动。[57]不过其他船队因为不像西班牙帝国拥有许多殖民地港口可供停靠，仍只得无奈地依靠其他诊断法和较简单的疗法。1795 年，当西班牙船员已因柑橘类水果而大蒙其利时，温哥华船长的船上仍在暴发维生素 C 缺乏病疫情，尽管他在船只到达智利的瓦尔帕莱索时，已伺机尽量给船员吃葡萄、苹果和洋葱。对此，他归咎于船员同时食用油脂和豆子的“有害行为”。[58]次年，英国船员开始获得柠檬汁的配给。

营养学巫术

成功治疗维生素 C 缺乏病之后，人们更加相信食物除了有普通的供给营养功能外，还有更高的地位，可以治疗疾病。人们开始探索饮食健康，新兴的科学在此与古老的宗教相逢。这既是伪科学，又是神秘的使命。称之为伪科学，是因为科学在 19 世纪的西方社会新获威望。称之为神秘，则是因为它是空想家们发展出来的一套说法，缺乏证据，且在很多情况下有宗教目的：如果食物是生理健康的关键，那为什么不是道德健康的关键？[59]古圣先贤罗列过不少影响人格发展的食物禁忌，在 19 世纪和 20 世纪仍然有人继续提出这样的主张。

传统上，只有稀有又昂贵的食疗才能博得威望。随处皆有的药方多半不大有效，因为病人往往不予置信：每一种病痛都有一部分与心理作用有关，必须让病人从心理上信服，才能收到疗效。17 世纪的旅行家、耶稣会信徒赫罗尼莫·洛沃（Jerónimo Lobo）承认，他所有的医学知识只来自随身携带的小册子，但是他发觉所到之处皆能为人指点迷津。他就是一般人所谓的“圣人”。有一回，在天主教徒受到迫害期间，他藏身于埃塞俄比亚。“这个地方有很多盗贼和野兽，我们把荆棘围在四周以免受到攻击。”时值四旬斋期，他不大需要食物，但是为了换取弥撒所需的麦子和复活节的羔羊，他替一位农夫治疗哮喘。他好不容易才说服病人催吐剂并无好处。“虽然有不少对他有益的东西都付诸阙如，有一样东西却很丰富，到处都有，那就是早上空腹时喝的山羊尿……这对他的病绝对有利无弊。”洛沃始终没有发现这个方子到底有没有效：“我只知道病人不再付账了。”[60]现代西方笃行的健康饮食承袭了洛沃的传统，因为人们并不热衷于食用罕见珍贵的东西，而是吃合乎健康原则的日常食品，讲求全面的饮食以及吃的“风格”。

凡此种种的体系当中，素食主义历史最悠久，声望也最卓著。自古以来，体会到朴素生活有益身心的先贤也好，对人类自诩万兽主宰的狂妄心理多所批判的人也好，通通都认可各种蔬菜饮食。这两派想法在希腊哲人普鲁塔克（Plutarch）的诉愿中汇为合流，普鲁塔克说：“如果你不得不或想要，就把我杀了吃掉，但是请不要只是为了奢华吃上一顿而宰杀我。”[61]然而在虚构的乌托邦世界之外，尽管以往有人提出很有说服力的主张，素食主义在各个完整的社会和宗教传统中，却始终只是禁忌的一部分，因宗教的约束而产生。根据早期追随者的记录，毕达哥拉斯和佛陀都发表过素食主义的言论，而且他们两人也相信灵魂转世之说：所有的食肉者可能都是食人者和弑亲者，因为“我祖母的灵魂或许就栖息在鸟的躯体中”。眼下，在现代西方的世俗社会中，素食主义受到另一种魔力的鼓动而日益盛行，目的在于促进健康（不过总是伴随着道德层面的呼吁，以及越来越多有关地球生态的呼吁）。

当代素食运动的起源可回溯至18世纪末期，其部分灵感来自传统。此前两个世纪，欧洲有越来越多的素食主义作家著述推广素食。18世纪末，在越来越活跃的新闻界鼓吹下，古典和中古世纪以来累积的素食论述产生了效果。不过它之所以大兴，是因为当时出现了新的情况。它的开始，和早期浪漫主义的兴盛脱不了关系，和欧洲当时的文艺作品对自然世界表现出的新感性，以及“新世界”也有所关联。我们或许还可以放心大胆地认定，此事和欧洲人口快速增加也有关，人口增加提醒经济学家注意蔬菜食物的好处：种植蔬菜的成本低于养殖可食牲畜，牲畜吃掉太多谷物。亚当·斯密是一位略受浪漫主义影响的精明资本主义经济学家，他就把肉类自他“最丰富、最营养也最能滋补活力的饮食”表中删除。[62]

新素食主义的其他提倡者则心肠较软，或者说不那么务实。约翰·奥斯瓦尔德（John Oswald）深受怪异激进的理念所吸引，他自称皈依印度教，法国大革命时期在对抗反革命势力的战斗中死亡。他撰有一本推广素食的小册子，名为《自然的呐喊》（*The Cry of Nature*），极力主张不可侵犯动物的生命。批评者迫不及待地痛加谴责，说他是个“可怜虫，不肯杀老虎，至死却贪噬人血，无法餍足”。[63] 激进派画家乔治·尼科尔森（George Nicholson）诉诸古典议题：在物种竞争前的所谓“黄金时代”，“原初纯真的盛宴”并没有肉食。[64] 肉是“堕落之物”。[65] 素食主义者要是对此古典意象所带有的异教或世俗意味感到不安，可以转而求诸《圣经》，并会发觉上帝召唤他的子民来到盛产吗哪、奶与蜜之地。当时的人还不知道吗哪指的可能是一种昆虫分泌物，而非蔬菜。

早期的素食主义传道者相信或声称相信食物可以塑造人的性格。许多食物魔法有交感作用：在有些文化中，女人必须裸露上半身踩稻谷，因为根据“古老的看法，她们穿得越少，谷壳就越薄”。[66] 对早期的素食主义者来说，有危险的不单是肉体健康。英国作家约瑟夫·里特森（Joseph Ritson）在英国最早的素食主义圣经中坚称，[67]食肉动物残忍、易怒、脾气暴躁，吃肉导致强盗、阿谀拍马以及暴虐行为，助长掠夺的本能。诗人雪莱成为此信念的大力倡导者，他宣称："奴隶交易，亦即那令人不齿的违反自然权利的行为，极可能出自同样的成因；还有各种国家和个人的暴行，虽然通常被归咎于其他动机，实则也是同因所致。"[68]肉类食品是"邪恶的根源"，吃肉是"原罪、大罪"，将肉直比为伊甸园中的禁果。[69]人吃了肉以后，"其命脉被疾病的秃鹰所吞噬"。如果拿破仑出身"素食者家族"，他就永远不会"有登上波旁王朝宝座的意向或力量"。雪莱的朋友常爱嘲笑他的素食习惯。英国作家托马斯·洛夫·皮科克（Thomas Love Peacock）便以雪莱为范本，创造了一个名叫"西思罗普"的讽刺性人物，此人因为吃了一只煮禽，喝了一点马德拉葡萄酒，恢复了生机，进而打消自杀念头。雪莱的妹妹也同样跟随他信奉素食主义。而他的妻子玛丽·雪莱笔下的科学怪人则拒绝吃人的食物，不肯"毁灭羔羊和小山羊，只为饱足我的胃口；橡子和浆果便可提供给我足够的营养"。[70]

素食主义靠道德要求永远也不可能大大风行。在19世纪，它更是无法和传统宗教相抗衡。可是，健康却远比善行义举更容易打动人。19世纪30年代，宗教复兴派牧师西尔韦斯特·格雷厄姆（Sylvester Graham）就结合了道德和营销，创立了一个全麦面粉宗派，他的想法也是自独立宣言发表之后，第一个风行全球的美国宣言。他不仅是"麦麸面包和南瓜的提倡者"，也和19世纪的资产阶级革命有所应和，当时的资产阶级因对前一世纪的荒淫风俗大为反感，而主张为人处事应规矩、正经。格雷厄姆认为性不但不道德，而且不健康。更有甚者，它大多数时候不道德，且时时刻刻都不健康，因为泄欲会伤身。毫无节制的性冲动对社会构成威胁。性器官的觉醒是生病的迹象。性是突发的行为，性高潮就像腹泻。格雷厄姆同意前一代素食斗士的说法，认为吃肉的人“专横、暴烈、急躁”。适度食用蔬菜可以自然产生和补充消耗极少的精子，促成格雷厄姆所称的“生存生理学”。

同时，他也设法诉诸许多当代思潮来推动他的主张，其中有反工业化的乡村浪漫主义，还有呼吁“重返耕稼”并在美国生活中复兴“回归田园”精神的理想主义。格雷厄姆的著作掺入了以上种种思潮，加上所谓的“天定命运论”以及美国帝国主义的经济学；根据此经济学，大草原地区应予开垦，将草原改为麦田，而要实现此野心，谷物的消耗量务必得大量增加才行。格雷厄姆希望这一切发生在未经人工施肥、未受蹂躏的处女地上，[71]面包应用他调配的全麦面粉制作，由母亲在家充满爱心地烘焙而成。他的运动有一部分并未成功，他没能让美国人少吃一点。他宣称：“一般来说，每个人都应尽量少吃，他应借由仔细的调查、文明的经验和观察，来找出自己仅需多少分量的食物，便可完全达到其体质所需的营养。他应当明白，只要吃过这个限度就是罪恶。”[72]这种说法遭到漠视，美国从以前到现在都是大胃王的国度。不过，格雷厄姆的面粉在日渐繁荣的食物市场攻下一片天，美国营养学家詹姆斯·凯莱布·杰克逊（James Caleb Jackson）营销格雷厄姆的产品赚了大钱，产品包括世上第一种冷食的早餐麦片，他称之为“格雷努拉”（Granula）。[73]

格雷厄姆启发了效颦者，后来出现一批提倡低蛋白饮食的狂热人士，他们粗糙的观点取代了科学，占据营养学的主流思潮达百年之久。到了 19 世纪 90 年代，理想主义者和江湖郎中争相谋取专利麦片品牌的高额利润，于是掀起了“玉米片争战”，产品内容大同小异的对手品牌纷纷取得专利权保护，终而形成一场内战。J. H. 家乐（J. H. Kellogg）的第一种谷物产品剽窃“格雷努拉”之名。他正是道德主义、唯物主义、资本主义和基督教信仰的典型混合体，出生于基督复临派的家庭，所属教派长期采纳类似于格雷厄姆主张的低蛋白原则。不过，有别于当时大多数食物宗师，他研习过医学，以科学雄心进一步支撑了宗教冲动。他认为肉类会把数以亿计的细菌带进结肠，要想消灭它们，要么食用酸奶杀菌，要么吃粗食排出细菌。[74] 拼命三郎的作风似乎使他在这场竞技中终于取得上风，他的雄心也使得家乐氏早餐麦片凌驾于市场其他品牌之上。

家乐之类的人之所以能和公众顺利沟通，有一部分是因为他们是了不起的艺人，拥有福音传教士的本能，能够引导观众形成凝聚力。另外一部分则是由于他们有所谓的营养科学“专家”居中斡旋。当时的营养学界仍缺乏专业架构和标准，这些专家都是无知的自吹自擂之辈。莎拉·罗勒（Sarah Rorer）即是十足的典型，也是十分有影响力的一位。她并不具备相关资质，事实上，她根本没有任何教育资格证。她原本只是费城烹饪学校的明星学生，在头一任校长突然辞职后，她一夕之间平步青云，继任校长。她认为，“本国有三分之二的放纵行为”由“不科学的进食习惯”造成。[75] 她是具有感召力的教师，也是具有吸引力的演讲人，到 19 世纪 90 年代，她一跃成为公认的“厨房女王”。她的演示令观众折服，如果不是因为食物出色，那就是因为她那身闪闪发亮的丝绸衣裳，她这么穿是为了显示烹饪也可以干干净净。她还是个强势的悍妇，使唤唯命是从的丈夫替她缮写烹饪书，吩咐有钱的学生为自己清洗器皿。一如不少厨艺倡导者，她宣称自行治愈了消化不良的毛病。尽管她勾结广告商，替专利棉籽油和玉米粉等平庸的产品背书，但是她声称要推广“有根据的烹饪科学”这项论调却仍获认可。她的确在推广良好的烹饪理念：饮食适量、每天食用沙拉、根据病人需要来量身打造个人饮食计划。

就像所有自封的营养学家，她自有她的眼中钉。她认为应禁食芥末和泡菜，避免吃布丁，尽量少用醋：“如果盐和醋可以腐蚀铜，那对我们脆弱的胃壁会有什么影响呢？”[76]她不吃猪肉和小牛肉，因为“得花五个小时才能消化”。她对自己从未吃过油炸食品引以为荣。“若抛弃煎锅，那么不论在城市或乡村，都不会有很多疾病。”[77]她早期的早餐食谱遵循美国传统，分量十足，后来却发展出一套理论，说“胃液”会隔夜累积，因此早上只能吃一点水果、加奶的咖啡或谷物，以免伤胃。唯有在这件事上她承认自己想法改变。她认为健康的饮食可以消灭传染病以外所有的疾病。

毕竟，人应是为了活而吃，不是为了吃而活。她写道：“每一磅*多余的肉，就是一磅疾病。”一日吃上三餐是“粗俗”的事，她主张在都市时代应该吃得少、吃得简单、吃得雅致。她用“雅致”一词来掩饰吝啬的作风。一如不少营养学家，她并不怎么喜欢食物。她憎恨浪费，喜爱重复利用剩菜。[78]她说，一日之始，理应抢救女仆可能想倒掉的剩菜残羹。突击橱柜可能会找到几片板油、早餐牛排割下来的硬边、陈旧的奶酪、不新鲜的硬面包、变酸的鲜奶油、

* 英美制重量单位。1 磅等于 16 盎司，合 0.453 6 千克。——编者注

一颗水煮马铃薯、若干芹菜叶、剩鱼和豌豆各一杯。她将豌豆和芹菜捣碎煮汤，用奶酪和面包做开胃的奶酪吐司，绞碎牛肉，熬板油，把酸奶油加进姜汁饼中，把奶油淋在鱼上，周围摆上马铃薯。[79]

要说世纪末最有艺人台风的健康食品战士，那便是霍勒斯·弗莱彻（Horace Fletcher），即便是罗勒和家乐也要拜倒在他的魅力之下。他执迷于格雷厄姆的传统，以同样的热情提倡低蛋白饮食，但是更合乎世俗的品位，无时无刻不在强调他胡诌的科学说法以及身体健康至上的理论——在众说纷纭、多元并存的美国社会，人人都同意身体健康很重要。他自维多利亚时代的育儿室撷取一个老掉牙的口号——食物应细细咀嚼——并将之奉为信条。他置身威尼斯的宅邸，力促人们把食物咀嚼到没有滋味。液体则需在口腔中停留至少半分钟才能咽下。他所提出的“纯”实验室科学，[80]多半是固执武断的胡说八道。比如，他坚称“消化是在口腔的后部进行”。弗莱彻的医生在采纳他的方法后，宣称治好自己的“痛风、使人失去工作能力的头痛、经常性伤风、颈部的疔和痤疮、脚趾的慢性湿疹……以及经常性的胃酸过多”，并重拾对“生活和工作”的兴趣。[81]这真是卖江湖膏药的典型台词。不过，尽管弗莱彻声称每天仅摄取 45 克蛋白质，他体力之好却令众人大为惊叹，55 岁时还和耶鲁大学的划船好手以及西点军校的学生比力气。这里必须说明，弗莱彻漏提了一件事：他在每餐之间会吃大量的巧克力！

弗莱彻的名气实在大，影响所及，科学家在 20 世纪初对低蛋白热潮产生兴趣，进而展开调查研究。耶鲁大学的拉塞尔·H. 奇滕登（Russel H. Chittenden）接受弗莱彻的说法，成为少食更健康的忠实信徒。虽然弗莱彻 68 岁时心脏病发而逝，奇滕登却活到 87 岁，家乐则享年 91 岁。然而，总体而言，科学界仍然支持蛋白质。这种情况并不令人意外，因为营养学界少数经得起验证的通则之一，就是专家们总是众说纷纭、莫衷一是。而且，蛋白质在传统上一直受人推崇。食品科学史上的大英雄尤斯图斯·冯·李比希（Justus von Liebig）男爵，在 19 世纪 30 年代着手展开史上头一项有关营养问题的系统性的严正调查。他将食物的营养成分区分为碳水化合物、蛋白质和脂肪三大类，构成了后来所有食品研究的基础。他煮熟、挤压、浸泡并捣碎肉，以期能提炼出精纯的蛋白质。这令人联想起炼金术士想要炼出黄金，或许更妥当地说，想要提炼有净化作用的更精纯矿石。他推崇脂肪的营养特质，其中"碳的含量几乎和煤炭一样，我们燃烧身体跟燃烧火炉一模一样，所用的燃料含有和木头与煤炭相同的元素，然而，它和木、炭基本的差异在于，它能溶于体液当中"。[82] 肉类"包含植物的营养成分，且以浓缩的形式储存"。[83] 此观点并非李比希所独创，他只不过着手证明了一个普遍为人所持的谬论，第一位伟大的业余食品科学家布里亚-萨瓦兰在 19 世纪 20 年代即多次发表过该看法。他在一间客栈看到英国人举行烤羊宴会，艳羡之余，这位抑制不住食欲的美食家，按照他自己的说法，"在这一大块羊肘子上刺了十几个很深的洞，让肉汁通通流出来，一滴不剩"，然后用这肉汁炒了一打鸡蛋。"我们就这样大快朵颐，一面狂笑不已，心想我们其实吞掉了羊肉里头所有实质的东西，把残渣留给我们的英国朋友去咀嚼。"[84]

李比希代表当时典型的进取精神，想要把一切都还原为科学。大约在同期，英国画家约翰·康斯太布尔宣称绘画是科学；数学家皮埃尔-西蒙·拉普拉斯说服读者相信爱情不过是化学作用；达尔文则认为美学和道德都是经由生物过程而产生。一如生活中大多数有价值的事物，食物很难用这样的简化论来解释。肉制品经“萃取”后，营养价值其实并未增加，但是众多公司还是争相改良李比希的工作成果。和玉米片争战相似的肉精战争在19世纪70年代爆发（参见第八章的“生产、加工与供应的现代革命”一节）。有人大力提倡高蛋白饮食，亦即以肉为主的饮食，声势不输素食主义和弗莱彻门派。其中最口若悬河的倡议者为《营养和疾病之关系》的作者詹姆斯·H. 索尔兹伯里（James H. Salisbury），他是自己所谓的“神经力”专家，提倡用热水“清洗消化器官，就好像在洗旧醋桶一样”。[85] 他用自己做试验，一次只吃一种食物。试验过后，他对蔬菜产生反感。炖豆和燕麦害他胀气，太多青菜引起“蔬菜消化不良”或慢性腹泻。

> 它们使得胃里充满了碳酸气体、糖、酒精、酸以及含酒精的酸性发酵植物。这些具有发酵作用的东西很快便会麻痹胃的小囊和胃壁，使得胃虚弱、松弛，并囤积过量的食物碎块和液体。这器官就变成了不折不扣的酸腐的“馊水桶”。

索尔兹伯里认为，病弱者应禁食蔬菜，一般人则应严格管控摄入量。他主张人类生来就是“三分之二的食肉动物”，牙齿和胃进化过后，就是要用来撕咬、消化肉类。[86]

> 谷物中的主要成分淀粉，是健康的大敌……把瘦牛肉捣碎成肉糜，制成肉饼烤了吃。肉糜中尽量不要含有结缔组织或胶

质组织、脂肪和软骨……肉饼不要压得太紧，不然烤好以后尝来会像肝一样，只要轻压至肉糜不会散开即可，每块半英寸*至一英寸厚。用小火慢烤，火源不可冒着火焰和烟。烤熟以后，将肉饼放在热盘子上，加黄油、胡椒和盐调味；喜欢的话，肉上也可加辣酱油或哈尔福德酱（Halford sauce）、芥末、山葵或柠檬汁。[87]

索尔兹伯里原本是为肺病患者设计的这份食谱，但他建议人人皆应采用，它显然正是所谓的“汉堡牛排”，这道当时新出现的菜肴后来成为世人最爱吃的菜品。索尔兹伯里的理论已为人遗忘，而且凡是有见识的食客八成不会接受这些理论，然而高蛋白饮食所遗留下来的诅咒仍回荡在成千上万的汉堡店里。

20 世纪早期，有关蛋白质的辩论偃旗息鼓，“纯净”成为新的重点。差不多每位营养学家都同意，污物会带来危险。亨氏、家乐氏、法美（Franco-American）等美国早期食品巨头的一部分经商之本就在于生产过程合乎卫生的公众形象。“斯泰茜牌叉蘸巧克力是用叉子叉好才蘸的，‘因为叉子可比手干净’。”“主教牌加州果酱是‘世上唯一保证纯净的果酱，若不纯净赔你一千美元’。”[88] 然而营养学界充斥着败坏与堕落现象。第一次世界大战后，美国开始出现服用维生素的热潮，与此同时，国内开始流行因为缺乏维生素 B3 所导致的糙皮病。实际上，患病者全是城市里的贫穷黑人，而他们的主食就是这些食品巨头生产的玉米片，但两者之间的关系要到 20

* 英美制长度单位。1 英寸等于 2.54 厘米。——编者注

世纪30年代才被揭露。[89]在此之前，各种名号响亮的江湖秘方药（如"生命之流""糙皮净"）抢占市场，而糙皮病患者的雇主们则将病因归咎于遗传、不良作风和"坏血统"：一切能为低工资和不健康救济食品开脱的理由。

埃尔默·麦科勒姆（Elmer McCollum）是有史以来最有影响力的营养学家之一，他在耶鲁大学利用啮齿动物进行实验，让全世界都相信富含维生素的食物有益综合健康。他曾长年谴责白面包"缺乏营养素"，可是在担任通用面粉公司顾问以后，他却在国会委员会上作证指责"食品时尚人士向民众灌输恶意的错误观念，他们想让人不敢吃白面包"。[90]哈维·威利博士（Dr. Harvey Wiley）原本不遗余力地反对加工食品，后来却成为《好家政》杂志的健康专栏作家，为"杰乐"（Jell-O）、"麦粉"（Cream of Wheat）等广告主的粥品背书。[91]相关产业界为了营利而转性变节，提倡起咖啡加甜甜圈饮食；加州水果业界推广水果加生菜的速成节食法；联合水果公司支持约翰斯·霍普金斯大学研究员乔治·哈罗普博士（Dr. George Harrop）提出的香蕉加脱脂奶节食法。在葡萄柚节食法风行以前，香蕉加脱脂奶是美国人最喜爱的节食配方。[92]

有些营养学宗师不是脑筋不清楚，就是自欺欺人；有些是怪人，有些则是江湖骗子。时值20世纪30年代，大萧条来临，北美大草原又遭到沙尘暴袭击，导致成千上万的民众必须排队等待面包。在那段时期，某些营养过剩的美国人开始觉得自己在道德上有点站不住脚了，于是他们希望食物带来的意义不止于维持生命而已。这正好给了新一批大规模招摇撞骗之徒可乘之机，盖洛德·豪泽（Gaylord Hauser）是其中的佼佼者。据他说，在减肥聚会上"你只消漱漱口便可摆脱脂肪”。他提倡的“轻泻节食法”被温莎公爵夫人采纳，却是种残害健康的节食法，它折磨人的身体，也洗刷人的罪恶感。[93]他所提出的“美容节食法”是“一日大扫除式的方法……你会很惊讶脂肪就这样快速地被排出体外”。[94]“青春之泉沙拉”的创造者威廉·海博士（Dr. William Hay）坚持蛋白质和碳水化合物不能同时食用，因为两者皆为“碱性”，至今仍有不少人对其貌似科学的秘方深信不疑。刘易斯·沃尔贝格（Lewis Wolberg）的言辞充分体现了这类剥削成性的营养学者的面目——矫揉造作、爱掉书袋、好摆架子：

> 人类的饮食有着丰富的传统，披着华丽的装饰、习俗和禁忌。它被因循老套所掩盖，点缀着无数的社会修饰。这些往往会破坏营养效能，并经常导致美食之罪……可悲的是，文明人所赖以维生的食物使人失去活力、营养失衡。[95]

沃尔贝格反对食用酱料、多样化食物（“吃太多种食物会使胃部不满”）和消夜。他建议喝牛奶，多咀嚼，吃香蕉，盛赞“与欧洲人接触前的毛利人、未开化的萨摩亚人、非洲原住民和格陵兰因纽特人”等族群的饮食使人“体格强健”。[96]他的饮食进化等级表是伪造的，实验的依据也是假的。在他的描述中，位居等级表中最底层的部族，“获取和烹饪食物的方法令人联想起石器时代”。据我判断，他对这些人的描述通通是空想：

> 居于饮食进化等级表底层的是非洲的俾格米人和巴西的雨

林人。俾格米人吃未加料理的水果、坚果、昆虫、蛆、蜂蜜和贝类来维生。他们生吃食物，还常常挨饿。一如其老祖宗始新世猿人，他们满足于在盛产的季节采集食物，不会未雨绸缪储粮备用。巴西的雨林人是野蛮人，饮食习惯令人作呕，肚子饿了往往就把棍子戳进蚁洞里，好让蚂蚁爬进嘴巴里。[97]

在一派胡言乱语的时代气氛下，新的科学发现一出现就落入骗子之手。维生素是20世纪的新执念，就像19世纪的蛋白质和碳水化合物，这项发现强力冲击了西方世界新世纪的饮食理论。我们几乎可以称呼维生素为一项发明，而不是发现，发明者为第一次世界大战前像炼金术士一般致力寻找“生命原”的科学家。所谓的生命原，指的是使食物能够维持生命的基本成分。科学家拿单独分离出来的“纯”碳水化合物、脂肪、蛋白质和矿物质喂老鼠吃，可是这些老鼠一定得另外喂以真正的食物，否则活不下去。剑桥大学教授弗雷德里克·高兰·霍普金斯（Frederick Gowland Hopkins）便演示过，牛奶就是这样的食物，他称之为“食物附属要素”。此名称比维生素来得好，因为维生素并非胺类，即腐化作用制造出来的碳氢化合物。[98]不过维生素的确有维持生命之效，只是并非所有维生素都来自食物。大多数人得靠着阳光来吸收维生素D，而维生素K则由肠道中的细菌合成。

维生素起初是科学，后来变成了流行时尚。内脏、黄油和动物脂肪中天然含有的视黄醇，亦即维生素A，还有胡萝卜中富含的胡萝卜素，硬是被添加进植物性奶油中，可是采取此法的国家却从未发生过此两种维生素缺乏的情形。20世纪30年代在英、美两国，人们格外担心食品加工会破坏食物中的维生素，可是也无证据显示这会引发营养素缺乏的疾病。1939年，美国医学协会建议在加工食品中添加足量营养素，使其恢复“天然的高水准”。[99]第二次世界大战前，美国人风行服用维生素B1，也就是所谓的“士气维生素”。病理学家罗素·怀尔德博士（Dr. Russell Wilder）声称，不给民众服用维生素B1的政策等于在制造“希特勒的秘密武器”。当时的美国副总统华莱士支持此论调：“是什么使你双眼发亮、步伐矫健、活力十足？就是精力维生素。”[100]美国食品署当时还有一句口号：“维生素打胜仗。”[101]一位军方营养学家宣称，只要有维生素丸，他可以把5 000位士兵变成超人，也就是无敌的突击队。在市井街头，小吃店菜式要是少了下列几样东西中的两样，就会被正式宣布为食品水平“低劣”。这些食物包括了8盎司*杯装或同等分量的牛奶、三分之二杯的绿色或黄色蔬菜、一“客”分量的肉、奶酪、鱼或蛋、两片全麦或添加维生素的面包、一份黄油或添加了维生素的植物性奶油，以及4盎司至5盎司的生鲜水果或蔬菜。军人们这时应已从分格餐盘中了解到何谓“均衡饮食”，美国饮食协会主席则认为，“倡导良好饮食习惯的人”去而复返，“将可拯救本国营养不良的人们”。百老汇女星埃塞尔·默尔曼（Ethel Merman）唱道：“我有我的维生素，A—B—C—D—E—F—G—H—I—I—I—I，我仍拥有健康，所以何必在乎呢？”这首歌曲含有十足的讽刺意味，结果却是对牛弹琴。因为就算时人知道维生素F、G、H并不存在，但是大众八成愿意相信未来一定会发现这几种维生素。

---

* 英美制重量单位。1盎司等于28.349 5克。——编者注。

战争或者爆发战争的可能性激发并扭曲了政府对营养研究的兴趣。战时“为儿童争取食物”的努力，必须用“多吃食物，多杀小日本”这句口号来遮掩。[102]有健康的军队才能保证打胜仗。第二次世界大战前夕英国最有影响力的营养学家罗伯特·麦卡里森（Robert McCarrison）借着喂养“一批来自金奈的健康猴子”，欣然证明“完美调配的饮食”的好处；未被喂食维生素和矿物质的猴子则出现胃炎、胃溃疡、结肠炎和痢疾。[103]同时，为期三四年的营养计划改造了德特福德的贫民区儿童，将他们从患有“佝偻病、支气管炎……扁桃体发炎、蛀牙……以及眼睛、鼻子、耳朵和喉咙发炎”的病人，一变成为“皮肤干净、敏捷、合群，对生活和新经验充满热忱的优秀儿童”。帕普沃斯小区的400位肺结核病童在获得“充足的食物”后恢复健康。麦卡里森的宏愿是，“建立一个营养充足的国度”。因此在20世纪30年代，医学界展开推广运动，想用牛奶、黄油、鸡蛋和肉，“将全国的饮食提升到最佳状态”。这个食谱反映了另一位食物伪君子约翰·博伊德·奥尔（John Boyd Orr）的偏见。他在殖民地服役时，对肯尼亚的马萨伊人印象深刻。马萨伊人吃肉，喝牛奶和血，体型比吃高纤低脂食物的邻族基库尤人（Kikuyu）要高大。[104]

战争来临后，事实似乎证明了战前所有的饮食理论都是错误的。英国的水果消耗量减少近一半，不过人们食用马铃薯的数量却增加了45%，蔬菜消耗量则增加了三分之一。肉和鱼的匮乏被牛奶、谷物、粗制面粉产品和维生素添加物所填补。结果促使营养学家汲汲于研究战时饮食，这股新热潮一直延续至今，他们甚至把粗制面粉提升到万灵丹一样的地位。战争反而有利于公众健康，这个悖论或许还有别的解释。配给制度重新分配食物，使得生活条件不够优越的人也有东西可吃，为人母者也与健康机构有较多的接触。儿童被疏散出遭受猛烈轰炸的贫民区，落脚于健康的乡下。战后德国那些受到重创的地区或许反而更适合从事研究。营养学家在伍珀塔尔进行的实验显示，面粉的精制程度在营养方面没有差别：儿童只要额外多吃一点面包，不管是哪种面包，都一样长高长胖。[105]

富裕的营养学

游戏改变了，虽然食物分配流通的问题仍会导致饥荒，科学化的农艺学却给了我们击败饥饿和匮乏的方法。后果之一是，起码在繁荣的西方，一股奇异的复古潮流似乎已经展开，人们好像食人族一样，四处搜寻魔法——能塑造性格或扭转逆境的食物。据张忠兰（Jolan Chang）的说法，食用糙米饭、新鲜水果和蔬菜，“你就可以得道，不会生病”。[106]“文明病”可以通过选择性饮食而根除，并重获“内在力量的和谐”。[107]印度阿育吠陀派的厨师宣称：“食物就是婆罗门，当你看着一根香蕉或一杯柳橙汁时，或许并未彻底领略到食物中存在着能量，亦即宇宙的气，也就是赋予一切能活动有呼吸的生物那股生命力的灵魂，但它始终存在。”[108]

吃可以和其他的感官享受产生关联，食物可以带有性的意味：形如阴茎的芦笋在指间的触感，形如阴户的贻贝挤压时柔软震颤。尽管如此，我们仍然很难严肃看待那些笃信春药之人。有位作家开玩笑似的写道：“松露含有雄性费洛蒙，性学家基于此认为它有催情作用。这类激素和公猪发情时唾液中所含的激素一模一样。”这位作家还表示，卵磷脂、抱子甘蓝、海带和苹果醋都是“神奇的美容食品”。据说芹菜含有同样的激素，当草药煎来喝效果最好：煮上30分钟，“效果惊人”。[109] 不过另有一种说法：“在中国，多年以来的经验表明，芹菜有降血压作用。”[110] 这两种说法实在有些矛盾。

除非已经获得充足的营养，否则根本无法“为思考而吃”。可是却不乏有人郑重推荐“补脑食物”，比如法国一位营养专家就建议，“每天应服用 2 克的 α–亚麻酸和 10 克的亚麻酸；赶快吃油脂吧！……在猿猴进化成人类的过程中，大自然说不定帮了造物主的忙，把头一批人类（或猿猴）带到了海边，那里有很多富含 α–亚麻酸的植物”，他还建议“吃脑补脑”。[111] 这些秘方令人想起英国绅士伯蒂·伍斯特*，他深信磷可以补脑，在沙丁鱼中就含有。

或许因为充裕的食物让我们不再只仰赖食品提供营养，食物魔法的新时代似乎已翩然来到。南太平洋人最青睐的祭神酒由卡瓦胡椒（Kava）酿制而成，根据记录，卡瓦胡椒确实有催眠、止痛和利尿的作用，这是因为它含有相应的药用成分。据说它还能治疗风寒、促进乳汁分泌、加速康复和缓解淋病，并对其他一些病症有所帮助，但这些说法只有民族植物学上的依据。我们或可放心大胆地假设，夏威夷和斐济的岛民并不是随便提议用卡瓦胡椒治病，他们自有其道理。不过他们的观点却互相矛盾，令我们没有理由认为卡瓦胡椒总体上比其他预防药物更有效或更好。它反而对澳大利亚原住民的健康造成伤害。澳大利亚原住民近年来才开始食用卡瓦胡椒，追踪观察显示，卡瓦胡椒会使人呼吸急促、体重减轻、皮肤粗糙、胆固

---

* 伯蒂·伍斯特（Bertie Wooster）是英国作家 P. G. 沃德豪斯（P. G. Wodehouse）笔下人物。——译者注

醇增加。[112]然而，它如今却已成为当代西方妇女化妆品中的神奇成分。

那么我们能不能认真看待中国的食疗秘方呢？根据这套理论，芹菜、花生、大蒜、蜇皮和紫菜可以治疗高血压；麦芽、猪小肚、茶叶和蘑菇则可治疗肝炎。[113]根据同样来源的“青春永驻食物”秘方，黄豆可以缓解水肿，治疗“一般感冒、皮肤病、脚气病、腹泻、妊娠血毒、习惯性便秘、贫血和脚部溃疡”。秘方作者说明，红薯之所以可治便秘和腹泻，因为“红薯是阴性的，可以润肠”；无花果可治痢疾和痔疮。还有一项令医疗科学界大惑不解的疗法则表示，喝茶可以预防维生素 C 缺乏病。[114]饮食应当保持阴阳平衡的观念，本质上即为体液理论。我们已经否定了源起西方的体液理论，但是当这些理论罩上“神秘的东方”气息时，却吸引了西方的信徒。

很难说江湖秘方在哪里结束，科学又在哪里开始。说到底，唯有有效的疗法才能确定是科学的疗法。由于食物是自然生长的，它的成分和特性会因时因地而有所不同，除非采取技术干预，否则我们永远也无法保证有关食物性质的检验合乎科学标准。可是任何人只要喜欢吃土壤长出的东西，而不愿食用实验室产品，就会排斥科学技术干预。怪异且不均衡的饮食会导致疾病，大多数社会对此都有长期的体会与认识。除非社会动荡不安，使得人们遗忘或抛弃传统智慧，否则饮食不大可能引发疾病。

詹姆斯・勒法努博士（Dr. James LeFanu）嘲笑联合国卫生组织 1982 年的一项报告是主流营养学的灾难。[115]尽管实验结果并未显示脂肪摄入和心脏疾病有所关联，这项报告却仍煽动人们畏惧脂肪。勒法努饶有兴味地将目标聚焦于多事的营养学界带来的后果：“1985

年在霍夫市政厅为医院员工举行的圣诞节自助餐舞会中，圣诞布丁、糕点、蛋糕、奶酪酥条和肉馅饼一律禁止供应。来宾们可转而食用各种豆类、沙拉和低脂薯条，饮用不含酒精的综合饮料。”

1967 年，一项有关暴饮暴食的经典研究显示，8 位自愿接受实验的学生吃下热量超出每日建议摄取量的食物，这只令他们各自胖了不到 1 千克；几天以后，当他们已适应新的饮食时，体重就没有再增加。[116] 长期进行的弗雷明翰研究（Framingham study）显示，罹患心脏疾病和没有心脏病的美国人，脂肪的摄取量并无差别。胆固醇会阻塞动脉，可是给两个人吃下富含胆固醇的同样食物，却会产生迥然不同的后果。1981 年至 1984 年的奥斯陆试验（Oslo Trial）和 1984 年发表的脂肪临床研究，均未显示低脂饮食可以降低胆固醇，减少得心脏病的风险；大多数人不论吃的是什么，体内的胆固醇含量都不高，而且心脏疾病患者中有一半以上体内胆固醇含量也不高。[117]

诚然，大多数高脂饮食的文化，特别是在那些爱吃饱和脂肪酸的地区，心脏病发生的概率确实较高，而这一概率在脂肪摄入量较少的社会则较低。可例外不胜枚举，这说明我们仍需进一步研究，而非一味禁食脂肪。因纽特人的食物百分之百是肉和鱼，其中多半是脂肪。布须曼人和俾格米人的食物三分之一是肉，但是他们的血压和体内的胆固醇含量与其他食用谷物的族群类似。[118] 我们很难否认相关研究进度放缓，或早已停滞，只因为找到了便利的罪魁祸首。现代健康崇拜带来的偏见兼具社会性和科学性，也许，社会性还超出了科学性：它们展现认同，构成普遍的信念。任何有独立思考能力的人都应该加以质疑，不宜随波逐流。

食物不只是可以拿来吃的东西而已；随着这项发现，革命展开了，而且还在继续进行。我们仍在不断地寻找新的方法，为满足社会效益而吃：以便和饮食与心态跟我们相同的人交往，和漠视我们饮食禁忌的外人划清界限；也重新打造我们自己，重塑我们的身体，改造我们和人、自然以及神的关系。饮食学家喜欢培养“合乎科学的”自我形象，漠视其中的文化脉络，然而他们仍是时代的孩子、漫长历史的传人：对饮食的执念是文化史上的波动，是任何健康食品都无力治愈的现代疾病。

第三章

畜牧革命

BREEDING TO EAT

从“收集”食物

到“生产”食物

墨西哥犰狳（四人份）……$100.00

海狸与海狸尾……$27.00

南美野猪……$18.00

驯鹿……$75.00

澳洲袋鼠……$50.00

麝鼠……$62.00

豪猪……$55.00

鸵鸟蛋……$35.00

水牛……$13.00

——户外运动俱乐部菜单，纽约，约 1953 年[1]

蜗牛先锋

“就像龙虾和肥鹅肝”，蜗牛在当代高级烹饪中也稳占一席之地。[2]然而蜗牛在美食家心目中的评价并不一致，被提升到当今的显赫地位也是比较晚近的事。蜗牛在遭受数百年的排挤和蔑视后，大概在20世纪，由于乡下出身的巴黎餐厅从业者大力推广“乡土佳肴”，才终得平反，又成为一种美食。据称，在粮食配给不足的第二次世界大战时期以前，凡是顶尖的厨师都不肯供应蜗牛。即使到了今日，除了法国、加泰罗尼亚和意大利若干地区，蜗牛在现代西方社会依旧不受重视。然而，蜗牛连同其他几种类似的软体动物，理应在食物史上占有崇高的地位。因为它们代表着人类历史上一大谜团的关键，或许也是答案所在。这个谜团就是，人类为什么开始畜养别的动物当作食物？一切又是怎么开始的？

蜗牛相对来说不难养殖。近来最受好评的法国勃艮第蜗牛在专门的农场养殖，饲料为上好的药草和牛奶粥。它们是很合乎经济效益的食物，本身就有个壳，端上桌时，正好用来盛装常常用来配这道菜的蒜味黄油酱汁，这样不但不会造成太多浪费，而且很有营养价值。一般认为大型的四足动物最早被驯养以供食用，养蜗牛可比饲养这些难以驾驭的牲畜容易多了。海生种类的蜗牛可以集中养在天然的岩池中，陆生蜗牛则可隔离圈养于盛产蜗牛之地，只要在场地四周挖掘沟渠便可。最初的蜗牛养殖户只要用手拣除小的或较差的蜗牛，很快就能享受到选种培育的好处。蜗牛是食草动物，不需要拿人可以吃的食物来喂它们。它们可以大量养殖，不用生火，也用不着任何特殊设备，不会造成人身危险，更不必挑选、训练领头的牲畜或狗来帮忙。它们几乎算是彻头彻尾的食物，适合让商人、朝圣者和上战场的军队携带作为口粮。“艾瑞米娜”（eremina）等品种的蜗牛，体内不但含有足供数日旅行所需的水分，还有很多的肉。[3]

在若干古代文化中，蜗牛养殖可是大生意。古罗马人把勃艮第蜗牛的祖宗关进养殖笼里，喂以牛奶，直到蜗牛肉长到壳都装不下了。这样养出的蜗牛可是奢华的美食，数量有限，专供美食家享用。根据一篇据称由古罗马医学家塞尔苏斯（Celsus）所撰的论文，除了美食家就只有病人才得以食用这种蜗牛了。[4]有几处美索不达米亚遗址残留有大量的蜗牛壳，证明古代的苏美人经常食用养殖蜗牛。还有一个看起来像约 3 000 年前软体动物农场的遗址，也已在波士顿市中心被发掘出来。[5]

想象一下，这段历史是在多久以前开始的呢？旧石器时代的贝冢中藏有的蜗牛壳一般比现今的品种大。[6]这样看来，冰河时期晚期的人似已专挑大的蜗牛吃。同一时期，类似的贝冢十分常见，其中有些十分庞大，让人不由得抛开学者的审慎，假定它们足以证明当时已经有计划地在生产食品。我们很难摆脱食物史发展与渐进的模式带来的限制，根本无法想象那么早以前竟已有养殖食物；但是养蜗牛是如此简单，不需要什么技术，在概念上又如此接近食物采集者所习惯的采集方法，因此倘若一味否定有这种可能，不啻过于顽固，光会空谈理论。养殖蜗牛的历史可能比传统认为的早了好几千年。根据贝冢在一些地方形成的地质层顺序来看，食用蜗牛的社会显然早于依赖较复杂猎食技术维生的先民。在希腊阿尔戈利（Argolid）南部宝贵的考古遗址弗兰克西洞穴（Franchthi Cave）当中，有个公元前10700年的巨大蜗牛壳冢，上面覆盖着其他动物的骨骼，最先是红鹿骨，接着是近4 000年后的鲔鱼骨。[7]

软体动物可能是人类最早畜养的动物，这么重要的事却从来没有人讨论过，更别说进行研究或给予认可，因此我们只能尽量以理性的推论为证据，提出试探性的说法。蜗牛只是其中的一部分，因为在世界各地的挖掘堆里，除了散布有蜗牛壳，还有多种贝类动物的残余物。我们可以合理推论，在利用海洋生物为食物的历史过程中，畜牧可能早于猎食。捕鱼虽也是一种猎食行为，但捕鱼需要高超的创新技术，并且必须配合使用一些当时人类还不熟悉的工具。相反，养殖软体动物似乎是继采集之后顺理成章的下一阶段，仅需用到双手就够了。在古丹麦的庞大贝冢中，牡蛎、海扇、淡菜、滨螺是主要品种，但是其中也有许多其他种类的有壳动物，包括大量的蜗牛。中石器时代的贝冢里，软体动物的壳大量增加。[8]这些贝冢密集分布在欧洲西岸，特别是斯堪的纳维亚半岛，软体动物在那里不受打扰地生活，还有南、北美洲几乎整条太平洋海岸线。在苏格兰的奥本与拉恩、在布列塔尼、在北非的卡普萨（Capsian）文化遗址、在美国加州以及在伊比利亚半岛的阿斯图里亚斯和塔古斯河流域，贝冢集中的情形更加惊人。在世界各地的淡水饲育地，贝壳堆积成冢，其中牡蛎占了很大的一部分。牡蛎床和所谓的“牡蛎养殖”并不见得有关，即使人工堆成的也不一定就表示经过选种培育，不过食用牡蛎的量似乎增加了许多，因此我们或可推论牡蛎采集技术在中石器时代有长足的进步。在塞内加尔沿岸，在科西嘉的黛安娜湖和法国旺代地区的圣米歇雷姆，都有由丢弃的贝壳堆成的岛屿；在富含天然牡蛎床的大海里，这些岛屿的面积依然在不断扩张。[9]在美国缅因州，有一座估计容量为七百万蒲式耳*的贝冢。

6 000 至 8 000 年前，在上述许多地方，贝冢堆积的速率增加，这表示食物史上出现了革命却未被发现。历史学家通常都以为软体动物的消耗量增加只有一个解释，那就是大型猎物的短缺。[10]但是只要可以大量供应，易处理的小型动物远胜过大型猎物。考古学家把软体动物当成“采集”类食物，但是至少就若干例子而言，在大量食用软体动物的地区，存在系统化养殖是比较合理的推断。

想想大革命竟是由蜗牛领军，实在有伤英雄气概与浪漫情怀。不过，人类在进行烹饪调革命后，开展有组织的食品生产，这显然是史上与食物有关的最大创举。事情是怎么发生的？传统上划分为双线进行，皆遵循渐进模式。根据传统看法，人类先采集食物，而后才出现农业，粮食作物也才在科学上有所改良；至于畜牧和养殖则是从狩猎发展而来。这两种传统说法都略有误导之处，某些种类的农业和养殖业的历史可能要早于某些种类的采集和狩猎；软体动物的养殖就是一种畜牧，它较贴近于采集行为，而离所谓的狩猎行为比较远。定点务农的社群不必通过打猎便可取得家畜家禽，他们可以对迷途的小动物进行断奶，或吸引食腐动物到他们的聚落来。接下来，农夫可以加

---

* 英美制容量单位（计量干散颗粒用），1 蒲式耳 =8 加仑。英制 1 蒲式耳合 36.37 升，美制 1 蒲式耳合 35.24 升。——编者注

以改良，开发适合定居族群饲养的动物品种：有些品种可能作杀虫处理，以改进品质。有些则是天然的“食物处理器”，非常有用：反刍动物和食草动物可以把人类无法直接食用的能量来源，比如牧草、坚硬难吃的树叶和厨余，转变成我们称之为肉的食物。在农作物歉收时，它们可作为“会走动的食物柜”。[11] 不过，传统的分类法还是合理的，食物被分成截然不同的两大类，我们一旦了解到这两类食物之间有互相依存的关系，就可以分开来先后探讨：首先讨论动物，接着在下一章中讨论植物。

养殖呢？还是不养殖？

畜牧的起源及其几乎不变的结果——选种养殖——始终被迷思和错误的臆测所遮蔽。畜牧一直被错误地归为历史生态学上一项不寻常的发展，不可能在好几个地方独立发生。如果说如今在世界各地几乎都发现了畜牧的痕迹，那么根据传统的推理，这必定是传播的结果：由于意外或灵光一闪，一种习俗在一个地方或极少数地方开始，然后经由迁徙、战争或贸易扩散到全世界。这种推理方法依然盛行于学术界，实则早已老朽过时了。传播论兴起于坚信等级理论的精英知识分子，他们以为只有受神或自然力量眷顾的人才有能力率先倡议伟大的构想，其他较不聪明或较落后的人则唯有向较优秀者请教学习才能进步。这个想法在 19 世纪末、20 世纪初大行其道。那时的世界由白人帝国主导，它们自认为是在将革新带来的好处传播给次等族类。此想法在当时的学界听来似乎很可信，因为当时学界深受古典人文主义影响，接受的又是探究文本传播路径的训练。鉴于文化的发展确实是由单一起源传播开来，同样的模式、同样的研究技巧也被转而运用其他的学术领域。

不过，还有别的方法可以处理摆在我们眼前的这个问题。畜牧普遍可见，这一事实可能恰好证明了它并非不同寻常，而是在人类与其他动物共同演化的过程中，轻轻松松、自然而然发生的现象。我们所驯养的是与我们有互赖关系的物种，我们吃它们，用它们来消灭害虫，玩赏它们取乐，或把它们当成狩猎、干活或打仗时的帮手。我们也喂养它们，保护它们不受其他动物捕食。这种关系不但亲密且在某种程度上也很自然，就像虱子和寄生虫与宿主之间或海鸥和渔夫之间的关系，还有在下一章将谈到的作物与耕作者的关系。根据传统的史前变迁编年记录，采集、狩猎和畜牧通常被依序排列，一个接着一个，然而它们其实是彼此互补的食物获取技术，是同时发展的。[12]

许多狩猎文化并不只是接受大自然的施舍。他们把牲畜成群赶到目标地带，有时会为此开拓道路，还会把猎物关进栏里：这已然是一种畜牧。他们有时为了控制环境而放火，借以制造食物。欧洲拓荒者到达北美东北部林区前，那里大多数的原住民就是用这种方法来储备粮食。在因定期焚烧而日渐稀疏的林区，猎人可以自由行动，他们爱吃的动物，比如麋鹿、鹿、海狸、野兔、豪猪、火鸡、鹌鹑和松鸡也受到惊动而露出行踪。[13]同理，早期在澳大利亚的欧洲人惊见海畔燃起熊熊大火，在这块大陆大部分的地方，原住民运用此法来控制袋鼠的栖息地。虽然有些狩猎社会不喜欢太过深入地采用这类技术，以至成为牲畜的永久保护者，但是这些狩猎方法明显属于广义的畜牧。至于要不要再深入一点，索性变成牲畜的全职管理者，则需要审慎思量才能决定：如果猎物的数量够多，就不值得多费工夫畜养牲畜。多费工夫的好处是，这样一来便可从事选种培育，使得社群可以完全根据口味需求来食用牲畜。不过，另一个类似的方法虽然较慢，但也可达到相同的效果，那就是在狩猎时刻意不猎不爱吃的动物。畜牧现象一旦出现，接下来就是选种养殖。

达尔文在研究进化论时期思考过这些问题。[14] 他对牲畜养殖方法所做的研究得出了一个要点，让他得以了解大自然如何运作，这和养殖者选择饲养能在生存竞争中制胜的物种有着相似的原理。达尔文在研究工作之初，认为在人类渐进发展到更高层次的文明的过程中，有系统的养殖是晚期才发生的事。他之所以会这么想，部分由于他深信当代的正统学说：所有的历史都是渐进的，而且“原始人”智能有限。另一部分则是由于他以为养殖牲畜的技巧和想法在概念上很难理解，在技术上很难实现，因而深奥且不易习得。达尔文并不认为他所谓的“半文明的野蛮人”精通养殖技术，然而在研究过程中出现了很多令他意外的例子。他承认，北非图阿雷格人（Tuareg）的骆驼的“谱系可比达利阿拉伯名驹的久远多了”。蒙古人饲养白尾牦牛，卖给中国人做成苍蝇掸子。西伯利亚的奥斯加克人（Ostyak）和一些因纽特人偏好皮色一致的狗；非洲南部的达马拉人（Damara）则养殖皮色一致的牛。达尔文发现，在非洲南部有个普遍的现象，就是“这些野蛮人有高超的眼力，一眼便可认出某一条牛属于哪个部落所有”。圭亚那的图鲁玛印第安人（Turuma Indian）精挑细选最好的母狗和最好的公狗配种，并且饲养两种纯粹只拿来观赏的家禽。据达尔文说：“火地岛居民的野蛮程度少有人能比，但是教会的传道士布里吉先生告诉我，这些野蛮人取得强壮敏捷的母狗时，会刻意让它跟一只优良公狗配种，甚至会特意让母狗吃得好一点，这样小狗才会强壮优良。”还有件“再奇异不过的事”引起达尔文的注意。根据秘鲁文学家加西拉索·德·拉维加（Garcilaso de la Vega）的记载，印加人定期从猎来的鹿中选择较优良的放回野外，以便改良鹿的品种。“因此印加人的做法与我们苏格兰猎人的做法恰好相反，后者不断屠杀公鹿，使得整个品种退化。”

这项证据迫使达尔文修改了他对有组织的牲畜养殖在历史上所占地位的评估。牲畜养殖是很早期且相当普及的创举，最常见的目的是生产食物。开始的途径有几种，但狩猎无疑是其中一种。我们不禁想象狩猎之前的人类历史，当时的原始人和早期人类就好像秃鹰，围拢在其他更擅长捕食的动物吃剩的残渣四周，或病死老死的动物骨骸旁边。但是食物史学上有关狩猎和食腐之间差异的辩论却一直不大成熟。大多数肉食动物兼具这两种摄食方式。真正重大的区别在于寻求活的猎物还是死的。只有活的动物才能饲养当作食物。有些极易捕获的动物在地上爬行时或困在潮水潭时被活捉。有些则是和人类互有好感，进而产生亲近的关系。还有些可能是在狩猎过程中掉入陷阱，不过以这种方式开始驯养动物显然是不大寻常的。仰赖狩猎的文化少有牲畜养殖的情形，除非出现畜牧的过渡阶段（这并非普遍情况，但也频频出现）。就某些方面而言，发生这样的情形实在令人意外。

狩猎是种迷人的生活方式，对定居社会甚至都市社会的某些人来说仍具有浪漫的魅力。几千年的文明发展似乎仍不足以抹杀某些企业主管外表之下的野性。比如，有些大老板休闲时爱射火鸡、猎松鸡，他们的下属则喜欢垂钓或射兔子。英国剧作家 J. M. 巴里（J.

M. Barrie）笔下一位角色就表达过狩猎有多么令人快活——一位养尊处优的贵族女子因一场海难而重返“自然”，解放天性。

玛丽夫人：……我在企鹅湾看到一群鹿，为了取得有利位置，我蹑足绕着银湖走。不过它们还是看到我了，接着下来可好玩了。我别无他法，只能努力追赶，所以我认准了一头肥公鹿为目标。我们一路往下跑到湖畔，又往上奔至有滚石的山谷；它……跑进水里，但我游在它后面；那里的河面只有一英里*宽，水流却很湍急。它在急流中翻腾往下，我在后追赶；它攀爬上岸，我攀爬上岸；我们跌跌撞撞，一会儿往山上跑，一会儿又往山下跑。我在沼泽地跟丢了它，后来又发现它的踪迹……在萤火虫树林，我一箭制伏了它。

小女仆（瞪着她看）：您不累吗？

玛丽夫人：会累才怪！实在太美妙啦。[15]

在狩猎文化中，人为了生计而打猎。话虽如此，这个事实却似乎从未使狩猎沦落到只是例行公事。就连见惯了狩猎活动的地方，人们也仍酷爱与之俱来的挑战和神奇吸引力。狩猎活动为岩石艺术提供的灵感显示出，在以狩猎为生的社会里，这项活动主宰了人的想象力。这多少是一条取得食物的高效率途径。有效的狩猎可以供应丰富的食物。在巴西的马托格罗索，欧佩依人（Opaye）一则神话中的女主人公喊道：“我真恨不得当美洲虎的女儿呀！要多少肉就

* 英美制长度单位。1 英里合 1.609 3 公里。——编者注

有多少肉。”[16]

狩猎比饲养动物更节约成本和劳力，只要利用人类天生比其他物种擅长的极少数几样简单技巧，就可以有效地得到成果。这几样技巧包括投掷重物、瞄准目标，以及运用脑力来诱导甚至影响猎物的行为。简单的技术即可大大增强投掷的威力，比如用回力棒、吹箭、投矛器，还有弓。使用弓是比较复杂的技术，时间可能不早于两万年前。放火可以用来惊吓猎物使之逃窜，或引导猎物的行进方向。用锥形石冢或石柱堆成的漏斗形小径，可以诱引动物走进陷阱；旧石器时代的艺术描绘过这种漏斗形小径，在现代的澳大利亚、西伯利亚和美洲都有仿制的构造。[17]人们可利用悬崖边和人工坑洞当作斜槽，动物一旦被引诱进去就会顺势滑下摔死；亦可利用沼泽，诱使动物身陷其中、动弹不得。或者训练狗、豹、鹰等强壮或敏捷的动物，来弥补猎人体能上的不足。在过往的狩猎文化中，由于可取得猎物的数量和须喂饱的人口相平衡，因此用不着采取畜牧或农耕的食物生产方法，便可完全满足人的营养需要。对旧石器时代遗物的分析显示，当时的人类营养很好：一天一般摄取 3 000 卡热量，其中肉类占三分之一。冰河时代的猎人兼采集者一天吃 2 千克食物，其中近 800 克是肉。虽然他们大多数人吃的盐相对较少，但饮食通常富含钙质。这是他们所食植物的本性使然——淀粉类谷物比较少，水果和野生块茎比较多。由于内脏肉类含有高浓度的维生素 C，他们维生素 C 的平均摄入量是现代美国人的 5 倍。[18]

然而，以狩猎方式获取食物有时代价太高，而且很浪费。与早期畜牧和农耕所需的沟渠、火耕农田、栅栏、播种棍和背篮等相比，哪怕看似简单的狩猎工具都要更难设计、造价更高。训练动物也极度耗费心力。狗是例外，它们虽不易取得，训练又费时，但无疑值得一用，只不过人必须用食物作为狗的“报酬”。狗有时还会和人竞争地位。举例来说，在上一次冰河时期末期的狩猎社会，墓地中便残留有狗与人竞争的明显迹象。人和狗随着鹿群和古代野牛群这些猎物来到波罗的海沿岸的斯凯特霍姆（Skateholm）；那里如今埋着这些猎物的骨骸。鹿、牛埋骨处的旁边是狗的墓地。这些体形似狼的魁梧猎手和它们的战利品埋在一起，其中有鹿角，也有野猪的獠牙；狗墓里的光荣标记有时比人墓更多。这些狗是不折不扣的社会成员；狩猎能力决定了成员在社会中的地位：狗才是人的领袖。今天，这样的真实动物英雄只有在儿童故事书里才看得见了。

武器和狗是猎人的投资资本。一旦确定投资会有回报，又会引发一系列别的问题。滥捕是常见的危险结果，因为狩猎文化里的人倾向于竞争，没有必要保留猎物给对手猎杀。无论如何，就连在急需保存资源的地方，也很难估计到底该保留多少猎物才恰当。虽然人们通常对狩猎民族怀有浪漫、怀古的观感，以为他们有生态保育观念和保存策略，但是这样的事情其实很少见。在大多数狩猎文化中，过度捕杀的现象一再出现。只杀你需要的量是极度困难的事；体形庞大又具有大量脂肪可满足猎人所需的大型四足动物，只会以大规模的方式遭到猎杀。在历史上大多数时候和大多数地方，人类可采取的狩猎方法就是把大量动物逼落坡底或坑洞中，一举消灭。讽刺的是，猎物死亡率如此之高是因为大型动物很难捕获：单只的大型动物不容易掉进陷阱，人类于是费心设计诱捕方式，反而一次抓到更多动物，形成大屠杀场面。这么一来会取得太多食物，浪费可供繁殖畜牧的动物。这种做法可能一次就杀光整群动物。法国马贡地区的梭鲁特附近埋有 1 万匹马的遗骨，它们于旧石器时代被猎人驱赶至崖边，坠崖而亡。在捷克共和国的一处遗址，则发现 100 只长毛象的遗骨埋在坑洞里。大型动物更易因狩猎活动而有灭种之虞，因为大型动物繁殖较慢，最主要的是它们难以控制。人既然很难选种养殖如此不易捕捉或危险的动物，那么一旦有机会杀死它们，怎会不加以把握?

传说美洲原住民在白人来临前很善于保护资源，证据却显示他们曾大规模屠杀动物，从而打破了这个迷思。事实上，在北美洲大部分地区，他们的方法曾造成极大的浪费。令人不解的是，史前猎人驱赶野牛到崖边，坠崖而亡的野牛却仅有小部分的肉被割去食用，原地堆积着多半未被食用的兽尸。这表示在这些猎人看来，像这样可能危及长期供应的浪费情形并无不妥。根据 19 世纪末期的观察，加拿大哈得孙湾的因纽特人在捕猎驯鹿时，刻意把一整群的驯鹿杀光，有时任由成百上千具兽尸腐烂，这么做应该是不想让敌人得到猎物。[19] 有些部落须仰赖其他较弱的物种，因此会自动实行配额制度。肖肖尼（Shoshone）印第安人就把他们的鹿群保存了下来。如果有野牛活下来，并不是因为猎人理性地采取资源保护措施，而是因为数量太多，难以灭绝。它们是因为猎人效率不彰、技术不良才逃过一死；而这又部分源于猎人没有马。马约 1 万年前在“新世界”绝迹，其主因大抵就是人类的劫掠行为。

“更新世大灭绝”时期，许多曾是人类猎物的物种在全球许多地区都已绝迹，这一点和猎人浪费挥霍的作风八成脱离不了干系。西半球和澳大利亚庞大的动物群多半已消失，“旧世界”则失去其体形最大的象；猎人渴求油脂或许是部分的原因。[20] 同一时代被杀的长毛象，有些骨骸里还嵌有矛头，有时光是一只象身上就足足有 8 根矛头。很多品种的鹿消失，据信是遭到滥杀之故。毫无节制的捕猎造成某些动物绝种，这并不只是那些短视近利的民族特有的恶行，而是人类根本的特性。在各式各样的环境中，人类足迹所至之处，必有其他物种灭绝。猎人来到澳大拉西亚（Australasia）后，* 那里的巨大动物群很快就消失无踪，比如大袋熊、巨型袋鼠、体形有人 4 倍大的不飞鸟和 1 吨重的蜥蜴。[21] 后来受害的还有被毛利人猎杀以致绝种的新西兰恐鸟，以及夏威夷鹅和渡渡鸟。

放弃滥杀技巧的猎人只能努力追寻，专挑某种动物为目标，费时费力进行追踪，他们努力的程度唯有巴里笔下的玛丽夫人差堪比拟。布须曼人耗费那么多精力打猎，到头来换取的一顿餐食好像根本不可能弥补消耗掉的体力，这似乎有违一般认为狩猎民族所服膺的“最佳觅食策略”：尽量不要浪费体力去猎取难以捕捉的动物。作家范·德·波斯特曾跟随一队猎人追捕大羚羊。有天早上日出后不久，他们发现一群大羚羊的行迹，开始马不停蹄地一路追赶，到了下午 3 点才赶上兽群，拉弓射箭。但是真正的狩猎尚未开始。光靠布须曼人的弓箭就想把大型猎物一举擒获几乎是不可能的事。布须曼人比较喜欢的方法是先用箭头涂有毒液的箭射伤动物，接下来等动物筋疲力尽，毒液也发生作用时，再施以“致命一击”。箭的构造分作两部分，箭尖刺中目标物，箭柄落地，如此即使没有见血，射箭手也能明白他已命中目标。伤口使动物行动变得迟缓，猎人便可追上它；不过，猎人的口粮有限，在捕到猎物之前，这一段

---

* 指澳大利亚、新西兰及附近南太平洋诸岛。——编者注

追捕的过程可能很漫长、辛苦。据范·德·波斯特描述，有一次猎物逃跑速度极快，根本没有时间检查是否已命中目标。布须曼人加快脚步，“他们全神贯注于追赶，浑然不觉疲劳，根本什么都感觉不到”。他们一路不停地跑了 12 英里，“最后一英里简直是全速冲刺”。等他们又看到这群动物时，有头公牛眼看已越来越疲惫，但他们还是花了整整一个钟头才使得这头公牛停下来。“没等牛断气，倪苏和波邵就剥起牛皮。整个追猎过程中最有意思的就是这一部分。他们一刻也不停歇，根本没有休息，到末了依然精神抖擞地立刻投入剥皮、切割笨重的兽体这项艰难的工作。”接着他们还得长途跋涉回家，好展开歌舞盛宴。[22] 布须曼人至今仍坚持如此艰辛而费力的生活方式。他们所恪守的显然是一代代族人都投入情感的历史传承。这些承载着文化资本的实践，如果仅为物质收益而改变，会是件很令人痛心的事。

大多数狩猎社会设计出管理猎物的方法，想借以掌控或消除上述问题。有些管理方法差点就走到畜牧这一步。最简单的办法就是依照时令打猎，选动物最肥、最多产或不致打扰动物繁殖后代的时节来狩猎。有时候，狩猎的季节由猎物的生命周期决定。比如，除了冬季将至的时节之外，没有必要猎杀驯鹿，因为驯鹿在冬天皮毛最厚，肉的脂肪层也最厚。其他时候，动物所处的环境生态也是决定性因素，趁它们为觅食而大量聚集时打猎，成果可能最丰硕。偶尔，人类的年度活动也成了主要因素。美国西部的派尤特（Piute）印第安人在秋天收获季节，趁羚羊、绵羊和鹿聚集时猎杀这些动物，因为他们的狩猎方法需要大家同心协力。一般而言，在习惯利用焚草来迫使并引导动物前往猎场的地区，降雨情况可以决定狩猎次数的多寡。[23]放火是常用来控制猎物的更进一步做法。火可以让动物来到便于猎人行动的地方吃草，使得猎物集中在容易下手的地方。这在概念上和畜牧相去不远。在政府权力够强大的社会，狩猎保护区、皇家公园和森林被留作专供王室贵族狩猎的场所。这不是为了谋取食物，而是在从事一项区分社会地位的仪式，显示王室贵族铺张浪费的同时，说不定也在提醒别人，马背上的人拥有权势。

畜牧的本能

有些动物有群居的天性，因此猎人无须变成专业牧民，只要跟在成群的动物后头即可。在这种情况下，谁是放牧者，谁又是被放牧的呢？领路的是动物，而不是人。最早侵入北美大平原的欧洲人发现，当地人极度仰赖美洲野牛。居民只吃野牛肉，披戴野牛皮绳系紧的野牛毛皮，用野牛皮制成的帐篷遮风挡雨。现存最早有关草原生活的记述来自一位在 1540 年抵达堪萨斯的西班牙骑士，他在文中描述了狩猎文化的标准饮食。野牛被杀死以后，猎人剖开牛腹，挤出未完全消化的草并喝掉其中的汁液，“因为他们说里头含有胃的精华”。接着他们准备吃肉，一手抓住一大块生肉，张嘴便咬，“好像鸟吃东西一样，咀嚼一两次便囫囵吞下。他们生吃脂肪，并不加热；他们把大的内脏清干净，然后灌满牛血……以便口渴时饮用”。[24]当时唯一可行的生活方式就是依季节迁移的辛苦生活，唯一可能的文化就是可以随时随地移动的文化。木头稀少而珍贵，载重的动物根本不存在，因此人们用轻质树枝做成框架，财物就堆在架上，然后用手拖拉。许多货物必须捆扎起来，夹在腋下。

不过，当狩猎的时机到来，即使是不辞劳苦跟在成群动物之后宛如奴仆的猎人，也会出手干预，引导动物行进：他们驱赶和惊吓成群结队的动物，引导它们移动的方向，或将一部分动物自畜群中分离以便屠宰。凡此种种的技巧越来越多，物种之间的关系也起了变化，人变成动物行动的管理者。拥有群居本能的物种本来就有可能接受更彻底的管理。如果地形和其他环境因素都合适，加上人有办法追上动物的步伐，那么猎人就可以变成牧人，想把成群的动物带到哪就带到哪。倘若有狗协助驱赶，或者可以训练兽群中的一头带队引导，转变成畜牧生活的吸引力就更大了。牛、绵羊和山羊等最常见的放牧动物都明显具有前述特质，这使得它们有别于其他种类的动物。因此，想要在畜牧文化和狩猎群居动物的文化之间分出楚河汉界，有时并非易事。

北欧的驯鹿管理是一个介乎狩猎和畜牧之间的例子，从这个例子可以看出一种文化是怎么转换为另一种文化的。有史以来，欧洲驯鹿和它的美洲亲戚北美驯鹿就一直是人类爱吃的食物。在上一次大冰河时期的晚期，对驯鹿的渴求促使狩猎民族北上进入欧洲北极圈地区。根据考古记录，驯鹿在超过 3 000 年的时期内是人们越来越重要的资源。在一部分的冻土地带、针叶林地带和森林边缘，人和驯鹿在生态体系中逐渐占据主宰地位，发展成有效的双头寡占现象。当时的人类几乎全靠驯鹿才能维持生命。[25] 有好几个世纪之久，人类以各形各色的方式利用驯鹿，不但在野外猎捕，也挑选个别来驯养。与此同时，人类还可控制和引导特定鹿群的迁徙。

有一种游牧活动逐渐盛行，我们或可称之为被控制的游牧，即在必要时，结合一般的季节性迁移生活和短程的游牧。一如北美西部牛仔的牲口，驯鹿也有强烈的群居本能；因此牧人可以将它们长期留置于荒野，需要时再驱赶成群，而后引导或跟随驯鹿群前往新的放牧地。和美洲北极圈的大型四足动物相比，欧洲驯鹿，即使是在冻土地带的欧洲驯鹿，它们的迁徙路程都不长，通常只有 200 英里出头。人可以利用一头驯良的公驯鹿为诱饵，把整群驯鹿围起来圈养；人兽合作有利于寻找新的放牧地：人类为驯鹿提供侦察服务，并且成为它们对抗狼和狼獾的盟友；另外牧人也会生火保护驯鹿，使它们在夏季不致受蚊子叮咬。到了海边，据说涅涅特人甚至会和驯鹿分享渔获。驯鹿对鱼的胃口可以被养到大得惊人。[26] 还有一种较放松的管控方式，就是在两次圈养期之间，让驯鹿自己去寻找季节栖息地，人和狗则寄生虫似的跟在驯鹿群后头。只有冻土地带才会出现大规模的放牧活动，在那里，驯鹿是人类最基本的生存工具。森林居民则只养殖少量的驯鹿，用来当牵引动物以及副食。这些人只在小范围内迁移营地，一年的移动距离绝不超过 50 英里，且任由驯鹿觅食，并不加以监管，只在有需要的时候才会圈捕驯鹿。相反的，传统的冻土地带居民和驯鹿的关系密不可分，除了驯鹿外，他们别无其他维生办法。

到了公元 9 世纪，放牧驯鹿已成固定活动，当时的挪威大使欧特雷（Othere）向英王阿尔弗雷德（Alfred）夸口说，自己拥有的驯鹿有 600 头之多。[27] 根据文献记载，自此以后畜牧生活的节奏始终没有改变：驯鹿群每年春天进行年度第一次迁徙，在狗的监管下，由被驯服的公鹿领头。它们在滋养地度过夏季。包括 10 月公鹿发情期在内的秋季，则在中间营地度过，之后便开始淘汰鹿群并迁移至过冬区。[28] 放牧动辄成千上万头之多的牲畜，在现代是司空见惯的事。在狗的协助下，只要两三位牧人便能一次看管 2 000 头驯鹿。[29] 只要驯鹿维持足够的数量，便可供应维生所需的一切。涅涅特人因而称驯鹿为“吉列普”（jil’ep），意即“生命”。驯鹿可以载重、拉雪橇——根据萨米人传统，阉割过的公鹿是最佳的牧群领导者，公鹿的睾丸最好由男人用牙齿咬掉。[30] 人宰杀驯鹿以取皮保暖，驯鹿的骨和腱也有多种用途，比如可分别拿来做工具和绳索。不过，驯鹿主要还是被拿来当食物，它们的血和骨髓可以让人迅速补充体力；它们在春季长出的新角脆如软骨，可以当成美味佳肴。驯鹿肉极易保存，只要自然风干或冷冻便可，是人的主食。如今，驯鹿是斯堪的纳维亚城市中许多餐厅的豪华大餐；萨米人因驯鹿而致富的故事，仍是赫尔辛基和奥斯陆人们在晚餐桌上津津乐道的话题。

与驯鹿相比，牛仔时代遍布北美大平原的牛群稍接近于驯养。美国西部传奇人物库克在 20 世纪 20 年代曾撰文描述他在马鞍上的岁月。当时他赶着作为诱饵的牛群和野牛群会合，一面在牛群间驰骋，一面哼着“得州摇篮曲”，他声称这首歌可以安抚野性未驯的小公牛。这么看来，曾红透美国半边天的“歌唱牛仔”并不全是娱乐业一手创造的怪胎。牛群乱窜算是牛仔的职业危险。一旦发生这种情形，牛仔只能用套索逮牛，如果没逮到，便只得“赤手空拳抓住牛尾，拉着牛绕马一圈，然后猛然向前冲，使小公牛栽个跟头。此时骑士会让马儿急停，一跃下马，拿出随时塞在腰带下头的一截‘绑绳’，像捆猪一样地捆绑……这头畜生……牛遭到这种待遇会凶性大发……如果这头强壮的畜生在绳索捆上以前便已站起，就只能掏枪应付牛角的攻击了”。当落败的牛四足完全变得无力且僵硬时，牛仔便可驱使已驯服的牛群团团包围这头畜生，同时解开它的绳索。

如果这一招无法奏效，则再次予以制伏，用绳套住脖子，和一头驯服的老公牛绑在一起，老公牛会拖着它回牛栏。[31]

放弃狩猎而改行畜牧一直是有利有弊的事。和动物为伴可能会带来坏处。牧民的牲畜是传染病的仓库。在哥伦布第二次横渡大西洋的探险中，很可能是猪和马而非人把疾病从旧世界带至新世界，从而造成美洲原住民人口的锐减。[32] 即使到了 20 世纪，鸭子在中国仍是禽流感病毒滋生的温床，“猪则是混合载体，禽流感病毒和人流感病毒就在这载体之中交换基因”。[33]

然而，从狩猎转变为畜牧生活的民族享有一个好处，那就是拥有可靠的食物来源，有时更足以享用大餐。远程的季节性迁徙所饲养的牲畜，尽管煮了以后肉质又老又韧，但吃在牧人嘴里仍比猎来的好吃。牧人不但可以饲养牲畜当食物，还可挑选特别合胃口的品种，从而将一餐或一道菜提升到特殊地位。牧人也可独立圈养某几头牲畜，喂以富含牛奶的饲料或最优质的草来催肥。他还可以精挑细选上等的幼畜来专供食用，创造出残酷的美食，比如高乔人的初生小牛肉或美国怀俄明州的牧人炖肉，主材料为尚未断奶的小牛内脏和脑子，调味料有牛奶以及胃导管里未完全消化的食物；胃导管连接牛的两个胃，管内有一层浓如骨髓的过滤物质。[34]

在定居文化的烹饪中，野味或成年牲口的肉在烹煮以前，一律得先吊挂一阵子，以便肉里的细菌分解，使肉质变软。如果是鹿肉，至少得吊挂三周，农场牛肉则仅需三天。被细菌分解程度不一的肉块，可根据不同的需要和口味加工食用。虽然根据记述，狩猎和畜牧文化的烹饪都强调肉应新鲜屠宰，但鉴于史料记载，狩猎民族盛行过度猎杀，他们想必相当熟悉腐肉的滋味。现代美食家如果喜欢这种“野性的滋味”，大概是因为在当今的都市社会里，真正狩猎而来的野味已成为昂贵又稀少的珍馐；一般的农场食物要是有这股味道会遭到嫌弃，但如果是猎来的野味有这味道，却不啻担保它的正宗，带有冒险的意味。酸味水果可以让新鲜的野味肉质变嫩，因此有颇多野味用动物栖息地的土产水果酱汁当佐料。驯鹿肉和云莓最对味，野猪肉适合配蜜李，野兔肉适宜搭配杜松子或被意大利人称为“甘苦酱”（agrodolce）的一种重口味酱汁。根据英格兰的传统做法，烧烤的鹿肉须搭配一种叫作“坎伯兰酱”（Cumberland sauce）的美味综合酱汁，它的主材料是红醋栗，比较复杂的制作方法还会刻意添加柳橙皮与波特酒。英国人吃猪肉喜搭苹果酱，这种习惯沿袭古风，原本吃的是野猪肉。一般说来，野性越浓的肉越瘦，因此根据大多数定居文化的食谱，烹饪野味或牲口的肉时，都会另外添加家畜或家禽的油脂。比如，爱吃驯鹿的美食家至今仍在争议炖驯鹿肉里到底该不该加猪油。另一方面，大多数猎人和牧人依季节迁移，无法随身携带一大堆笨重的烹调器具，但除此之外，畜牧和狩猎的烹饪没有太特别之处。

为什么有些猎捕来的动物可以被驯养，有些则不能？常见的说法认为，有些动物就是无法驯养。不过人类之所以任由某些动物在野外生活，似乎是基于其他理由，和猎人的文化或动物栖息地的自然环境有关。如果人类有意，大可以从事袋鼠畜牧，有些袋鼠很容易被驯服。我有个朋友小时就养了只袋鼠当宠物，袋鼠被放归野外后还时常回来看他。它会爬上屋子的阶梯，敲他的房门。品种驯良的袋鼠可以趁其幼小即捕捉回家，或自它降生后便开始饲养；再不然，澳大利亚若干地区的原住民自古沿用的方法也可加以利用，使整群袋鼠听人使唤、任人操纵。其中一项传统方法为用火来控制袋鼠吃草的地区，以便猎人接近猎物。斑马是另一种看似不大可能被人驯养的动物，但是中世纪的埃塞俄比亚国王尼格斯（Negus）便有一辆斑马拉的车。即使像这样可憎的动物都有不同的品种，顽强程度不一，只要挑选合适的饲养，几代以后便可培育出家畜品种。[35]

在现今的怀俄明州地区，史前时代即有人猎捕大角羊。人们把大角羊赶进木头围栏里，乱棒打死。不过，虽然从现代的大角羊观之，这种动物应该极易捕捉，这项技术却始终没有扩大使用于全面驯养。[36]唯一的解释是，这些羊栖息的海拔高于猎人的居住地，猎人只愿意在特定的季节突击高山地带，不愿意永久居住在适于畜牧它们的环境。

畜牧有别于狩猎的最后也是最大一个差别是，畜牧把乳品业带入食品生产技术的范畴内。这不仅为食用乳品的人引进了一大堆新的食物，也对人的进化产生影响。在大多数狩猎文化中，乳制品不只是可有可无而已，人们根本就讨厌乳品，很多人甚至无法消化吸收。在许多文化中，乳糖不耐受症很常见。事实上，只有欧洲人、北美人、印第安人以及中亚与中东一些民族才拥有消化动物乳汁的生理特性。世上其他地区大多数的人过了婴儿期以后，体内便无法自然制造可以消化乳汁的乳糖。在世上许多从事畜牧养殖已有数百年乃至数千年历史的地方，大多数人不喜欢甚至受不了乳制品仍是十分正常的事。中国菜就不爱用乳制品，牛奶、黄油、鲜奶油，甚至不需乳糖酶即可消化的酸奶和酪乳都遭到中国人嫌弃，称之为野蛮口味。日本人也厌恶乳品，早期造访日本的欧洲人有一个讨人厌的特征就是，身上有一股“黄油臭味”。1962 年，8 800 万磅的美援奶粉运抵巴西，当地人吃了以后觉得身体不舒服。当时，人在巴西的美国人类学家马文·哈里斯（Marvin Harris）看到美国官员对此十分恼火，官员责怪当地人“手抓奶粉便吃”或“用不干净的水泡牛奶”。其实，他们不过是不习惯牛奶而已。[37]

我单是想到喝未经处理的生乳就觉得恶心。北欧文明有种特色，就是爱用黄油煎炸食物，我这辈子一直努力学着欣赏这一点，却终究无法接受。基于类似的个人偏见，我也无法理解，中东地区明明生产橄榄油，为什么那里有些地方的人却认为绵羊油脂是用来调和米饭或煮荞麦的上选油脂？在我看来，这些人似乎仍保有数百年前游牧民族的偏见，这种偏见在几百年前被阿拉伯沙漠和欧亚大草原的牧民带进了饮食习惯中。不过，不能否认的是，由于人类努力想让乳制品变得容易消化，因此带来了世界美食史上最了不起的几项成就。其中一个叫作奶酪，其制法为先任由乳汁中的细菌生长，或者促进细菌生长，接着抽取乳汁中的脂肪和蛋白质分离而凝结形成的固体物质。奶酪的味道、色泽和质地，全看乳汁中有什么细菌而定，同时还有较小一部分取决于制作者采取什么方法来帮助乳汁凝结。奶酪的种类不胜枚举，或许是无限多的，至今仍时常有人创造出新的奶酪。

奶酪最早出现于何时，又是怎么形成的呢？当前的知识并没有办法解答这两个问题。公元前 7 千纪的岩石艺术上有奶酪制造的过程记录；根据考古文献，则至少是在公元前 4 千纪；不过，奶酪出现的年代也有可能更早。在此，我忍不住要提出个人的想法：狩猎和畜牧的历史在奶酪上再次重演。就像狩猎过程中的一个阶段，毫无遮盖的乳汁变成了陷阱，任细菌聚集。接着，人们发现在乳汁变酸的过程中，如果加以调节处理，会收到某些有益的效果，这其实正意味着某些细菌被“畜养”了。如今，量产的成品被称为奶酪似乎已不够格，因为在制造过程一开始时，巴氏杀菌法就已消灭细菌，人们直接把精挑细选的培养菌注入乳汁来达到想要的效果。

海上狩猎

野生食物越来越难得到。在理应是富饶之地的美国，只有在为数不多的专卖店才买得到野味，而即便是人口众多的都市，也不见得有这种专卖店。我认识一位德国人，他想烹调德式胡椒野兔肉请客，结果得专程从费城到纽约买野兔肉。就连野火鸡等在美国仍被广泛捕猎的野生动物，以及基于自然资源保护原因而捕杀的鹿和熊，这些野味在市面上都难得一见。除了寥寥数家高级餐厅外，大部分人根本就吃不到。即使在欧洲，鹿肉和野兔肉等传统野味也大多被养殖鹿的肉所取代。松鸡和野鸡如今被人集中养殖，这些从业者不应再被称为猎场看守人，而应改称为农民。

有人认为狩猎是取得食物的原始方法，早就被人弃绝，只剩下贵族沉迷其中，还被一些嗜血的人当成消遣活动。这种看法大错特错。全世界的食物供应仍仰赖狩猎，依赖的程度并不亚于“新石器时代革命”和精耕细作发展之前的时代。根据可靠的推测，狩猎所产生的食物量在 20 世纪增加了近 40 倍。20 世纪很可能是历史上最后也是最大的狩猎时代。当然，我讲的是一种相对专门且现今高度机械化的狩猎——捕鱼。

捕鱼确实是一种狩猎。西方发达国家近代以来的鱼类需求量大幅增加，这似乎和当代大多数人汲汲追求健康的念头有关（上一章已经谈过这种执念）。不过，我怀疑西方富庶国家对鱼的需求量大增是因为人们存有浪漫的成见，喜好这最后一种经猎捕而来的主要食物。如果我们并未爽快地把捕鱼归类于狩猎，那只是因为它看起来并不是很像。相较于现代世界的主流农业和工业社会中的陆上狩猎活动，捕鱼显然不是同一种类的猎捕。在大多数文化中，捕鱼属于比较平民的行业，丝毫没有贵族气息，没有贵族穿梭在森林中追猎、在荒野射击或鹰扑豹跃这一类的事情。不过，直到近代，在现属于加拿大西部和美国西北部的地区，曾有一些传统部落社会，其族人会驾着独木舟，专门追捕鲸和大鲨鱼等危险的海洋生物。18 世纪和 19 世纪人们的礼服上，便有描绘身中鱼叉的巨兽和猎人搏斗的情景。在现属于秘鲁的地区，古代的莫奇人（Moche）认为猎捕马林鱼是极度崇高的行为，足堪作为艺术描绘的主题。今天，拖网捕鱼仍是某种形式的狩猎，也是全球重要的食物来源。虽然拖网捕鱼已成例行作业，却保有不少行规仪式。即使如今已失去英雄气息，但仍是一种追捕。拖网渔民必须追猎鱼群，如果天气变坏，猎物可能逃走。猎人有时还会赔上性命。

一如陆上的猎场，渔场往往也有滥捕的情形。对渔民而言，唯一合理的策略就是尽量多捕鱼，不然竞争对手就要胜过自己。渔民有着浪漫的形象，比如冒险犯难、不畏狂风暴雨、执着敬业、不屈不挠追捕鱼群；然而在这层形象底下，却是冰冷的现实。人类无法有效管控大海更让问题越发复杂。渔获量在 20 世纪增加了近 40 倍，根据约翰·麦克尼尔（John McNeill）估计，有 30 亿吨的鱼被捞捕上岸，超过之前各世纪人类的总渔获量。[38] 把鱼粉用于肥料和动物饲料，使得鱼成为全球关键性的营养来源，这方面的用量远超过人的食用量。20 世纪，有许多渔场已经消失或正在消失，这种现象虽可用气候的变化和鱼群变动不定的迁徙模式来解释，但几乎可以肯定的是，滥捕才是最大也是最普遍的原因。早期的拓荒者只要在岸边伸手到水中一探，便可捉到大量的缅因龙虾；自 19 世纪 70 年代以来，为保护资源，缅因龙虾的捕捞受到了管制，但是捕获量仍由每年秋季约 2 400 万磅锐减到 1913 年的不及 600 万磅。缅因龙虾产量近来已有可观的复苏，但仍不稳定。加拿大在 1996 年关闭鳕鱼渔场，据称大西洋鳕鱼目前的存量仅及历史平均水平的十分之一。加州沙丁鱼和北海鲱鱼自 20 世纪 60 年代以来已成为稀有鱼类。日本沙丁鱼渔场在 20 世纪 30 年代为全球最大，可是到了 1994 年，那里的沙丁鱼却被捞捕到几乎灭绝。纳米比亚的沙丁鱼渔获量在 1965 年是 50 万吨，到 1980 年已减少为零。[39]

在陆上，如果某种猎物的供应量过低时，解决办法就是畜牧养殖，捕捉一些动物，关进畜栏或集中看管来饲养繁育。如果是鱼类，解决办法就是改为养鱼或水产养殖，也就是从事所谓的养鱼“农业”。它确实较近似于陆上畜牧，而不像植物栽植；“农业”二字也应用于“养猪农业”“养鸡农业”，然而养鱼业者往往采取集约方式，产量之多，比最有效率的集约养猪或养鸡更为惊人。海上养殖渔业已成为未来的希望与恐惧之所系。为了维持商业寿命，必须让渔业变得可以预期，并集中于特定地点。现存的渔场几乎都在沿海区域，仅限于鱼类能获取食物的大陆礁层。渔场所在位置取决于鱼群自己选择的迁徙路线，这些路线是会改变的，而且会随着气候的变幻不定而改变。不过，全球的海产食物几乎有一半捕自五个海域，分别为非洲纳米比亚沿岸与加那利群岛南部的大西洋海域、索马里沿岸的印度洋海域、加州与秘鲁沿岸的太平洋海域。这些海域不是有垂直下沉的大陆架，就是有悬崖般陡峭的海岸线。持续的强风吹刮海面，寒冷的水流向上涌，不断带来丰富的营养物质，吸引鱼群前来。在秘鲁海岸，浅滩上密布着鳀鱼群，数量之多，有时妇女小孩只要随手一捞，便可捞满帽子。这样的天然条件是很难用人工复制的。

不论如何，只要在养殖渔业能替代捕鱼业的地方，这种替代现象就势必会发生，或者已经发生了。前面谈过的贝类养殖业就说明这是种古老的行业，甚至有例子显示，早在人类开始养殖软体动物的远古时代以来，便已有养殖大型海鱼的情况。在菲律宾和太平洋的其他岛屿，养殖虱目鱼的历史已久远而不可考。养殖户趁涨潮时在海滩挖洞，趁退潮时捞出留在洞里的鱼苗。[40] 小鱼吃海苔，长得很快，等长到鱼身长约三四英尺时便可以上市拍卖。有些种类的鲤鱼吃草料，以及其他鱼种多半不爱吃的小型浮游生物，于是人们可把这些鲤鱼养在淡水池塘里。根据文献记载，中国早在公元前 1500 年即有这种养鱼业。养在近海鱼塭的虾和鲑鱼，以及养在淡水池的鲤鱼、河鲈、鳗鱼和虹鳟，都非常适合采用同样方法，以产业化规模来养殖，这些鱼正是当今全球水产养殖的优势鱼种。1980 年，人类有 500 万吨的食物来自养殖渔业；一个世代以后，增加为 2 500 万吨。中国是这一产业的领导国，产量占全球总产量的一半以上。另一方面，深海鱼类养殖如今在技术上已经可行，由于利之所趋，人们肯定会往这条路发展。

在野生环境中，每 100 万个卵才有一条鱼存活，人工授精则可确保八成的鱼卵受精，其中六成可以孵化成鱼。人们可以采用荷尔蒙处理来增加种鱼的繁殖力。借助于氧化、控制水温和人工浮游生物，养殖鱼能长得比野生鱼更快更大。养殖鲑鱼每公顷水域可生产300吨的肉，比肉牛的产量多了15倍。在24℃的恒温环境中，海鲈生长的速度比在温度不定的天然环境快了1倍。[41] 养殖渔业的发展因而无法避免。接下来，野生种群肯定会灭绝，因为养殖鱼是病原的携带者：由于养殖技术或处理方法，养殖鱼可以抵抗疾病；可是它们一旦接触到养殖场外没有免疫力的鱼群，必会带来一场大屠杀。

我们这时代养殖渔业“剧增”的现象，在陆地上已有一些微弱的回响，那就是以前并未驯养的几种陆地动物，比如鸵鸟和若干种类的鹿，现在也有人饲养。这些新的努力让中断已久的畜牧革命复苏了。远古时代，在大多数的社会，人类为了取得食物，曾从事大规模的畜牧，我们或许可这么认为，牛、绵羊、山羊、猪和家禽在当时通通被关进畜栏里。我们正逐渐找回真正古老的智慧。

第四章

可食的大地

THE EDIBLE EARTH

栽种食用植物

喔，大地，何苦残忍至此？

掘土深深，仅得一粟！

应欣然赐予，勿吝惜不舍。

耕稼为何流汗至多，劳作至辛？

念其艰苦，给予收获，于您何伤之有？

大地女神闻言一笑：

“如此仅可添吾些许荣光，

汝之尊严与荣光却将消逝无踪！”

——泰戈尔短诗集

天方破晓，自其硫黄之床

魔鬼出外散步

造访他那小小的农场——地球

瞧瞧他的牲畜可还安分

——柯尔律治和骚赛

《魔鬼之思》（*The Devil's Thoughts*）

人类为什么要务农？

“蒙古火锅”餐厅并无法复制蒙古人的生活经验，但是蒙古人的确会用火锅煮食。这种锅用金属打造，轻薄便携。锅子中间的烟囱可让炊烟向上升起飘走，外圈的水沸腾得厉害，一会儿就把肉片或令人暖上心头的羊脂烫熟。蒙古人一般爱吃羊脂，因为当地气候酷寒，冬季寒风劲吹，使大草原的温度降到-40℃。另外，也可以在薄金属片上抹羊脂，置于火上煎烤食物。这是游牧民族的食物，是为了随时准备作战而制作的菜肴，令人回想起以前的时代：营火是战士的同盟，矛就是肉叉，盾牌就是锅子。这种食物似乎将农民排除在外；农民就是游牧民族理当厌恶并与之战斗的定居族群。

蒙古人吃的肉来自他们随季节迁徙生活的同伴，亦即马和大尾绵羊。他们很少吃马肉，除非是马匹过剩或老马死亡时。驯养大尾绵羊则是游牧的牲畜饲养者最有创意的发明。根据文献记载，阿拉伯早在远古时代便有这种丑怪的畜生，直至今日仍受欢迎，特别是在近东和中亚的大草原和高原地区，这些地区直到现在都盛行游牧文化。这种羊拖着累赘的尾巴，有的宽得像海狸尾，因此移动起来相当困难，甚至得在身体后面拖一辆小车，以便撑起尾巴载运。可是大尾绵羊带来的好处胜过其不便之处：由于牧民的牛长途跋涉，因此牛肉既韧又老；羊尾的油脂却十分柔软，是极易熔化的快餐油。就算牧民没空或没有火可以热熔羊脂，羊脂亦可生食，而且消化得很快。宝贵的油脂集中储藏于动物身上一个特定部位，不必宰杀动物即可割除，这对于不断迁移的牧民来说，不啻是天赐恩典。

由于大草原大部分地区并没有木柴，蒙古人传统上用粪便当燃料来煮食，或者返璞归真，索性就用不必生火的方式来处理肉食，亦即风干或采用一种特有的方法：自中世纪以来，此法即使得欧洲人大开眼界，也令他们心有反感。蒙古人把一大片肉压在马鞍底下，用马一路行走而流出的汗来让肉变软嫩。根据可靠消息，有位克罗地亚骑兵队长在1815年与布里亚-萨瓦兰聚餐时，就推荐这种取代烹煮的制作方法。

> 我们在野外觉得肚子饿了时，就会射杀路上遇到的第一头畜生，割下好一大块肉，撒上一点盐（我们随身的佩囊里随时备有盐），再把肉放到马背上的马鞍底下，然后我们会策马奔驰一阵子。

接下来，这位队长动一动他的下巴，做出大口撕咬肉的动作，又说："啧啧，我们像王子一样吃得可好呢。"[1]

除肉以外，蒙古人的其他食物大部分来自羊奶和马奶。马奶尤其重要，其中富含维生素C，使得大草原的牧民没有水果蔬菜仍可维持生命。牧民有多种奶制品，可稀可浓，可甜可酸，悉听尊便，不过蒙古人最著名的奶制品当属举行仪式庆典时喝的烈酒——马奶酒。传统的制作法是将马奶灌进羊皮袋，里头加一点凝乳酵素促进发酵，经常轻轻摇晃羊皮袋，然后趁仍有少许气泡时饮用。在另一个畜牧国家肯尼亚，当地的马萨伊人有八成的热量来源是牛奶。他们还因另一种技术而恶名在外，那就是他们能边走边吸牛血，等吸够了以后就把伤口塞住。所有从事季节性远途迁徙的游牧民族都必须拥有类似的技术，因为血和奶一样，都是牛还活着的时候才能提供的营养物质。定居民族则喜欢先把血煮了以后才食用。在他们看来，游牧民族割开牛血管直接吸食血液的习性是野蛮未开化的证据；然而对移动中的牧民或没有燃料的大草原居民来说，这却是切乎实际的做法。对蒙古人而言，这也是作战时的战略方法，突击队伍免于后勤补给之忧，这使得他们不费多少力便可掌管庞大的帝国。

表面上看来游牧民族只食肉而不吃植物类食物，但他们其实并不厌恶农产蔬果，只是因为历史的关系而不得不如此。谷物和栽培的蔬菜水果并不适合在游牧民族的环境中生长，因而变得十分珍贵，往往得用高价购买，甚至通过作战或战争威胁才能得到蔬果谷物的贡品。直到过去这 300 年左右，由于定居社会在技术上大大超前，游牧民族才无法通过战争遂其所愿。游牧民族并不是因为蔑视定居社会的文化才仇视这些邻居，而是因为觊觎后者的好处。冒险家“非洲人”莱奥（Leo Africanus）16 世纪初到塔尔奎人（Targui）的营地做客时，有过堪称典型的经验。他和同伴被请吃小米饼，主人则只喝奶，吃烤肉片。

［肉上加了香草，］还有许多黑人国度所产的香料……亲王注意到我们面露惊讶，亲切解释说，他生在沙漠，那里粒谷不

生。大地生产什么，族人就吃什么。但他说，他们会张罗到足够的谷物来款待过路的贵宾。

不过，莱奥怀疑这种做法某种程度上是特地给外人看的，自此以后，大多数学者都有同样的怀疑。游牧民族需要取得谷物，如果他们愿意，可以以物易物，展开劫掠或接受进贡，不然的话，就是到野外采集。[2]

采集并不是永远都行得通，有些环境生产的野生食物少之又少。不过，不论在何处，只要可能，就会有人采集可食的植物。采食者不限于寻觅植物以供栽种的农民，也有惯于狩猎和畜牧者，也就是对务农怀有强烈文化偏见的人或栖息地不适合耕种野生植物的人。不少澳大利亚原住民开发野生山药。他们会把山药的块茎头留在地里或重新栽植，以便帮助这种植物繁殖。这表示，只要他们有意愿，便可耕作山药；但是他们宁可不要。农艺学家杰克·R. 哈伦（Jack R. Harlan）在历史生态学研究上有先驱地位，他在调查野生植物和栽培植物的关系时，曾拿着石头镰刀在一个钟头内收获 4 磅的野生小麦谷物。依照这个速度，远古时代的人如果随处便可找得到可食的植物，大可不必动手栽植。明尼苏达州的野生湖米如今是珍贵的美食，以前却是原住民的主食，不必多费力便可大量采集。

但不知何故——我们现在仍不明白这怎么开始、何时开始——人们渐渐不再采集植物为食，而改以栽种来取得食物。农民不再仰赖自然生长的各种植物，而将这些植物移植到别处，并采取深具雄心的激烈行动来干预自然环境。我们泛称这些行动为“文明化”，包括整治土壤（翻土、灌溉、施肥）、清除自然植物、拔杂草、驱赶野兽、掘沟筑堤以改造地势、挖掘引水渠道、修篱笆。接下来，农夫可以选种栽培并利用杂交和嫁接等其他技术，来发展自己的植物品种。务农和养殖牲畜一样，是人类在物种进化过程中最早采取的强力干预行动：通过分类和挑选，以人为操纵的方式制造新的物种，而非任由天择。从历史生态学的角度来看，这是世界史上最大的革命，是一个新起点，其影响之大，只有16世纪的“哥伦布交流”（参见第七章）或20世纪末的“基因改造”技术（参见第八章）才比得上。

如此积极地利用蔬果植物的方式颇令人不解，况且它发生得极快，集中在约10 000年前到5 000年前，历时仅5 000年左右。相较于之前的漫长岁月，这似乎是很短的一段时间。据我们所知，在这以前，不论在世上何处，人类都只采集植物为食。更奇特的是，务农最后成了极普遍的生活方式，绝大多数人类都以此为生。不过，凡是发生这种转变的地方，在社会上和政治上也都出现全面的改变，而我们可以合理推测，人们并不喜欢大多数的改变，只是不得不忍受。因此，农业的起源问题近代以来在学界争论不休；相关文献显示，农业的起源有38种不同且互斥的说法。[3]截至目前尚无令人彻底信服的论点，我们其实仍只是把达尔文提出的模式稍加润色而已：

> 我们早已习惯食用美味的蔬菜和香甜的水果，怎么也难以相信以前的人居然会爱吃纤维粗大的野生胡萝卜和防风草、小不点的野生芦笋、螃蟹或黑刺李等；然而，我们一旦了解澳大利亚和南非野蛮人的习性，就不必有所怀疑……各地未开化的居民经过多次艰苦试验后，发现有哪些植物可以利用，

或是在以不同方式烹煮后可以食用，接下来就会采取耕作的第一步，把植物种在他们的常住地附近……紧接着采取的步骤不需要有多聪明的脑袋就能想得到，就是播下可食用植物的种子；况且原住民小屋附近的土壤往往多少含有一定的粪肥，地里迟早会长出新的植物品种。另一个可能是，某一品种特别优良的野生原生植物引起野蛮人中某位睿智老者的注意，他将它移植或播下它的种子……在文明早期和未开化的时期，人并不需要多少见识就会动手移植任何一种特别优越的植物，或播下它的种子。[4]

这一模式显然有些琐碎的问题尚未解决。历史学家始终不甘于接受某些事情“容或”“可能”发生过（然而在探讨像农业起源这样年代久远又缺乏文献的事件时，又难免要用到这类措辞）。我们想知道到底发生过什么，而且是有凭有据的，并非仅仰仗推论。“野蛮人”想必不需要“有多聪明的脑袋”即可达到上述成就，这种假设令人感到不安，因为这与我们有关人类特性的一项宝贵发现彼此矛盾。就我们所知，自有人类以来，人类的聪明程度并没有进步，因此势必得承认，不论是旧石器时代也好、后现代也好，“在新几内亚也好，在纽约也好”，在历史上每个阶段与每种形态的社会，不时都有天才出现。[5]同时，如果达尔文的论述无误，我们应当在野生植物数量不够或营养价值不足的地方发现最早的驯化植物案例才对。然而，事实似乎恰好相反。

最早的驯化植物例子往往发生在表面上看来不大有此需要的地方，那些地方有丰富的野生食物，并不难采集。东南亚的河流三角洲据称是世上最早出现农作之处，该地在史前时期“遍地是野生稻米”。[6]近东、中国、东南亚、新几内亚、中美洲、秘鲁中部和埃塞俄比亚等公认为独立农业的早期摇篮之地，在史前时期都拥有多样的环境，有各种微气候和微生态，似乎不大可能有食物短缺的情形。巴勒斯坦的纳图夫（Natufian）文化早于我们所知最早的全农业社会，他们在公元前9千纪就大量收割野生谷物。[7]纳图夫遗址散布着碾碎的石头、镰刀和岩床挖成的石臼。野生大麦和人类可以消化的两种小麦—— 一粒麦和二粒麦，似乎是此地区的原生植物。在杰里科（Jericho）、穆雷比特（Mureybit）和阿里库什（Ali Kosh），都曾发现这几种谷粒被碾磨过的残迹。古代土耳其的萨尤吕（Çayönü）曾有初期城市的发展，该地居民的主食包括二粒麦、一粒麦、扁豆、豌豆和野豌豆。

不少古代遗址都发现有一粒麦和二粒麦的踪迹，这个事实也许提供了一个线索。这两种小麦的谷粒都紧紧包在不能食用的硬壳里面，因此这也许会促使大量食用这些谷物的人想方设法去栽培出较容易处理的变种。然而，如果说栽培驯化品种是为了节省劳力，那么这项工作所付出的努力算是失败的。实际上，农夫似乎总是花掉的心血多，省下的力气少。农夫所仰仗的栽培谷物的营养价值通通比他们想取代的野生品种逊色。不过，栽培谷物的单位产量的确较大，食用前的处理工作一般也较不麻烦。但这些谷物在烹饪前需要种植、培育，这是非常辛苦的工作，比起采集野生谷物费时又费力。

而且，引入农业常会引发有害的后果。在最常见的社会形态，也就是仰赖米、小麦、大麦或玉米为单一主食的文明社会中，饮食种类的减少使得人们更易遭受饥荒和疾病之苦。同时，狩猎不再是普遍的消遣活动，变成精英分子的特权，多样化的饮食也成为给权力阶级的奖赏。对大多数人而言，文明不断的精致化（比如花老百姓的钱盖壮观的纪念碑以取悦精英阶级），意味着更加辛劳和更多暴政。[8] 妇女被束缚在食物链上。土地的耕作者成为次等阶级，除非通过战争，否则就算拥有高超的本领，也不能提升自己所属的阶级。

我之所以提及这一点，并不是想要用浪漫的陈词滥调来颂扬投掷长矛的社会在道德上比较优越。这些社会迄今依然盛行狩猎和采集。它们从以前到现在都充满血腥，充斥各种不平等现象，这和仰赖大规模农业的社会并无两样，只是方式不同而已。精耕细作的农民所放弃的并非黄金时代的纯真山林生活，而是特别实际的利益。20 世纪 60 年代晚期，考古学家刘易斯·宾福德（Lewis Binford）提醒人们注意的下述证据带有的诡辩意味：在“最早富足的社会”中，农业对平民阶级的人造成不利。过了不久，颇具创意和影响力的人类学家马歇尔·萨林斯（Marshall Sahlins）出版了《石器时代经济学》（*Stone Age Economics*）一书，提出了很有说服力的论点。他认为狩猎社会是历史上最悠闲的社会，而且相对于所付出的精力，狩猎社会也是吃得最营养的社会。同时，有越来越多证据显示，不以务农为生的人之所以不事农作，并不是因为缺乏工具或知识（采集者对植物和繁殖准则的了解并不亚于园艺家），而是理性地选择了较轻松的生活。[9] 哈伦说得再适切也不过：“民族志证据显示，农夫所做的每一样事情，不以务农为生的人也几乎全办得到，而且不必像农夫一样工作得那么辛苦。”

采集者用火烧出空地，使土壤恢复肥沃，扶助某些物种，铲除另一些物种。他们经常播种，种植块茎，也架设围篱和稻草人来保护植物。他们有时会把大片土地划分为小块，每小块各有业主。他们举行初收庆典、求雨仪式和祈祷大地肥沃的仪式，也会收获可食的种子，然后打谷、去糠、磨碎。他们精通他们所利用的植物的毒性和药性，能去除食物中的毒素，甚至将之提取出来麻痹鱼或毒杀猎物。确实，世界上有些有名的“原始”人精通这些深奥难解的科学知识，堪称专家。新几内亚外海的弗雷德里克·亨德里克岛（Frederik Hendrik Island）上的沼泽居民通晓在渔产丰富的海域放毒之道，因此他们可以轻易拾取中毒的鱼，而且食用以后自己不会中毒。罗伯特·伯克（Robert Burke）和威廉·威尔斯（William Wills）1861 年在横越澳大利亚的探险途中暴毙，因为他们在吃光粮食以后食用了“纳度”种子。原住民用这种植物种子来制作一种很有营养的饼，但种子含有极强的毒性，必须做适当的处理，而只有原住民才知道处理的方法。[10]

哈伦又说：“采集者明白植物的生命周期，了解一年四季气候，以及天然的植物粮食应在何时何地采收，才能以最少的力气得到最多的收获。”根据人类遗骸的对比研究，在普遍靠采集食物为生的时代，人们的饮食比早期农耕者要好，很少有人饿死。当时的人大体上比较健康，较少得慢性病，“蛀牙也没那么多。于是我们不得不问：为何务农？为何放弃一周只工作 20 小时的生活和打猎的乐趣，只为在烈日下挥汗操劳？为何要更辛苦工作来换取营养较差、收获又不牢靠的食物？为何招来饥荒、瘟疫、传染病和拥挤不堪的生活环境？”[11]

这些问题很难回答，不过，也不应该夸大问题，使它们看起来无法解答。我们很容易夸大农业的缺点，就好像学界过去老是夸大它的优点。农业显然为开始从事农作的人带来了重要的收获：作物可以在较便利的环境中耕作，产量也较高。农作劳动使人的体力倍增，为专制统治喂养更多的劳动人口。农业使人们有余粮来饲养强壮有力的大型动物，来做人力有所不逮的工作。牛可以耕更多的田，马和骆驼可以帮人不断地储备并载运食物。对于必须务农才能获得食物维生的人来说，不管农业有什么缺点，它都为社会带来更多的能量储备。就像狩猎一样，农业也可用“好玩”的形式来进行。哈伦在阿富汗时，有一天清早遇见一群穿着五颜六色的刺绣外套、灯笼裤和翘尖头鞋的男人。他们带了两面鼓，载歌载舞，高挥着镰刀。包着黑色头巾和披肩的妇女跟在后头，分享欢乐的气氛。“我驻足，用很不标准的波斯语问：‘你们是不是在举行婚礼之类的？’他们面露讶异之色，说：‘不，没这回事。我们不过要去割小麦而已。’”[12]

我们大可承认，农业有弊有利，存在一定的优势。我们过去犯了错，朝着反方向走了太久，忽视农业带来的弊端，而假设农业一定是“进步的”，因为它在人类史上出现时间比较晚，又或者是因为我们自己也务农，所以才认为这种生活方式一定比之前任何一种或其他人较喜欢的生活方式更合乎理性。我们默认农业显然比较优越，这使我们忽视了加以解释的需要。我们将新石器时代农业集约化的现象视作无法避免的“历史过程”或进展，于是并未打开思路去探询此说是否真实。然而历史并没有既定的走向；没有什么是无法避免的，而且大体说来，我们仍在等待历史的进展。

在更深入探讨有关农业起源的争议之前，先把这个问题放在其他社会巨变的脉络当中来看说不定会有所帮助；这些巨变不顾乃至违反了绝大多数人的利益。经济大革命的影响往往具有不确定性。在生活水平下降时，人们如果认为这是避免不了或只是短期的现象，有时会表现出惊人的适应性。工业化的例子就很像农业开始的过程。我们似乎可以笃定，工业化一开始时通常会对工人的生活水平造成短期损害。工业化迫使人们离开淳朴的农村，移居到城市拥挤的贫民窟中。它使人不得不告别世居的家乡，投入残酷的生存竞争中。19 世纪早期的一些社会改革者告诉早期工业化的受害者，情况只会更糟：资本主义天生具有剥削性，只有鲜血才能洗净它的罪恶。当然，从现在回顾过去，那些把劳力投入工业而使工业顺利发展的工人，似乎比社会改革者更有智慧。他们的牺牲得到回报，工业化为不计其数的人带来前所未见的繁荣。不过无论如何，曾有一段过渡时期，工人不得不忍受早期工业化城市严苛的生活环境。他们期盼着将来会有好日子过，或者就只是深信自己别无选择。

在当今发展中国家的超大型城市边缘，棚户区居民也有相似的两难处境，他们住在缺乏卫生设备、虚有其表的小屋子里，得不到任何市政或社会服务。有些人受吸引而来到城市，有些是被迫前来；有些人则是两种原因都有一点。人类本来就是爱冒险的动物，他们为自身利益做的打算常常是不大理性的。至少以经济学家的了解，理性似乎并不能预测大众行为，因此我们应当抛却一个顽固的人性迷思，承认人并不是经济动物。我们并不总是受开明的自我利益所引导而做出决定，尤其是做集体决定时。任何人只要精于计算得失，就绝不会引入或忍受农业制度，而古代的苏美尔、埃及、印度河和黄河文明却都依赖该制度。从早期的例子看来，农业的引进很有可能违反了许多参与者的明显利益。

农业概念最早兴起于冰河时期过后的解冻期，当时全球正逐渐变暖。有关农业起源的任何说法都必须考虑到这一点，才可以令人信服。例如，自 20 世纪 30 年代中期以来至少 20 年间，最盛行的一种理论就完全仰赖“绿洲假说”，亦即温度升高使环境变得干燥，迫使动植物和人类在水源地附近形成越来越紧密的依赖关系。然而大地解冻的速度似乎没有快到能触发上述这种危机，没有证据显示农业的起源和气候变化有直接关系。事实上，农业似乎是在世界许多不同的地方、气候差异明显的环境中独立展开的，因此，如果还坚称气候是农业的先决条件，是很没有意义的事。[13]

绿洲假说自 20 世纪 50 年代逐渐式微，其他各式各样的说法陆续出现。一位现代历史地理学的先驱声称，农业是东南亚渔夫的休闲副产品，那里资源丰富，使得渔夫有充分的闲暇时间来进行种植植物的试验。[14] 另一说法指出，在现今伊拉克北部，古老的山区居民发明了农业，那里可以驯化栽培的禾本科植物和食草群居动物特别丰富。[15] 还有相反的说法是，农业是“边缘地区”的发明，这些地方迫切需要新的食物，换言之，在野生食物资源匮乏的弱势环境，农业是居民促进资源均等的方法。[16] 还有种说法是，农业并不是气候变化的结果，而是理应举世皆然的社会发展模式，亦即“日益加剧的文化差异和人类社群专业分工皆达到顶点”的结果。[17] 又或者，农业是自然发生的——人类居住地的垃圾堆长出大量的新物种。[18] 另一说法为，农业是因压力而产生的策略，若非由于人口逐渐增加，就是因为其他的食物资源不堪人类捕猎而绝迹；人口日增和资源日减的压力，使得人们急需找到可食用的新物种，或以更集中的方法来栽种生产现有的食物。[19]

表面上看来，最后一个假设似乎很有说服力。它符合一般常识，加之近代学术界十分关注人类向农业过渡的历程，因而有令人印象深刻的人类学研究成果的支持。对新资源的需求无疑可以解释为什么有些相对无组织的农业族群，比如从事季节性耕作的农夫或无意杂交栽培的农民，竟然会开发出新技术。但如果借此说来解释农业为何开始，并不吻合年代事实。没有证据显示在相应的时间、相应的地点发生过因人类捕猎而造成物种灭绝或大量减少的现象。农业最发达的文化中确实有人口增加的情形，然而在大多数地方，人口增加很可能不是起因，而是结果。[20]人口压力说明了为何除了天灾人祸，什么也无法扭转精耕细作的趋势；这是因为有“棘轮效应”：随着人口的增加，人类不可能回到不集约的采集时代。不过这并不能说明精耕细作为何开始。精耕细作终究只可能在资源丰富的地方发展起来，所以我们似乎更有理由宣称，丰富而非匮乏的资源才是农业发展的先决条件。

上述种种说法不是立论薄弱，就是根本无法成立。既然各种物质论都不能说明大规模农业现象，人们不得不转而寻求宗教或文化上的解释。有一种广受讨论并深具说服力的解释根植于政治文化研究。食物不仅补给肉体所需，也带来社会名望。如果人拥有食物就可得到以忠贞与义务形式出现的权力，那么即使人口并未增长，食物供应也很稳定，只要人们竞相宴请，也会造成食物需求量大增。[21]一个社会如果宴饮之风盛行，而作风慷慨的人也特别受人喜爱，精耕细作的农业和大量食物储备空间自然就永远派得上用场。永垂不朽的文明是随宴饮而来的产物。[22]

我们若以这样的政治脉络来研究农业起源，就很容易采纳另一些学者的意见：远古时代的人选择农业是一种宗教上的回应。[23]犁土、挖洞、播种和灌溉都是深刻的“宗教”行为。它们是生之仪式与供养神祇的仪式，而这些神祇以后都将被人吃下肚；农耕是一种交换牺牲，是用劳力来换取滋养。在大多数文化中，使食物生长的力量代表天赐恩典、诅咒或某位文化英雄从天神那里偷来的秘密。人们驯养动物，用它们来献祭、占卜以及食用。许多社会种植用于祭拜而非食用的植物，比如熏香、迷幻药物或一些安第斯高原群落用来祭神的玉米。在人们把作物生长的地方视为神祇的地方，耕作即为敬神的方式。耕种可能源起于祈求生殖力的仪式，灌溉等于是献酒于神祇，架设围篱则是为了对神圣的植物表示敬意。

如果上述种种说明看起来都无法令人彻底信服，这大概是因为我们误以为人们当初是有意识地引进农业，是基于某些明确的理由而刻意为之。农业很可能并未基于什么特别原因而开始，它就这样发生了；也有可能是进化适应的过程或是与之类似的一种变化，和牵涉其中的物种的意志并无关联。有关精耕细作起源的传统研究只会探究人为何产生实行精耕细作的想法，好像这一点有多么奇怪而特别，却不去探究人为何需要精耕细作（在研究者看来，这不过是件理所当然的事）。我们不妨换个角度，把农业问题视为寻常问题来处理，这么做或许会有所帮助。毕竟，我们如今已经明白，从采集转移到农业的现象常常在不同的环境里独立发生，而且大多数会逐渐变得集约。所以，我们不能再以为人与植物关系的历史是个例且毫无特征。

从这个观点来看，从事农作和采集食物是同时出现的，都是人类管理食物资源的方法，彼此的界限并不很分明。[24]索诺拉沙漠的帕帕戈人（Papago）会依照气候情况，有时从事农作，有时则不；当气候适宜时，他们会利用地表水来种植快熟的豆类。[25] 考古学家布莱恩·费根（Brian Fagan）说得好："就连最无知的狩猎采集社会都很清楚，播种了以后就会发芽。"[26] 古代冲积河谷的农业是另一种管理食物资源的方法，只不过较令人费解。"农业化"的过程比起人类先前的阶段似乎快多了，但因为人和其他生物的关系是一点一滴发生变化的，这个过程依然花了好几千年的时间。博物学家大卫·林多斯（David Rindos）对早期农业的描述相当中肯，他称其为"人类和植物共生"和"共同进化"的现象，是一种无意识的关系，就好像蚂蚁不知不觉培养了菌类一样；经由人类挑选、移植而种出的粮食作物，需要人为媒介才能存活、繁殖，比如逐渐出现的各种可食禾本科植物，它们的种子未经人剥去外壳就无法落地发芽。[27] 农业是偶然发生的革命，这种新的机制无意间侵入了进化的过程。

农业是人类的发明也好，还是逐渐进化的结果也好，就长期来看，它对世界带来的改变都比之前任何变革更大。不论在地貌、生态结构或饮食上，上一章谈到的猎人、渔夫和牲畜养殖者所造成的影响都比不上农业。今日，人吃的一切碳水化合物以及近四分之三的蛋白质都来自植物。植物提供了世上九成的食物。属于人类食物链里的动物几乎全是用农民栽种的饲料喂养，而非靠放牧吃草维生。植物农业仍然主宰世界的经济，虽然受雇从事农业生产的人并不是最多的，但是食物生产仍未将其经济霸权让给工业革命和后工业革命时代任何新兴的活动。我们的确仍仰仗农业，它是一切的基础。而且，在植物农业种植和兴起的过程中，有几样作物的影响力尤为巨大，我们必须多加关注。它们是人的主食，是淀粉的来源。自世界最早的农耕者率先开发这些作物以来，它们就为大多数世人提供了主要食物。这些作物可分两类，（根据本书讨论的次序）首先是禾本科植物，其次为根茎和块茎植物。

伟大的禾本科植物

在农夫栽培的作物中，最有影响力的是结子繁多的禾本科植物，谷粒饱含油、淀粉和蛋白质。这类禾本科植物有好几种越来越重要，其中又以小麦影响力最大，但是在史上大多数时间，人类所栽植的禾本科植物多半只有装饰用途，并无他用。如果你乘飞机飞越阿布扎比或巴林上空，看见费了好一番辛苦在沙地上种植的草皮，或俯瞰芬兰富豪的私人高尔夫球场（仿佛是宇宙这巧匠在光秃秃的岩石上镶嵌的大宝石），这时你大概会以为人类也可以挑战大自然，在这种不毛之地种植这些不能吃的草。不过，就像麦田和玉米地，这些草坪也是人类近代的奇思创作。一直以来，草地上生长的通常是人们无法食用的各种禾本科植物，却是其他有反刍功能或消化力较好的动物能食用的。

因此，黑麦、大麦、小米、稻米、玉米和小麦的发展，堪称人类最壮丽的成就：禾本科植物原本是大自然为其他消化能力较好的动物准备的食物，没有反刍功能的人类却将它们变成自己的主食。其他重要的禾本科植物包括荞麦、燕麦和高粱；不过前述那六大禾本科植物具有特殊意义，因为整个世界文明都靠它们维持。我们可以根据它们对历史的影响、作为主食这个角色的影响程度以及如今世上有多少人在食用等因素，来列出它们对全球重要性的排名。以下按从低到高的次序一一说明。

中东高加索一带的大片土地至今仍有野生黑麦生长，不过假如这里就是黑麦的起源地，那么想必它经过了好一番的历史长途，才成为一种维系文明的主食。现代栽培的黑麦似乎是从已经消失的种类发展而来，但我们仍不难从现存的种类中辨识出原生黑麦的优点，比如耐旱、能适应不同的海拔和耐寒，正是这些优点才吸引了早期的农夫栽种黑麦，同时使它能够适应其他的风土气候。长在小麦田里的黑麦算是杂草，只有在小麦因天气恶劣都死掉了以后，黑麦才会发芽。安纳托利亚高原上的农夫称之为“安拉的小麦”，是主要作物都死了以后，上天补偿农夫的恩惠。[28] 在小麦的收成不可靠或无法种植小麦的地方，比如气候寒冷或土质贫瘠的地区，对那些准农夫而言，黑麦想必也是俨如神赐的礼物。在这样的环境里，尤其是古罗马帝国严寒的极北和极东地区，黑麦最早只是杂草，后来才成为主要作物。自公元前 1000 年以降，直到马铃薯与之抗衡并取而代之（参见第七章）以前，黑麦都是欧洲北部平原的特色食物。这些潮湿阴冷的田地是从后冰河时期的森林中开垦出来的，那里的原生禾本科植物稀少、弱小，无法改良以供食用。黑麦最大的缺点是特别容易受到麦角病菌感染，会造成食用的人或动物中毒；有些历史学家便表示，中世纪的农夫常有集体妄想的症状，可能和他们以黑麦为主食有关。令人意外的是，黑麦谷粒略苦却可口的味道以及质感湿黏的黑麦面包却普遍不受喜爱，普林尼就认为黑麦只配给穷人吃，此看法一直受到精英阶层的认同。然而今天黑麦的形象却逐渐提升，成为小资食品。黑麦吸引了口味独到的人、为减肥只吃粗粮的人，以及“亲近自然”的食物（因为农民加工并食用黑麦）的推崇者。黑麦也越来越稀少珍贵，而吊诡的是，或许正因如此，经济和教育程度相对较高的人才越来越青睐它。

大麦有黑麦的若干优点，而且适应力更强，能够在许多不同的生态环境中存活。在公元前12千纪的叙利亚，人们即已大量采收野生的大麦；在年代晚了约4 000年的塔状谷仓中，曾同时存有栽培种和野生种的大麦。就连早期品种的忍耐力也强得惊人，只要是其他谷物无法生长的环境，人们的主食就是大麦，由此可见它有多么重要。不过，由于大麦不适合做面包，因此一般是整粒加进汤中或炖到菜里吃，或者熬煎成汁给病弱者喝，再不然就是拿来当饲料。即使如此，它仍是维系伟大文明命脉的基本资源。在古代美索不达米亚大多数人的饮食中，大麦比小麦重要。它是古希腊最早的唯一主食，有些最古老的雅典钱币上还刻着大麦束的图形。除大麦以外，没有多少作物能够生长在当地贫瘠且多石的土壤里，柏拉图曾形容这片土地就像皮包骨，而且骨头都刺穿了皮肤。后来，古代地中海世界的商业融合逐渐使得曾经种植在埃及、西西里和北非沿海地区的大片田地里的小麦成为“古典”文明的主要食品。不过大麦仍未退场，它在传统种植区的东界，也就是亚洲的中心，找到可以征服的新场地。

公元5世纪，一场鲜为人知的、以大麦为基础的农业革命改变了西藏。以前只有游牧民族才能生活在这片冰天雪地、覆盖着碳酸盐风化壳的不毛高原，但是自从可以大量取得大麦以后，严寒的气候便派上了用场。寒冷的天气为储藏的谷物提供保护，充足的谷物又造就了西藏的壮大。这块土地成为军队的摇篮，他们可以带着“一万匹羊和马组成的补给队伍”远征作战。[29] 自此以后大麦始终是该地区的主食，见证了西藏的历史的动荡和变迁。虽然现代西藏的土地上有其他谷物一争高下，但大麦仍受西藏人喜爱，他们喜欢把大麦粉烘烤了以后捏成团来吃，称之为糌粑，或酿成酒来喝。

小米也是一种生命力很强的谷物，同样能在极端的气候中茁壮生长，只不过气候形态与大麦恰好相反，它适应的是炎热而干燥的气候。小米有助于创造并维系许多地区的文明，包括埃塞俄比亚高原、风沙遍地的黄河流域平原、西非气候恶劣的萨赫勒地区（Sahel）与稀树草原。除了用作鸟食，或在法国北部的旺代省（此地标新立异，把吃小米当成地方性认同的象征）等文化奇特的地区，小米在西方文明中从未占有一席之地，这大概是因为它无法制成发酵面包。可是小米确是营养价值丰富的主食，碳水化合物的含量很高，脂肪也相当充足，蛋白质含量高于硬粒小麦。小米经过中国的传播才在全球历史上发挥影响。中国传统的饮食以稻米为主，但是倘若没有小米，就无法想象中华文明的诞生。《诗经》收录的古代歌谣中，即有一首描绘了清除杂草、灌木和根须的辛苦："自昔何为？我蓺黍稷，我黍与与，我稷翼翼。"[30] 后来发现的花粉遗迹也支持了此文学作品的真实性。身为中华文明发源地的黄土高原在千年间日益贫瘠；不过，当农夫开始开垦荒地时，这块土地仍像是某种稀树草原，上面稀稀拉拉生长着树和灌木丛，冲积平原上也仍有部分地区覆盖着落叶阔叶林。[31] 中华文明发源地的环境拥有神奇的力量，它位于两种截然不同的生态系统的交汇处，这里就像海边潮池里肥沃的淤泥，聚集了多种不同的生命形态。一方面土地日渐贫瘠，另一方面冰河时期过后物种逐渐多样化，就在这两个漫长的历史过程交汇时，农业起步了。

在好几千年过后，这两个过程依然有迹可循，留下丰富的考古证据，并开始有了文字记录。公元前 2 千纪，黄河流域有很多水牛，后人在此时期的地层中已发现 1 000 多只水牛的遗骸；此外还有其他的沼泽和森林动物，比如麋鹿、野猪、獐、白鹇和竹鼠，偶尔甚至还有犀牛。[32] 当时商朝宫廷和城市的强大和富庶必然与这样的物种多样化有关，商朝人得以进口各式奇珍美食。最令人叹为观止的就是他们从长江流域和其他地区进口的成千上万片龟壳。公元前 2 千纪的中国政体完全仰仗龟壳来决策，因为当时的人最喜欢拿龟壳卜卦，认为龟壳负载着向另一个世界传达的信息。人们把问卜的内容刻在龟壳上，然后用火烧龟壳，直到上面出现裂痕。这些裂纹就好像手相，通过术士的端详诠释，进而得到上苍的答复。这些当时预测未来的预言如今已成为揭示过去的媒介。术士们在龟甲上刻的甲骨文显示了当时的环境多样化，气候较潮湿，雨下个不停，小米一年收成两季，甚至还有稻田。无怪乎在公元前 7 世纪时有位中国女诗人在泥地里采摘酸模时，竟感到情深意切，心头为之一震。[33]

不过，即使在雨量最丰沛的时候，黄河流域仍无法供养以稻米为主食的文明。如同同时代与同样环境的其他文明，中国最早也只种植单一种类的粮食。当时最强大部族的祖先是位传奇人物，名为“后稷”，意为“小米的主宰者”，在民间记忆中，后稷率先种下小米以后：

实种实褎
实发实秀……
实颖实栗……

诞降嘉种

维秬维秠

维穈维芑 *[34]

商朝也与小米融为一体：商朝在公元前 11 世纪衰亡，宫殿废弃，怀旧的人来此，看到废墟中长出了小米。[35]

已知最早的中国文献《尚书》中提到两种小米，它们在公元前 5 千纪的考古堆积层内都有发现，几乎可以确定原生于中国。[36] 它们很耐旱，有抗碱性，已知最早的栽种者把小米种在烧荒清出的空地上，吃的时候会配上畜牧或捕猎来的动物，比如饲养的猪、狗以及野鹿和鱼。令人惊讶的是，有个工业化程度高、科技发达地区的山区，仍保有这种古代生活方式的雏形，那就是台湾。韦恩·福格（Wayne Fogg）于 1974 年至 1975 年对当地人采用的技术进行观察和记录，这些山地少数民族选中倾斜 60° 的坡地来放火，因为“火往上烧比较热”。烧好的地会空置一阵子，他们有时还会在地上挖洞，接着再将种子用手或脚搓揉后脱梗去壳，最后才埋进地里。为了阻止偷食的动物，他们会在田地里架设窸窣作响的稻草人和一种神奇的装置——用棕榈叶或芦苇包起来的木船模型，船上压着石头。每一穗小米都由人工收成，抛进工人背负的篮子里，收集到够多的时候，他们会把小米绑成捆，然后挨个传递，集中成堆再运回家。[37] 传统歌谣叙述农夫一年四季的生活：寒冷的季节在地上挖洞，捕猎浣熊、狐狸和野猫，“好为酋长制皮草”。收成之后，要驱除床底的

* 摘自《诗经·大雅·生民》。——译者注

蟋蟀，用烟驱赶偷吃小米的大老鼠。[38]

这实在很有暗示意味。以今天来看，这种形态的农业在技术上十分原始，但是在商朝时期，它养活了或许是当时世上最稠密的人口，并可供养战场上数以万计的军人。只有轮种才能获得最多的收成，而大豆最终成为此体制所需的另一种作物。我们并不清楚大豆是何时出现的，可能是在公元前五六百年，据说齐桓公在公元前664年打败山戎后，把大豆带回中原。[39]小麦传入更晚，常被视为“外来的”异邦之物；甲骨文预言中提到小麦时，都称之为邻族作物，须严加注意并摧毁。[40]

至于稻米呢？要了解全球历史，务必得探讨稻米的起源和扩散。因为稻米为当今世人提供20%的热量和13%的蛋白质，有逾20亿人口以稻米为主食。这些数据反映出稻米的历史轨迹，却不能为稻米讨个公道。直到小麦经科学改良而成为现今的超高效品种以前，在历史上绝大部分时期，稻米都一直是世上最高效的食品。传统品种的稻米平均1公顷可养活5.63人，小麦则为3.67人，玉米为5.06人。有史以来大部分时间里，东亚和南亚食用米的文明地区都有比较多的人口，人们也比较有生产力和创造性，较勤奋，在技术上有较丰富的创意，也比较骁勇善战。相形之下，食用小麦的西方世界以往都比较落后，直到近500年才兴起，而且参照大多数客观标准来看，西方世界到18世纪才赶上印度，直到19世纪才超过中国。[41]

稻米在中华文化的兴起是中国经济和人口重心逐渐南移至长江流域的结果。长江流域是稻米的原生地，从远古时代即有人种植。早期中华文明的北部核心地区太冷又太干，除非有现代农业技术的帮助，否则直到今天都不适合大规模种稻。这里有若干野生品种的稻米，数千年来也有人不辞辛劳在小面积的田地上种稻，但是稻米在此地无法取代小米成为主食，也无法成为精耕细作的主要农作物。在黄河流域居民的心目中，稻米是文明食物，但无法大量生产。在当今的中华文化地区，由于不断有新的考古证据出土，稻米起源的年代也像早期中华文明其他方面的历史一样不断向前推。至少在 8 000 年前，在长江流域中下游一带，就有人在洪水退去的湖边种稻。大约 5 000 年前，华北最靠南的地区已有人种植用雨水灌溉的高地“旱”稻。在陕西出土的公元前 6 千纪的陶器碎片上，有稻谷的图形，这正是明显的证据。虽然一直有人声称东南亚和现今的印度、巴基斯坦一带的几个不同地方是种稻的发源地，但是没有确切的证据足以证明这些地区种稻的历史可追溯至公元前 3 千纪以前。[42]

同时，随着版图不断扩张，文化也逐渐融合，使得两种迥然不同的环境产生交会，中国从此成形。在此过程中，稻米成为富足的象征，也成为中国人的主要食物。中国古代的民族志虽然没有可靠的田野调查工作，不过也很清楚地说明了野蛮人是何等模样：就各方面来看，野蛮人都与中国人自身恰恰相反。野蛮人过穴居生活，穿兽皮。[43]语言可以听得懂或讲同样语言的人，则不在野蛮人之列。种稻者也非野蛮人，比如那些早于北方殖民者来到长江流域的青莲岗的种稻者。在公元前 2 千纪，种植稻米的地区是很有魅力的新领域，吸引人们南下开拓，原居民和新移民因此都融入了中华版图。

粗略来看，在我们所说的中世纪时，欧亚大陆和非洲的农业文化生产各式各样的主食：东方产稻米，中亚部分地区产大麦，西方以小麦为主食，若干条件较差的边缘地区则产小米和黑麦。新世界的情况却恰好相反，尽管那里的文化千姿百态，可是就农作物而言却是一致的，玉米几乎无处不在。看在外行的人眼里，玉米和它现存的近亲野生禾本科植物并不怎么相像。玉米的原生品种现在大概不存在了，它结出的谷粒绝对不超过单行，黏性也很差。到了伟大的美洲原住民文明时期，玉米有了大转变，能结多行谷粒，含油量高，是早期农艺的光辉成就。玉米会变成这等模样并非源自自然演化，而是栽种者刻意选种或许再加上杂交的结果。

很难确定此种玉米栽培是从何时开始的，不过在墨西哥中部的遗址中，已发现公元前3500年的多谷粒玉米的完整标本。在墨西哥中部和秘鲁南部的遗址中，也发现了还要再早至少1 000年的不完整标本。玉米的加工和生产都依赖科学本领，若不做适当的处理，玉米的营养并不丰富，会导致因蛋白质缺乏而引起的糙皮病。有个办法可以避免这种危险，就是确保吃玉米的人也食用许多不同的补充食品。事实上，只要在同时能供应玉米、南瓜和豆类的地方，这三样植物便形成了神圣的三位一体。早在人类开始栽种玉米以前，在墨西哥马德雷山的塔毛利帕斯（Tamaulipas）、瓦哈卡（位于有大量文物出土的提瓦坎遗址）以及秘鲁利马的北边和阿亚库乔盆地（Ayacucho），人们就已经在腌渍葫芦瓜，葫芦瓜正是已知人类最早栽种的南瓜属植物。[44]然而，在古代美洲人口稠密的地区，均衡的饮食想必是很奢侈的。那里以玉米维生的大量人口为了保持身体健康，必须将成熟后的玉米加以浸泡，添入生石灰或草木灰进行烹煮，以去除玉米粒透明的外皮，使氨基酸得以释出，提高蛋白质价值。[45]在现今的危地马拉南部海岸已出土了公元前2千纪中晚期时用来进行这道加工手续的工具。

小麦——世界的征服者

根据达尔文的观察，“小麦很快就能呈现新的生活习性”。[46]小麦有一点是与众不同的，它和人类结盟、征服世界，它比其他任何传播到全球的伟大禾本科植物“更能适应生态环境”。人类靠着能够发明与利用技术的天赋，比其他所有物种更善于在各种环境中存活；小麦虽然不像人类那么能屈能伸，但它的多样性更加显著，因此能侵入更多新的栖息地，以更快的速度成长，演化得更快而不致灭绝。小麦如今分布在地球表面逾6亿英亩*的土地上。我们把小麦当成文明传统的象征，因为它代表人类改造自然、使之为人所用的胜利成果。我们将此种禾本科植物改良为人类的食物，用科学把野地里的无用东西改造为维系文明的事物。它也证明了人类不论身处哪个生态系统，都能取得绝对的主宰地位。

常拿来装饰学术殿堂和博物馆山墙的“凯旋游行”浮雕，如果少了麦穗和麦束的图案就不算完整。然而我可以想象在某个世界里，这样的看法会显得很可笑。几年以前我发明了一种幻想的生物，称之为“星系博物馆管理员”，并请读者想象这些生物从遥远的未来、自广大无边的时空距离之外观看我们的世界。我们身陷历史当中，而他们以我们无法企及的客观视角来看我们的过往，一切会和我们自己看到的大不相同。说不定他们会把我们归为微不足道的寄生动物，受自身蹩脚的错觉蒙蔽，被聪明的小麦利用为工具，帮助小麦散播到全球。他们也可能会认为我们和可食的禾本科植物有着几近

---

* 英美制地积单位。1英亩等于4 046.86平方米。——编者注

共生的关系，互相寄生、互相依赖，共同拓殖世界。

如果没有小麦，我们无法塑造现在、供养未来；可是小麦在我们过去所占的地位，暂时却只能部分重构。有些事实已获确认，经得起验证。考古证据显示，从以前到现在，可被归类为小麦的各种禾本科植物主要集中种植于西南亚。野生二粒麦分布的地区大致相当于公元前 6 千纪集中种植小麦的区域。一粒麦和二粒麦是已知当时的各类驯化小麦的原生品种。早期的小麦栽种者几乎也都种植大麦。目前已掌握的有关小麦种植的确凿证据，出土于约旦河谷的杰里科和泰尔阿斯瓦德（Tell Aswad）一带，在对应着公元前 7 千纪或公元前 8 千纪的地层中，曾种有一粒麦和二粒麦。如今，这些地方的生态环境看上去荒凉不毛，尽是含盐和钠的沙漠。然而在一万年前的杰里科，从那时可能就已存在的城墙上举目眺望，可以看到一片扇形冲积平原，涓涓细流沿着犹地亚山区冲刷而下，注入约旦河，再缓缓向南流进太巴列湖。约旦河水带有很多淤泥，这说明了它蜿蜒流经的地方尽是古老的灰色泥灰和石膏沉积物，这些沉积物来自一个湖泊，它一度占据整片河谷，如今却已枯干。沉积物堆积而成的湖岸形成《圣经》上说的“耶利哥*丛林”，狮子曾在此悄悄走动、突袭羊群，就像上帝威胁以东王国那样。因此，这里曾有肥沃的小麦田，据说就像“上帝的花园”。沙漠居民，例如约书亚领导的以色列人，曾被驱离这里，后又矢志夺回这块乐土。[47]

我要到下一章才会讲到小麦征服世界的故事——随着生态交流，小麦扩散到全球，并让地球表面许多地区都被小麦田覆盖。不

* 杰里科作为《圣经》中的地名通常译作耶利哥。——编者注

过，小麦何以如此受人喜爱这个问题，和人类起先为何要种小麦这一问题，很可能是相关的。在各种了不起的禾本科植物中，有的生命力顽强，有的能够抵抗病虫害，有的特别耐储存，有的则产量极高。所有这些禾本科植物和我稍后将讨论的根茎与块茎类主食作物通通可以拿来酿酒。此特性值得我们花点时间思考一下，因为有些专家认为啤酒是极重要的产物，最早就是对啤酒的需求促使人从事农业。人们采集可以吃的禾本科植物，起先或许是为了收集不必多费工夫处理即可食用的种子。至于啤酒和面包，孰先孰后呢？啤酒号称是“一切文明的起源”，发酵谷物发挥神奇的效果，“使人欣然定居在怡人的村落”。[48] 如果你同意农业起源有所谓的酋长或“大人物”理论，即农业的出现是为了替酋长宴会生产更多的食物，那么就理当认定这种能使人酣醉的饮料具有特别的地位。同样的，如果农业是受到宗教的启发而出现，那么可令人进入出神状态的啤酒绝对具有特殊的吸引力。

然而，小麦的成功显示出，如果真有所谓的关键产物，这产物就是面包。对那些率先种植小麦的农夫或后来受到小麦吸引的族群而言，小麦相较于其他可食的禾本科植物只有一个显著优点，那就是它的秘密成分，亦即麸质——一种燕麦、大麦和黑麦中都有的蛋白质复合物——的含量比其他作物高了许多。这使得小麦特别适合制成面包，因为麸质加了水让面团变得易揉易搓；这种黏度能够让发酵过程中产生的气体被封锁在面团里。不过，史上每一个至少曾一度漠视或抗拒小麦吸引力的文化，都曾从面包外的点心摄取淀粉质，诸如以小米为主食的族群会食用小米糊或小米粥；美洲人吃的（早于面包出现的）爆玉米花；未发酵的糕或饼（比如主食为玉米的族群吃的玉米馅饼），以及不产小麦地区的族群食用的燕麦饼；日本的传统点心麻糬或西藏人的糌粑。

当然，还有其他小麦制品非常美味，其中有些很少或根本没有借助麸质的长处。意大利面需用硬粒麦制作才好吃，硬粒麦是二粒麦的衍生品种，谷粒没有苞叶，因此不必费工夫打谷；[49] 在人们尚未开发出其他易于打谷的品种以前，硬粒麦对农民很有吸引力，不过它只含很少的麸质。许多面饼的制作同样无须麸质，包括现今风行全球的快餐食品如比萨（意大利脆饼）和印度烤饼。小麦碎粒（布格麦）风味强烈而独特，一开始可能吃不惯，但它的美味仍值得慢慢领会；用它制作的“古斯古斯”（couscous）是中东文化的经典主食，也是时尚餐厅的常客。我喜欢吃淋上大蒜和橄榄油的煮麦粒。（不过，恪遵西班牙文化*，我吃拌麦粒的时候一定得配面包。虽说这或许不大合理。）有些人甚至声称爱吃那种即溶早餐麦片，这种食品经过强力营销，价值言过其实。尽管如此，上述种种菜品和其他类似菜品都只是至尊面包的副产品。若没有面包，小麦不过就是众多谷物中普通的一种。

这只会令问题更加神秘，因为面包到底有什么特别呢？如果从营养、易消化性、耐久性、运输和储藏的便利度、口感和滋味的多样性和吸引力等方面衡量优缺点，小麦和其他同等食物似乎不相上下。然而要烘焙出好吃的面包，需要大量的工夫、时间和精良的技术。每一个食用面包的文化似乎都是在很早期便有专业面包师傅出现。如果有人想要仿照早期的农业社会，在没有精确的计量、控温

---

* 作者为西班牙裔。——编者注

和计时工具的情况下在家自行烘制面包，便会明白烘焙过程有多容易出错，而面包师傅又需要有多精准的判断力才行。有关人类如何以及为何开始制作面包，目前尚未有令人信服的理论，说不定这正是面包的成功关键：它是“神奇”食品，人类的精良技艺使原料成分产生微妙的变化。就像率先栽培出可食禾本科植物的农夫，头一批面包师傅把小小的谷粒化为如此丰盛的食物。我宁可相信这是真的，但它显然是无从证实的臆测。食物史上这至为重要的一章，可能将是一个永远难解的奥秘。

有决定权的超级块茎、根茎植物

在小麦尚未提升到现今的至尊地位前，世上许多农业文化和一些最引人注目的文明的基本主食是根茎和块茎，而不是禾本科植物。有些根茎或块茎植物的栽培历史可能至少和可食禾本科植物同样悠久。芋头可能是其中最先出现的；不过我们无法认定人类开始栽种芋头的日期，因为芋头的球茎没有不能消化的部分，而且大多数的叶片已完全退化，虽然有些品种有大小如同树叶的叶片。尽管缺乏决定性证据，不过权衡各种可能性，我们可以猜测起码有几种根茎植物的栽培年代早于禾本科植物，这纯粹只是因为它们实在太容易种植了。芋头是无性繁殖，这使得早期的栽培者极易通过选种来开发新品。芋头是一种超级食物，产量高，所需劳力却少，烹调方法简单多样，淀粉含量高且男女老少皆宜，从嗷嗷待哺的幼儿到年老力衰的老人都能消化吸收。因此在角逐全世界最早种植植物这一荣誉的竞赛中，芋头颇具胜算。[50]

芋头展现出了史上有名的适应力：有的品种适合在沼泽地带种植，有的则可在干旱的山区种植。一万年前，气候巨变使得“大澳大利亚”板块分裂，在新几内亚和澳大利亚之间形成海峡。紧接着不久，新几内亚出现农业，当时的作物可能以本土品种的芋头为主，种植在西部高地的潮湿坑沟中。在库克湿地（Kuk swamp），人们早在9 000年前便为了种植芋头而开凿排水道、沟渠并筑堤。[51] 在六七千年前，印度洋和西太平洋周遭不同的地区已广泛栽种芋头。然而，食用芋头的核心重镇从以前到现在一直集中于印度洋和太平洋汇合处的东南亚地区，特别是新几内亚和菲律宾，还有两个较晚才种植的地区：太平洋诸岛和日本。太平洋诸岛因拉皮塔（Lapita）文化体系的移民向东迁徙而接触到这种植物，确切年代不明（但可能于公元前2千纪中期完成这个过程）；日本应当是较晚才从中国或韩国引进芋头，但这里至今仍将芋头当作每年秋季赏月的节庆食物。

芋头永远比不上重要的谷物和超级块茎植物。它不同于小麦、稻米、玉米和马铃薯，无法成为社会共同饮食中的主要或单一主食，只能当作副食品，是一种补充各种膳食之不足的浓腻食物。芋头一般含有30%的淀粉、3%的糖分、1%多一点的蛋白质和少量的钙和磷。芋头无法久存，因此不符合长期保鲜的要求；然而成功的早期农业社会的主食似乎都有同一特征，就是经得起长期储存，以便重新分配。此外，芋头的味道似乎不易讨人喜欢。大多数品种无滋无味，质地令人联想起马铃薯，味道则像山药。夏威夷人用红心芋头制作一种名为“波伊”（poi）的芋泥，据说是“皇家”菜，为夏威夷王国时代的宫廷菜品。制作波伊的方法为，芋头蒸熟以后捣烂成泥，静置数日发酵。[52]波伊是夏威夷引以为荣的国民菜肴，但是在其他地方始终没有流行开来。

芋头虽有重大的历史意义，却逐渐失去它的显赫地位，从统计数据来看已不再是供给世界营养的重要食物。相反的，山药、木薯、红薯和马铃薯的重要性却有明显的增长，尤其是马铃薯。若根据我们现有的知识来重建山药的历史，最早开始采集野生山药的是东南亚的先民，在泰国发现 9 000 年前的历史遗迹可为佐证。就我所知，关于人类最早是在何处以及何时栽种山药，目前并无相关证据，不过有一个很好的事例可以显示，在公元前 5 千纪前后西非原生农业独立发展的过程中，山药已占有一席之地：根据 D. G. 库西（D. G. Coursey）的研究，山药的驯化栽种是渐进神化的结果，人们先是膜拜山药，接着将它们圈养起来并悉心呵护，然后移植到同时兼作神殿和苗圃的地方。[53]公元前 2 千纪时，东太平洋几乎所有的岛屿都已有山药出现，这一点符合一个理论，即山药最早在东南亚或新几内亚种植，然后向东扩散。一如芋头，新几内亚早期农业的苗圃里可能已有山药的踪迹。[54]

木薯、红薯、马铃薯跟热带美洲的关系，就像山药、芋头跟东南亚和太平洋地区的关系。其中，木薯只有在其原生地，即南美洲的热带低地和加勒比海地区才受人喜爱；不过，下文也会谈到（参见第七章第二节“全球口味大交流”），木薯在现代史上全球“生态大交流”中占有一定地位。木薯跟芋头一样是高大的植物，可食的根茎也很巨大，所以木薯虽在营养价值和味道上有不足之处，但产量大弥补了上述缺陷。木薯耐旱，却也喜好潮湿的环境。它和其他根茎作物一样不怕蝗虫吞噬，也不易受大多数热带掠食性生物所侵扰。早年间，在美洲无法种植玉米的地区，木薯是热带雨林农夫的上选主食，但由于玉米后来被成功引进，木薯的影响力受到限制。

确实，提到主食地位，大多数根茎和块茎植物似乎都无法挑战世人钟爱的谷物。马铃薯则是例外，它如今是世界第四大粮食，虽次于小麦、稻米和玉米，但市场占有率相当大，而且打破文化界限，深受不同文化的人喜爱。它跃升到如此显赫高位的过程实在是精彩绝伦，因为客观来看，当初有人驯化栽种马铃薯就已够惊人了，遑论将它移植到安第斯山脉（野生马铃薯最早出现之地）独特的高山环境以外的地区。有些野生品种是肉食性植物，而所有野生品种或多或少都带有毒性。我们几乎可确定红薯的栽种早于马铃薯，而人类最早会起意选食马铃薯，可能正因为它和红薯很像。在现今秘鲁中部海岸地区，公元前 8000 年就已有人食用一种似近于现代栽植品种的红薯；如果这些红薯是农业所得，那么红薯就是美洲最古老的粮食作物，甚至说不定还是全世界最早的。[55] 和玉米一样，红薯的野生祖先已经消失。人们之所以开始栽种马铃薯，可能是为了寻找一种作物，既有红薯的若干长处，也适于在高海拔地区栽种。已知最早的栽种试验约在 7 000 年前登场，地点为秘鲁中部或的的喀喀湖（Titicaca Lake）周遭。试验一经成功，马铃薯便让高山居民拥有和山谷与平原居民同等的力量。

在 1 000 多年前安第斯高山王城蒂亚瓦纳科（Tiahuanaco）衰败以前，那里的马铃薯年产量达到 3 万吨。在西班牙人入侵以前，安第斯山区已知的马铃薯栽培品种有 150 种。从当时此处玉米和马铃薯的分布状况，可看出当地的政治生态如何运作。玉米为神圣作物，种植在祭司的园子里，那里海拔甚高，可能根本不适玉米存活，土地贫瘠又有霜害，因此耕作起来相当辛苦、事倍功半，所得的少量玉米只能供宗教仪式使用。欧洲人观察到，马铃薯就全然不同，它是一般劳动者的日常主食。据说，“一半的印第安人除此以外没有其他东西可吃”。[56] 此说法是可信的。马铃薯之所以有独特的力量维系安第斯文明，是因为它有两个特征：一是它能在极高的海拔生长，有些能在 1.3 万英尺的高山存活；二是它有无与伦比的营养价值，只要吃下的分量足够，便能提供人体所需的一切营养素。

不过，我们接下来追溯马铃薯全球大迁徙路线（参见第七章）时会看到，这种块茎植物在它的每个发展阶段都受到蔑视。18 世纪时，拉姆福德伯爵（Count Rumford）必须改变马铃薯的样子，才能使囚犯工厂的犯人接受它们；安托万-奥古斯丁·帕尔曼蒂耶（Antoine-Augustin Parmentier）必须谎称栽种马铃薯是国家机密，才能诱骗农夫种植它们。人们排斥马铃薯的原因之一，或许有助于解释芋头和木薯为何无法让全球广泛接受，那就是它们三者都有一种神秘的特性：未加工处理前都含有毒性。至少野生马铃薯是有毒的，就连木薯和芋头的栽培品种也带有有毒的晶体，必须经过仔细加工才能除掉毒素。比如，要去除木薯含有的氰酸，必须去皮、磨碎、挤出汁液、滤干，接着用水煮或烘烤制成木薯粉。18 世纪初，有位法国人在观察美洲原住民的生活习性后提出报告说：“木薯的汁液十分危险，能置人于死地，可是在煮沸以后却变得香甜如蜜，非常好喝。”[57] 发现这些天然含毒性的植物值得人工栽培并将之转化为食物，是“原始”农艺学所缔造的又一项奇迹，也是早期农业史上另一桩未解之谜。

食人习俗是黑色幽默青睐的题材。这是西班牙画家戈雅的画作，悬挂在他住处的餐厅墙上，描绘了希腊神话中的泰坦克洛诺斯吞噬亲生子女的情景。在大约 1800 年以后，戈雅笔下的饮食画面几乎都有令人作呕之感

德·布里于 1592 年创作这幅版画，描绘施塔登在巴西的见闻：图皮南巴人吃下烤人肉后，意犹未尽地舔起手指。不过根据施塔登所述，这些人不常食人，而食人必有冗长的仪式。他们并不是因为饥饿，而是为了报仇雪恨才吃掉俘获的敌人

现代素食主义传统痛斥食肉行为的残忍。素食风尚初露端倪时，戈雅在 1810 年前后画了这幅以屠宰为主题的静物写生，画面中是被屠宰的绵羊。他采用戏谑却不很写实的元素，肋排竖直而立，笔触疙疙瘩瘩，并不干净利落，羊头的眼神可悲又哀怨

第一次食物恐慌事件。在德国画家老卢卡斯·克拉纳赫绘于 1526 年的这幅画作中，伊甸园并没有肉食现象，狮子与绵羊和平共处，水果才是主要的食物。然而在大自然中，并非原本就有充足的蔬果食品和温驯的牲畜，必须通过农牧才能获得。事实上，举世皆有食物禁忌，伊甸园的禁果是其中的代表

在西班牙画家委拉斯开兹这幅颂扬神圣日常俗务的画作中，满脸不高兴的马大正在研磨香料，准备烧鱼，背景则是她的妹妹马利亚正服侍基督的情景。根据《约翰福音》，基督复活后吃的圣餐当中有鱼。对比强烈的光线和扭曲的透视法，使这幅画显得格外突出和光彩夺目

静物画家爱画食物，因为餐室场景别具象征意味。泼洒而出的酒和喝掉的酒，奄奄一息、形如阴户的牡蛎，空牡蛎壳，裂开的干果，反射的光线，林林总总，象征着人生之乐的无常和短暂。这幅画的作者是荷兰画家威廉·克拉斯·赫达，时间为1635年

17 世纪时，解剖学主题在西方艺坛逐渐蔚为风尚，屠宰也成为艺术主题，荷兰画家因而得以采用戏剧性的手法来刻画日常生活仪式。伦勃朗的这幅画作即以不折不扣的写实手法，描绘了一具待售的公牛躯体，画风丝毫不具象征意味

从北欧的驯鹿管理可以看出狩猎文化是如何逐步演变为畜牧文化的。在冻土地带，驯鹿是人类最基本的生存工具。到了 9 世纪，放牧驯鹿已成固定活动。挪威画家威廉·彼得斯（Wilhelm Peters）的这幅画发表时间大约在 1900 年至 1924 年间，描绘了北欧的萨米人放牧驯鹿的场景

啤酒可能是比面包更早出现的珍贵谷物产品。不过，古埃及人用大麦面包来酿制啤酒。古王国和中王国时代有大量工艺品描绘压榨面包糊以制作啤酒的过程，这些特制的工艺品被安放在坟墓中，以便死者拥有滋养来生的神奇方法。家家户户酿制自家的啤酒，碰到酿酒日，工人可以放假，在家酿酒

自前哥伦布时代起，马铃薯一直是安第斯山脉的重要农作物。2—8 世纪活跃于现今秘鲁北部地区的莫切文化善于制作各种陶器，它们是神圣的器具，用来代表重要的主题，从外观明显可辨。这其中就有马铃薯的形象，上图为拟人化的马铃薯，此外还有自然形态的马铃薯大自然为其他消化能力较好的动物准备的食物，没有反刍功能的人类却将它们变成自己的主食”

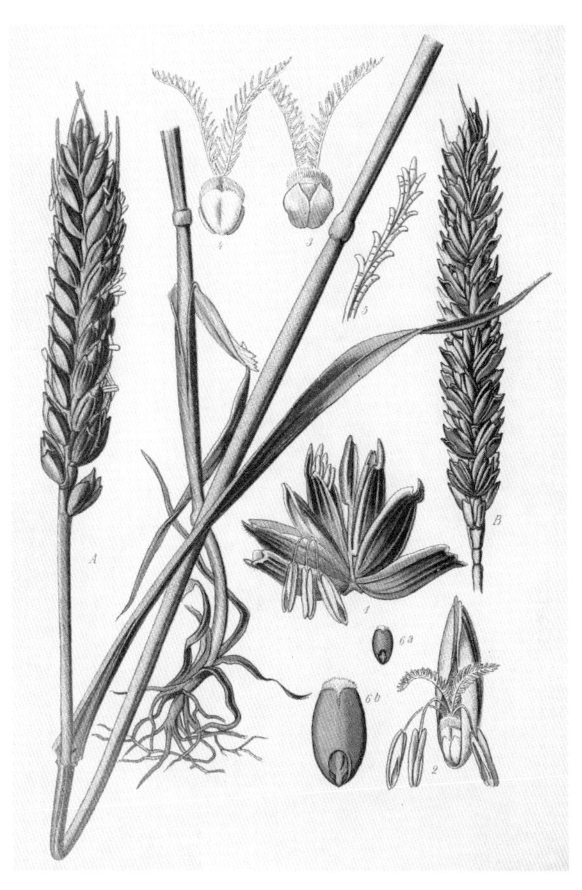

这幅关于小麦的插图绘于 1903 年前后。小麦、大麦、黑麦、稻米、小米与玉米共同构成“六大”禾本科植物。这六大植物的发展“堪称人类最壮丽的成就：禾本科植物原本是大自然为其他消化能力较好的动物准备的食物，没有反刍功能的人类却将它们变成自己的主食”

这幅 19 世纪早期的雕版画，刻画了因“哥伦布交流”而传播开来的一种新世界热带原生食物——辣椒。哥伦布于 1493 年首度将一批新世界物种带回欧洲，辣椒即在其中。到 16 世纪中叶，远至印度和中国湖南都有人栽种。如今，它已成为流传最广的香料之一

19 世纪晚期的市场堪称“工业技术的神奇不朽之作”。1875 年时，新毕林斯门鱼市场的外观好似法国古堡或温泉酒店，内部则很像教堂。在雕版师的描绘下，整座市场流露出宫殿般的宏伟派头，这正是它的迷人之处。这座市场见证了工业时代以机器为美的美学观

清洁的资本主义。照片中是19世纪末的亨氏罐头工厂，画面中的女工们正在为泡菜罐头贴标签。操作台一尘不染，罐头排列整齐，女工们站成两排，身着统一制服，头发仔细梳妥并包裹在帽子里。作为工业化时代的食品业巨子，亨氏品牌的创始人亨利·海因茨也是践行“纯净”这一食品加工理念的先驱之一

1865 年，李比希男爵挤压牛肉泥的肉汁，并将之制成小方块，这是他为了浓缩肉类营养而得出的试验结果。然而，OXO 后来却被当成便利食品，而非营养来源。1952 年的这则广告就展现了食品加工业的威力，它改造了饮食、烹饪习惯，甚至性别角色扮演

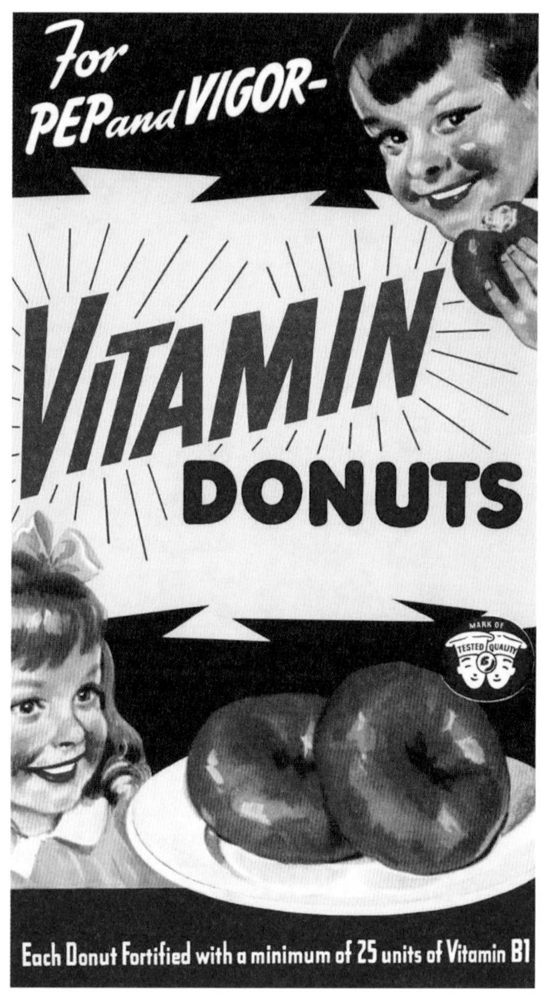

维生素是 20 世纪的新执念。它起初是科学，后来变为流行时尚，强力冲击了西方世界新世纪的饮食理论。第一次世界大战后，美国开始出现服用维生素的热潮。在相当长的一段时期内，美国政府部门大力推广相关营养学知识，各家食品公司也积极运用合成维生素这项新发明来强化产品功能。1941 年，当时美国最大的甜甜圈生产商，美国甜甜圈公司（Doughnut Corporation of America）甚至推出了“维生素甜甜圈”，富含维生素 B1，能带给消费者“活力和能量”

第五章

食物与阶级

FOOD AND RANK

社会不平等与

高级饮食的兴起

盛宴大厅何在？

欢愉何在？

觥筹交错、华服嘉宾何寻？

豪门之盛况，卿相之气派？

——《流浪者》（*The Wanderer*）

我端坐至尊之桌

餐毕，随手抛块面包皮给穷人

我不仅乐享优裕生活

亦偶有施舍之乐

啊，有钱甚开怀

——亚瑟·休·克拉夫（Arthur Hugh Clough），

《旁观者》（*Spectator ab Extra*）

挥霍无度的成就

在远古时代某个不可考的时刻，有些人开始掌握比别人多的食物资源，这时食物便成为区分社会的机制，可以显示人的阶级，衡量人的地位。这件事发生得很早。人类历史上从未出现过人人平等的黄金时代，自然选择的演化过程本就蕴藏着不平等。不论哪一处原始人遗址，只要保存的遗迹数量够多，保存状态又良好到可以让人得出结论，就都存在同一族群的人营养程度有所差异的情形。从许多旧石器时代的人类埋骨处看得出来，人的营养程度和其阶级息息相关。在我们所知的古老的人类阶级制度中，食物起到了分化作用。

据我们所知，当时攸关紧要的是数量，而不是菜式或料理方式。烹饪显然使人对大吃大喝更有好感：烹饪隐藏着一种暧昧的效果，那就是它让吃变成一件乐事。它诱使人暴饮暴食，铺下一条通往肥胖的欢乐之路，从而成为社会不平等的源泉。紧接着，食物的料理和食用方式当然也出现了差异。这些配合社会等级而呈现的差异，并非不平等的成因，而是不平等的后果。然而在不平等现象的最开端时期，便能看出不同阶级地位的人取得的食物数量有多寡之分，而且就算不能从不平等现象的成因方面加以考虑，也可从它的确切特性着手，来一一列举各种差异。

由于早期的证据多半不全，我们无法妄下断语，但是区分社会阶级的烹饪术在历史上很可能出现得相当晚；直到近代，世上只有几个地方出现烹饪术，而且当时是重量不重质。几乎在每个社会中，食量巨大的人都享有威望，这一方面是因为大食量象征着其人很有本事，另一方面可能由于只有有钱人才能尽情吃喝。除了在见惯了胖人的地方，比如现代西方国家之外，胖子通常都是备受钦佩的人物，腰围越大就越受尊敬。暴饮暴食也许是一种罪恶，但在法律上来讲并不犯罪，相反，它在某种程度上还具有社会功能。大食量刺激生产、产生剩余，残羹剩菜可供给吃得不多的人。因此在正常情况下，只要食物供应量安全无虞，大吃大喝便是英雄行径、正当表现，和打败敌人以及向上帝赎罪之举差不多。我们经常可以发现同时热衷以上三种行为的人。古代传奇故事记载了不少的吃食壮举，就像历数英雄在战场上的杀敌人数、浪子的冒险漫游和暴君的律法。出身色雷斯的马克西米努斯（Maximinus）每天能喝 1 坛酒，吃 40 或 60 磅的肉；克洛迪乌斯·阿尔比努斯（Clodius Albinus）因一餐可吃 500 颗无花果、1 篮桃子、10 颗蜜瓜、20 磅葡萄、100 只黄莺和 400 枚牡蛎而广为人知。[1] 斯波莱托的圭多（Guido of Spoleto）因为吃得俭省而未能登上法国王位。查理曼无法节制饮食，他不肯遵照医嘱改吃水煮肉来减轻消化不良，照样大吃烤肉。这跟他手下的骑士罗兰在战场上拒召援兵如出一辙，大胆冒险，不顾一切。[2] 对他而言，顺从医嘱不啻贬损自我。

每个人间天堂都配备有丰盛的食物，有些天上乐园亦然，比如穆斯林殉道者的奖赏或维京人英灵殿的宴会厅。根据西西里岛的希腊剧作家埃庇卡摩斯（Epicharmus）留下的断简残篇，塞壬之地的美好生活少不了丰富的餐食：

> “清晨天方破晓，我们烧烤肥美的小鳀鱼、一些烤猪肉，还有章鱼，并用甜酒来佐餐。”
>
> “哎呀，可怜的家伙。”
>
> “简直没吃什么嘛。”
>
> “可耻呀！”
>
> “接着我们会配上一条肥红鲻鱼，一些对半剖开的鲣鱼，还有斑鸠和狮子鱼。”[3]

炫目的消费有制造威望的功效，这一方面是因为它引人注目，另一方面则是由于它有实际用处。富人的餐桌是财富分配机制的一部分，他们的需求使食物供应不绝，他们浪费的食物喂养了穷人。分享食物是互相馈赠的基本形式，互相馈赠则是维系社会的纽带；食物分配链联系了社会，创造出互相依存的关系，抑制革命并使附庸阶级安守其位。有个故事说，孔苏埃洛·范德比尔特（Consuelo Vanderbilt）成为布莱尼姆宫女主人后，改革了庄园分配剩菜给贫穷邻居的方法。残羹剩菜仍然倒进粗糙的罐子里，用车推出去施给穷人，不过孔苏埃洛特别讲究，坚持鱼肉不能混杂，咸甜务必分开。庄园可是有史以来头一遭发生这种事情。[4]孔苏埃洛的慷慨之举，呼应着“位尊之责”的悠久传统：在这条传统道路上，散布着富人餐桌上掉下的面包屑，宾客的魂魄则自通衢大道和羊肠小道而来，飘荡不去。

这种传统可回溯至早期农业社会，当时的精英阶级实施宫殿仓库的再分配制度；希腊的克诺索斯迷宫里并没有牛头怪，而是堆满油罐和谷箱。埃及曾是粮食供应中心，在法老经济制度下，人们致力祈祷每天都丰盛有余：并不是个人的丰盛有余，因为大多数人吃的面包和啤酒勉强刚够果腹；[5]他们祈祷丰盛有余，是为防日后不测而储蓄粮食，这些盈余的粮食由国家和祭司所支配。在这个极度贫瘠又时有洪水灾害的环境中，反抗大自然不仅意味着改造地貌，修建参天的金字塔，更重要的是要储备粮食以防天灾，让人类就算遭到掌控洪水的不明力量侵袭也不致毁灭。安放拉美西斯二世（Rameses II）遗体的神殿中建有粮仓，大得足够装下供两万人食用一年的粮食。有位大臣的墓室墙上，得意地画着种种税收所得，这些壁画列出了供养一个帝国的食物清单，有一袋袋的大麦、一堆堆的糕饼和坚果以及成百上千头牲畜。看来，国家之所以储存粮食并不是基于重新分配粮食的永久目的（这一方面自有市场来照料），而是为了缓解饥荒。公元前 1 世纪初的一份文献记载，根据古老的传统，“荒年”过后，“向粮仓借谷的人就会离开”。[6]

美索不达米亚的王室宴会最初的功能，就是根据国王所定的特权阶级高下来分配粮食。一如亚述世界的其他每件事物，在君主制度取代城邦制度以后，这些宴会的规模急剧膨胀。卡拉赫宫落成后，亚述纳西拔二世（Ashurnasirpal II，公元前 883 年—公元前 859 年在位）大开宴席，款待 69 574 位宾客，宴会持续了 10 天，席间用了 1 000 头肥牛、14 000 只绵羊、1 000 只羔羊、成百上千头鹿、20 000 只鸽子、10 000 条鱼、10 000 只沙漠鼠和 10 000 枚鸡蛋。[7]根据北欧神话《爱达经》（*Edda*），洛基和洛奇两位英雄进行一场食量大赛，结果由洛奇得胜，他吃下“所有的肉和骨头，连餐具都啃个精光”。[8]

当时并不认为这种英雄式吃法是自私的行为。另外有个比较不可靠的例子是，据罗马皇帝尼禄的敌人说，尼禄的宴会从中午一直开到午夜。印度 2 000 年前便已制定各种规则，明定人人皆可分得稻米、豆子、盐、黄油和印度酥油；不过奴仆分到的稻米只有贵族所得分量的六分之一，印度酥油则为一半。在质量上也有区别，需要充足营养的劳工分到米糠，奴隶只有稻米碎屑。[9]统治者举办的宴会可以结合政治联盟，确立关系，赢得侍从，建立追随者人脉并护卫贵族的地位，尽管被排斥在外的人可能会心生怨恨。西方中世纪的“领主”宴会厅用来举办奖赏忠臣的宴会，气派华丽，手笔慷慨，美食不断，数量多得惊人。1466 年，约克大主教就职日庆祝大餐的食物清单，列有 300 夸脱的小麦、300 桶的麦酒、1 000 桶的葡萄酒、104 头牛、6 头野公牛、1 000 只绵羊、304 头犊牛、304 头猪、400 只天鹅、2 000 只鹅、1 000 只阉鸡、2 000 头乳猪、400 只鸻鸟、1 200 只鹌鹑、2 400 只雌鹬、104 只孔雀、4 000 只野鸭和水鸭、204 只鹤、204 头小山羊、2 000 只鸡、4 000 只鸽子、4 000 只螯虾、204 只小鹭、400 只苍鹭、200 只野鸡、5 000 只鹧鸪、400 只山鹬、100 只麻鹬、1 000 只白鹭、500 多头鹿、4 000 个冷鹿肉馅饼、2 000 份热蛋奶布丁、608 条梭子鱼和鲷鱼、12 只海豚和海豹，还有数量不明的香料、精致甜食、薄饼和蛋糕。[10]

上桌的食物（有时是吃下去的食物）数量之多竟一直被当成衡量地位的指标，这实在令人惊讶。在西方世界以外，仍普遍有人对过量的饮食崇敬有加。现代的特罗布里恩群岛的居民爱好丰盛的餐宴，“我们要吃到呕吐为止”。南非有句俗语说：“我们要吃到站不起来。”许多地方都有肥胖就是美的观念，根据非洲东部巴尼亚安科列人（Banyankole）的习俗，待嫁的8岁女孩必须整整一年足不出户，饮用牛奶，直到肥胖得步履蹒跚。[11] 甚至在有其他多种方式可以彰显身份地位的社会中，返祖性的暴食习惯仍重现于地位显赫的个人身上。在有些例子中，这些暴食者地位之尊贵是毋庸置疑的。这种现象在欧洲现代历史的早期尤其显著，虽然当时已逐渐讲求用餐礼仪，自私自利的暴食行为也越来越遭人排斥。蒙田曾自责太过贪吃，用餐时甚至咬到指头和舌头，无暇和人交谈。法王路易十四在自己的婚礼上只顾吃东西，其他都不管。约翰逊博士吃得太过全神贯注，以至前额青筋毕露，热汗淋漓。[12] 布里亚-萨瓦兰固然关注食物的质量，但是他对大胃王也敬佩有加。他曾以崇敬的语气描写布雷涅（Bregnier）的神父如何不慌不忙地喝了一碗汤，吃了煮牛肉，把一只洋葱大蒜羊腿和一只阉鸡“吃到只剩骨头”，还把“一大盘沙拉……吃到见底”，接着再就着一瓶葡萄酒和一壶水，吃了四分之一大块的白乳酪。[13] 这位美食家认为饕餮有理，因为这代表“对造物主指令的绝对服从，主命令我们为生存而吃，让我们有胃口，鼓励我们品尝味道，使我们从中获得乐趣”。[14] 布里亚-萨瓦兰为各个不同收入的群体研拟了代表性食谱，不但对分量有所规定，对烹饪方法也有着墨，最后他还拟了一份富人菜单：一只7磅重的鸟禽，肚子填满佩里戈尔松露，须填至鸟身滚圆如球；一大块形如堡垒的斯特拉斯堡鹅肝；一大条加了很多佐料和配料的尚巴尔式莱茵河鲤鱼；白酒骨髓炖松露鹌鹑，配上涂了九层塔黄油的烤面包片；镶了五花肉的梭子鱼，加精制螯虾奶油酱汁焙烤；吊挂熟成的野鸡，鸟肚填镶五花肉等配料，配上吸满了油脂佐料的烤面包片；100根嫩芦笋，每根如五六条棉线般细，佐高汤酱汁；两打的普罗旺斯式蒿雀。

被美食记者 A. J. 利布林（A. J. Liebling）誉为典范的伊夫·米兰德（Yves Mirande），正是体现此传统的最佳典范。米兰德是第一次世界大战前饮食“英雄时代”的最后一位代表。

> 他的食量使他的法国和美国属下瞠目结舌，午餐可以吃掉巴约讷火腿配新鲜无花果、一份香肠酥皮包、好几片梭子鱼排佐粉红奶油酱汁、一只加了鳀鱼调味的羔羊腿、底下垫了肥鹅肝的朝鲜蓟、四五种奶酪，配上一大瓶波尔多红酒和一瓶香槟，末了还唤人拿阿马尼亚克白兰地来，并提醒夫人，她答应过他，晚餐会准备云雀和蒿雀，配上几只小龙虾和比目鱼，当然还得有小野猪肉酱盅，这是他这出好戏的女主角——他的情人特地差人从索洛涅的庄园送来的。“我可想到一件事，”我有一回听到他说，“我们好几天没吃山鹬了，还有烤松露……”[15]

在整个 19 世纪和 20 世纪早期的西方，桌上摆满菜是地位的象征，种类日增的食材也使得菜品样式倍增，不过在若干描写的嘲讽语气中，却看得出来某种模棱两可的态度。英国小说家安东尼·特罗洛普（Anthony Trollope）笔下的葛兰特利大执事（Archdeacon Grantly）掌管的小天地，不但显示了他的财富，也体现了其人之俗气。

> 银叉沉重得举不动，面包篮更是重得只有壮汉才拿得起来，饮用的茶是最上等的，咖啡是最黑的，奶油是最浓的；有干吐司和涂了黄油的吐司，小松饼和烤饼，热面包和冷面包，

白面包和黑面包，家常自制面包和烘焙店买来的面包，小麦面包和燕麦面包，各种面包应有尽有；鸡蛋包裹在餐巾里，银盖下有煎脆的培根；还有装在小盒中的小鱼，香辣腰子在热水保温的盘上吱吱作响；不一会儿，种种餐食都一样紧接着一样，盛进这位富有的大执事的盘中。不仅如此，餐具台上铺着雪白的餐巾，上面摆着一大块火腿和一大块沙朗牛排；后者前一天晚餐曾被端上桌。这就是普拉姆斯德教区的日常一餐，我却从未感到牧师公馆是个令人心旷神怡的地方。人不该只靠面包生活这个事实，多少似乎被人遗忘了……[16]

上流阶级奢靡浪费的现象越来越滑稽，毛姆 1907 年的喜剧小说《弗雷德里克夫人》(*Lady Frederick*)有段对话正凸显了一个传统，即菜单变得越长，用餐这件事就变得越可笑。

福尔兹：汤普生，我到底吃了晚餐没有？

汤普森（反应迟钝地说）：老爷，汤。

福：我记得只看了看而已。

汤：老爷，鱼。

福：我随便拨弄了两下煎鳎目鱼。

汤：老爷，鹅肝牛肉酥皮盒。

福：这我完全没有印象。

汤：香煎嫩牛菲力。

福：那简直老透了，汤普森，你务必向有关部门投诉才行。

汤：老爷，烤野鸡。

福：对啦，对啦，经你这么一提，我记得是有野鸡没错。

汤：老爷，冰激凌甜桃。

福：那个太冷了，汤普森，简直冷得不得了。

梅若丝顿夫人：亲爱的帕拉丁，我看你吃得可不是普通的好。

福：人哪，到我这把年纪，除了一块烤得恰到好处的牛排，什么爱啊，野心啊，还有财富啊，通通都黯然失色、无足轻重了。汤普森，就吃烤牛排吧。

美国今日仍存有这种崇拜富饶之风。助长此风的，是所谓“富人的烦恼”，这种挥霍浪费反映了美国社会一直努力想逃脱被清教徒俭省习性支配的过去。此风或许始于英国殖民时代，19 世纪中叶时，这种风气大为盛行，当时“每一天每一餐，你都会看到大伙儿点菜的量……是他们食量的三四倍，每一道菜他们都只啄个两口，挑三拣四，叫人把整盘几乎原封未动的菜撤下去”。1867 年时，纽约有家旅馆的晚餐菜单列有 145 道菜品。晚餐有 100 多道菜、早餐有 75 道，并非不寻常之事。然而，放纵太低俗又太轻易，而简朴的作风一如各种稀有事物，在当时逐渐成为自诩品位高雅者的信条。萨拉·黑尔（Sarah Hale）呼吁战后的主妇“足量供给，但切忌沾染普遍的浪费作风”。[17] 爵士乐大师埃林顿公爵传奇性的饮食习惯，充分体现了美国对富饶的崇拜。他或许是现实世界里全球最后一位真正的大胃英雄。他喜欢“吃到肚子痛了为止”。

在马萨诸塞州的汤顿，吃得到美国最棒的炖鸡。要吃鸽血炒面呢，我会去旧金山的“华园酒家”。吃蟹肉饼，我都到波尔顿——这也在旧金山。我知道在芝加哥有个地方，吃得到克利夫兰以西最棒的烧烤肋排和新奥尔良以外最好的番茄虾什饭。孟菲斯有家店，烧烤肋排也很美味。奇努克鲑鱼呢，我上俄勒冈州的波特兰去吃。在多伦多，我吃橙汁鸭。世上最好吃的炸鸡则在肯塔基州的路易斯维尔，我买上半打的鸡，还有一大盅一加仑的马铃薯沙拉好喂海鸥，你知道，就是那些在我身后探头探脑的家伙嘛。芝加哥的南麓酒店有世上最好吃的肉桂卷和最好吃的菲力牛排。洛杉矶有艾薇·安德森的鸡肉小馆，那里有热烘烘的蜂蜜小甜饼和非常好的鸡肝煎蛋饼。新奥尔良有秋葵浓汤，我每次都喝光，还会打包一大桶带走。在纽约，我一周总要差人到第四十九街和百老汇大道交汇处的特夫餐厅买烤小羊排。我喜欢在后台更衣间享用，那里空间大，我可以痛痛快快大吃一顿。华盛顿的哈里森餐厅有香辣蟹和弗吉尼亚火腿，好吃得不得了。

他承认最好吃的火焰可丽饼和章鱼汤在巴黎，最好吃的羊肉在伦敦，最好吃的单面三明治拼盘在瑞典，最棒的开胃菜推车在海牙——“足足有 85 种菜品，得花一段时间才能吃上一些”。不过，埃林顿公爵跟餐厅指南作家邓肯·海因斯（Duncan Hines）一样，始终忠于祖国的佳肴和大吃大喝作风。

纽约第四十九街有个地方，有很好吃的咖喱菜和很好吃的甜辣酱。在缅因州的旧奥查德比奇，我赢得美国热狗大胃王的名声，那儿有位瓦格纳太太会烘制全美最好吃的圆面包。她先准备好一半烤过的面包，再来一片洋葱，再来一块汉堡肉饼，再来一片番茄，再来一片融化的奶酪，然后又来一块汉堡肉饼，又来一片洋葱，又来一片奶酪，又来一片番茄，接着把另一半的面包叠上去。她做的热狗，一块面包夹了两根热狗肠，我有个晚上吃了32份。她还有非常好吃的焗豆子。我在瓦格纳太太那儿用餐的时候，先来份火腿蛋当开胃菜，接着来份焗豆子，然后来份炸鸡，再来份牛排——她的牛排足有2英寸厚——然后吃甜点，里头有苹果酱、冰激凌、巧克力蛋糕和蛋奶糊，再浇上浓浓的黄色乡村奶油。我喜欢吃顶上摆了煎蛋的犊牛肉……波士顿的德宾帕克有很美味的烤牛肉。我在比洛克西附近的一家小店，能吃到最好吃的烤火腿、圆白菜和玉米面包。佛罗里达州的圣彼得斯堡有最棒的炸鱼。那只是家简陋的小吃店，但他们的炸鱼非常好吃。我上那儿去的时候，真的都吃到肚子痛才罢休。[18]

就像有史以来因胃口特大而博得威望的个人一样，现代美国享有冠绝群伦之名声，有部分应归功于其“富饶之国”的形象。

美食的兴起

数量多得骇人的食物是精英阶级饮食风尚的一个重要历史特点：贵族吃得贪心，吃得浪费，以昭显其阶级；豪气干云地吃是模范行为。然而仅以数量取胜不可能永远是衡量权威饮食的唯一标准。品位和挥霍都可以使人变得高贵。人类在演化的过程中，对质量似乎也越来越挑剔。相较于体形大小与人类相似的其他灵长类动物，人类饮食每单位重量的营养品质是相当高的。[19] 多样化和高质量代表了高社会地位的饮食，这或许也是随着进化过程而来的某种欲求，是杂食性物种的极致典范。杰出的美食记者杰弗里·施泰因加滕（Jeffrey Steingarten）说过："狮子到了沙拉吧会饿肚子，牛到了牛排馆也会饿肚子——我们却不会。"[20] 距离促成了多样化的饮食，当来自不同气候和生态环境的产品摆上同一张餐桌时，一种令人动心的匀称比例于此成形。在有史以来的大部分时光中，远程贸易往往是既危险、成本又高的小规模冒险；多样化的饮食遂成为富人的特权或高阶人士的福利。

奇异的是，在若干文化中，光是量多并不足够。数量往往和其他形式的挥霍结合在一起，比如美国西部的夸富宴，多余的盛宴食品被扔进大海，由此向人炫耀消费；或者在文艺复兴时期罗马上流社会的宴会上，人们为了彰显阔绰，随手将金质器皿扔进台伯河（河中藏有渔网，以便打捞）；再或者玛丽·沃特利·蒙塔古夫人（Lady Mary Wortley Montagu）在托普卡珀宫的闺房中用餐时，有 50 道肉菜被一一端上。餐桌上铺着薄纱丝绸，餐巾也是用薄纱丝绸做的；餐刀是金质的，刀柄上镶有钻石。当然，同样的效果也可以通过更多样、更精致而且更经济的手段达到。

说到精美的烹饪艺术，怀石料理或许是极致，这是日本传统的宫廷美食，每一道菜只有两三小片、少数小丁、几根嫩芽和花苞，比如一枚小小的蛋或三粒豆子，"一片雕花胡萝卜，一颗炒银杏果"，材料皆精心挑选，摆盘赏心悦目，心灵的享受犹胜胃的满足。美国美食评论家 M. F. K. 费希尔（M.F.K. Fisher）将怀石料理列入“奇幻的 14 道菜”。在这一传统的影响下，一顿饭既可以满足饕餮般的口腹之欲，也可以更加精致。著名的厨师辻静雄先进因在大阪开设烹饪学校而知名，他能以肉质“像少女身上绽放的青春”为标准来挑选上桌的鱼。在没有能和食物搭配成“合适的艺术”的盘子时，他主张用一块芳香的木头或“一块一面有几片叶子的扁平石头”。[21] 叶子自然象征着季节，就像俳句的基调。

味觉的美妙和低调，食欲的克制，食物的精致——至少从 10 世纪晚期起，这些就已经成为日本饮食的标准，当时著名的日记文学作家清少纳言便对工人们狼吞虎咽地吃米饭的方式产生了反感。她最喜欢的菜是鸭蛋——唯一一种她反复提到的食物——和“银碗中用甘葛糖浆调味的刨冰”。[22] 由此可见，怀石料理背后的美学可以追溯到平安时代。当然，最引人注目的是饮食上的节制——比如，一位虚构的 13 世纪僧侣，他甚至值得被写进《坎特伯雷故事集》，他带着装腔作势的厌恶之情罗列出了“直到我短暂的生命结束前”女施主可能会提供的菜肴：芳香的梨，坚果和橡子，香甜的海鲜，年糕和米糊，还有水萝卜，“那些来自小松市地下的美味干果”，松子，虾仁，橘子。“但是，假如你无法提供所有这些，那就给我一些简单的东西，比如干豆子。”[23]

怀石料理的现代菜肴——其主要食材往往经过伪装，有时由豆腐或红豆沙制成，仿作其他东西的模样——似乎只能追溯到禅宗对贵族饮食风格的影响时期，即 14 世纪至 18 世纪。此后，几乎所有的来访者都证明，节俭是当时一种真正的美德，即使是那些吃得起丰盛食物的人。一名俄国俘虏在 19 世纪早期对日本的饮食习惯进行了广泛观察后说：“富人和穷人一样，在饮食上只花很少的钱。”[24]

维多利亚女王的使节阿礼国爵士（Sir Rutherford Alcock）将贵族的节制归结为有异常丰富的猎物可供捕猎。他嘲笑道欧洲同胞：

> 想想看，你们这些美食家……不要去挪威陈旧的森林和海峡里等到固定的季节狩猎或捕鱼，来日本捕鲑鱼，猎鹿，猎野猪和猎熊，如果你喜欢的话，可以随心所欲地射杀野鸡，鹬，野鸭和其他野禽。一场狩猎的时间相当长，大约60多天，但可以试想下猎物和新奇之处，更不用说还有机会遇到同样进行这场游戏的持剑武士。[25]

本着这种精神前来的访客可能会被慷慨的款待所蒙蔽。1921年，一位不太擅长观察的美国游客的印象是，从数量上看，日本人一顿饭"简直棒极了"。当他吃完了泡菜、有鹌鹑蛋和洋葱的水龟汤、烤鱼配海胆酱、生鱼片、炸虾和炸鳗鱼、蒸春饼、鱼配蔬菜还有烤鸭后，看到还有"第二桌"的蔬菜、鱼汤、烤鳗鱼饭和水果时，感到非常吃惊。他总结道："听说消化不良是日本人的普遍疾病……在日本，只有苦力才有可能消化一顿精致的日式料理，当然，他也没机会吃到。"该访客得出这一观察结论的地点正是他享用这顿非典型盛宴的场所：一家外国人俱乐部。[26]

今天，一个黄金时代的迷思是，当所有的日本人从他们的食物中获得审美和禁欲的乐趣时，就会对不雅饮食的入侵感到沮丧。费希尔曾设想"一个搬运工或有轨电车上的小贩"，不知道"从乌冬面的清汤里升向天空的一团团蒸气"象征的意义，把面条塞进嘴里，咕嘟咕嘟地喝着汤，然后赶着回去工作：这似乎与清少纳言对低阶层的人狼吞虎咽地吃饭喝汤这种“真正奇怪”的方式的反感直接相关；但如果没有它的对立面，怀石料理传统将毫无意义。事实上，今天的怀石料理可能比任何时候都更强大，因为富有的资产阶级正在复兴它，并鼓励餐馆老板重新找回它的精神。[27]

和怀石料理一样，所有文献所载最早的宫廷佳肴，料理过程都煞费周章。根据现存的美索不达米亚食谱，肉和鸟儿必须先煎到焦黄，才能下锅用水和浓缩的血来煮，并须加大蒜、洋葱、大葱、芜菁和奶酪或黄油酱汁调味；若要煨焖肉和鸟，则最好用油脂和水一起煨。[28] 古埃及并未留下直接的证据，但有些医疗方子和宫廷食谱有所呼应，比如，克罗克迪洛波利斯（Krokodilopolis）有位医师建议把鸽肉末加上肝、茴香、菊苣和菖蒲一起煮，当时的人认为这道汤品可以治胃痛。[29] 公元前 3 世纪或公元前 2 世纪时，有位中国诗人以殷切的语气，列出庆祝收成和安抚亡魂的菜品：*

> 胹鳖炮羔，有柘浆些。鹄酸臇凫，煎鸿鸧些。露鸡臛蠵，厉而不爽些。粔籹蜜饵，有怅餭些。瑶浆蜜勺，实羽觞些。挫糟冻饮，酎清凉些。华酌既陈，有琼浆些。[30]

诗人认为，由于供奉亡魂的食物必须无污无瑕，这表示须以繁复的方法精心准备食物，使得食物不受污染，或许还会变得更加纯净。在公元 2 世纪和 3 世纪之交，居住于瑙克拉提斯的希腊作家阿特纳奥斯（Athenaeus of Naucratis）写下他能想象到的最奢华的飨宴，

* 摘自屈原《楚辞 · 招魂》。——译者注

其中融合了逐渐兴起的高级饮食的一切元素：量多丰富，菜品独特，服务殷勤，菜肴多样又具创意。他设想会厅里，餐桌擦拭得一尘不染，灯火高挂，映得“喜庆的冠冕熠熠生辉”，灯下，“填满佐料的康吉鳗”被端上桌，

> 长条的形状，顶层雪白，整道菜闪亮夺目，以“取悦天神”。菜一道道地上，接下来有盐渍鳐鱼、鲨鱼、刺魟，还有乌贼以及染了乌贼墨汁、有柔软触须的水螅；紧接着上了一大条鱼，“足足有桌面那么大，呼呼地冒着螺旋状的蒸气”；然后是外裹面包粉的乌贼和烤对虾。“盛宴的中心”是一道甜菜，这时上了“俨如长着鲜花”的蛋糕、加了香料的碎果干蜜饯，还有千层酥饼。紧接着，金枪鱼上桌，“一片片都是从最多肉的鱼腹部位切下来的”。

在阿特纳奥斯的笔下，亲临其境的诗人形容说，上菜的速度快到“我差一点就错过热牛肚”。还有猪肠、排骨和臀肉配热面团，食材通通源于自家饲养的猪；接着上来整个小山羊头，这小山羊是用牛奶饲养的；还有更多的猪肉佳肴，比如煮猪蹄、像皮那么白的肋排、猪鼻、头肉以及加了非洲奇珍松香草的里脊肉；接着是烤羔羊，和“嫩得不能再嫩”“有如神宠”的羔羊和小山羊的半熟内脏。再来是炖野兔肉、小公鸡、鹌鹑、斑鸠，最后上了甜点，里头有金黄蜂蜜、浓稠奶油和乳酪。[31]

在一些文化当中，食不厌精和食不厌多这两套标准在贵族显要之间相持不下。有些精英分子（有时是高消费精英阶级中彼此竞争

的各派人士）设法以细致之美挑战量大即是美的信念。他们另有主张，谴责没有节制的饮食是野蛮行径，赞扬简单朴实才是高尚行为。孔子的饮食主张就代表君子之道。孔子曾表示："食不厌精，脍不厌细。"这并不违背简朴的原则；在这些方面将就行事反而是野蛮行径。不过，"肉虽多，不使胜食气。唯酒无量，不及乱……不撤姜食，不多食"。[32]孟子谴责富人无视穷人的匮乏，放纵无度；他表示"养心莫善于寡欲"。食量小是佛性的体现。穆斯林认为，人们可以吃大地上所有合法而佳美的食物，但是在阿拉伯宫廷烹饪中，简朴的沙漠菜式与奢华的城市佳肴两相对抗，形成极具创意的张力。[33]婆罗门对食物漠不关心，就如同戈德博尔（Godbole）教授在一篇讲印度的文章中所言，他们"仿佛是意外地"遇到了食物。毕达哥拉斯乐于禁食；节制是斯多葛学派的美德，希腊的斯多葛派哲学家爱比克泰德（Epictetus）认为，吃和交媾一样，皆"应偶尔为之"。在耶稣的圈子里，五饼二鱼就是丰富的飨宴。虽然上述先圣先贤似乎并未对上流社会的饮食习惯造成立竿见影的影响，然而凡是受其影响的社会，禁食似乎逐渐成为精致的代名词。

影响所及，部分地助长了上流社会饮食的另一项典型悖论，即奢侈的权利只有在被主动放弃之时，才象征着真正的贵族。真正的领袖与人民同甘共苦。传闻中恺撒是节俭的典范，他的后继者吃得都比他多，这就显示了他们比不上他。他"爱吃平民百姓的食物"，比如粗面包、手压的奶酪、次等的无花果。他往往在马背上匆匆进食，而不愿花时间好好吃一顿饭。他号称"比安息日的犹太人更严格守斋"，据称他餐后不喝酒，改食黄瓜和酸苹果以助消化。成吉思汗从不被他征服之地的文化所诱惑，从不因而偏离"北方的严苛生活”。领导苏格兰人抗英的“美王子”查理（Bonnie Prince Charlie）深受爱戴，因为“他可以在4分钟内打胜仗，在5分钟内吃完晚餐”。据说拿破仑爱吃薯条和洋葱，他是真正喜欢呢，还是假称喜欢，借以凸显他乃平民君主，这就不得而知了。

有三种方法可以调和节俭和过度这两个概念。第一种就是精挑细选奇珍异食；食物本身就够引人注目，故量虽少却足以彰显贵气。第二种是精心调制数量不多的食物。这两种方法助长了现在所谓的“精食主义”（foodism）——用尤维纳利斯（Juvenal）的话说，就是“一眼便可辨明海胆”的美食鉴赏功夫，[34]这使得饮食变得深奥了。最后一种方法是制定各种奇特的礼仪，只有精挑细选、受过训练的人才懂得，这使得食者不必注意该吃哪些奇特的食物、端上桌的分量有多少或者该用什么特别的手法调制。要紧的是，该怎么用餐。

古罗马皇帝赫利奥加巴卢斯（Heliogabalus）因采用第一种方法而恶名昭彰。他是放纵无度的化身。他放纵并非由于贪吃（虽然他经常被这样指责），也不是因为他明显地热爱奢华。他真正追求的是猎奇，迷恋前所未见的奇特事物。他想要活在奇异即常态的世界，他所嗜好的是烹饪的超现实主义。他把挥霍变成艺术。他用鹅肝喂狗，请客人吃镶了金边的豌豆、嵌着玛瑙的扁豆、拌了琥珀的豆子和用珍珠点缀的鱼。[35]据说他创制了一道用600只鸵鸟的头做的菜。用餐时，他重视排场装饰甚过味道，重戏剧手法甚过烹饪技术。他吩咐手下把鱼摆在蓝色的酱汁中，以模仿海洋。在古罗马皇帝中，他唯一的对手是维特里乌斯（Vitellius），后者设计了“智能之盾”，上面拼满了海鲈肝、八目鳗、鱼白，还有野鸡、孔雀脑和火烈鸟舌。[36]当然，对于这些餐宴的描述，我们应持半信半疑的态度。巴洛克式宴席可能会令罗马人作呕，因此有关上述场面的描写，通常来自清心寡欲的批评家，他们的本意当然就是要让读者感到反胃。[37]

端上反季菜肴也有令人刮目相看的效果，这也是高阶人士饮食的特色，因其违反自然而带有英雄气概。17 世纪一位大厨假惺惺地写道："若我有时在 1 月或 2 月……订购一些起先看来不合季节的东西，比如芦笋、朝鲜蓟和豌豆，请别惊异。"为费拉拉的贡萨加（Gonzaga of Ferrara）担任家厨的巴尔托洛梅奥·斯特凡尼（Bartolomeo Stefani）写了一本语不惊人誓不休的食谱，故意要吓吓购买这本书的资产阶级人士，他所列的菜品只有"荷包满满、家有良驹"的人才享受得起，对此他颇为自豪。某年 11 月，在招待瑞典克里斯蒂娜女王的宴会上，他上的头一道菜是白酒草莓。[38]这道菜令人惊喜，又带有某种"潇洒而优雅"的气质。在文艺复兴礼敬节制的风气尚未传入厨房以前，厨师可以理直气壮推出令人惊喜的炫目菜式。1581 年在曼图亚公爵的婚宴上，有做成镀金狮子模样的鹿肉饼、弄成黑鹰傲然挺立模样的馅饼、"看来栩栩如生"的野鸡肉饼。孔雀用孔雀毛来装饰，点缀着缎带，"并使其直立，像活生生的一样，点燃鸟嘴中的填充香料，香气四溢，鸟腿之间还放了情诗笺"。还有大力士赫拉克勒斯以及独角兽的雕塑，是用杏仁蛋白糖塑成的。

不过，即便是此等场面，比起 100 多年前的一场西方有史以来最豪奢的宴会，也是小巫见大巫。1454 年 2 月 17 日在里尔，勃艮第的"善良者"腓力（Philip the Good）在宴会上发表"野鸡誓言"，强迫在座宾客立下十字军誓约，颇像是现代的募款者在慈善宴会中被强索捐款。据一位宾客叙述：“桌上搭了小礼拜堂，内有唱诗班，有个大馅饼，上面站满了长笛手，还有座角楼，自内传出风琴声和其他乐声。”喇叭手骑在人扮的马和大象上，替公爵上菜。“接着有个少年骑着匹白色公鹿登场，少年歌声悠扬动听，随着鹿的脚步，少年歌声益发高昂，然后来了头大象……扛着一座城堡，里面端坐着神圣的基督徒代表，他代表所有遭受土耳其人迫害的基督徒申冤，令人动容。”[39] 宴会作为表演的传统仍在延续。金融家詹姆斯·布坎南（James Buchanan）和“钻石大王”布雷迪（他以能在晚餐前吃上四打牡蛎而闻名）都是传奇的“马背宴会”的座上宾，该宴会在路易斯·谢里（Louis Sherry）的纽约餐厅中举行，骑手和他们的马在那里甚至能坐电梯到三楼的舞厅。

对奇异食物、餐桌奇观和桌边余兴表演的喜好，并不只是粗俗的品位。中世纪的“黑鸫”馅饼、现代会蹦出跳舞女郎的告别单身派对蛋糕、“惊奇鸡”（pollo sorpresa）、“惊奇炸弹”（bombe surprise），人们对凡此种种惊奇食物的爱好，都是把烹饪当成戏剧表演的例证。其中当然也有知性的一面。惊奇有如谜题，引人苦思，经过伪装的食物则是知识分子游戏的素材。在教育乃精英特权的社会，这使得惊奇食物成为上流阶级的饮食。古时的京都便有种习俗，宴席上的来宾常常竞相猜测他们吃下去的是什么东西，[40] 就像今天在餐桌上猜测葡萄酒的名称和年份一样。多萝西·L. 塞耶斯把后者作为神秘故事的关键。她笔下的彼得·温姆西勋爵（Lord Peter Wimsey）在与他的冒名顶替者的竞争中，凭借其准确无误的嗅觉、味觉和品酒知识证明了他的身份。

不过，在既不过量却又能凸显与众不同这一方面，戏剧化食物仍有不尽完善之处：这类食物太炫目了，因此永远无法显得朴实。说不定有个更好的方法就是，不求量多而强调烹饪技术，设法创制烹调耗时的菜肴，以显现贵族阶级的闲逸。这也是用食物来区分社会等级的方法之一，就像其他所有的方法，支持这种方法的人辩称它是文明传统的一个阶段。若古（Jaucourt）在启蒙运动圣经《百科全书》（*Encyclopédie*）有关烹调的词条中说："厨艺几乎就仅由菜肴的调味所组成，所有文明国家皆是如此……大多数调味料有害健康……但大体而论，必须承认只有野蛮人才会满足于纯粹的天然食物，就这么吃，不加调味料。"[41]

除了调味料，最极致也最能显现精心料理功夫的就是酱汁，这也是一种伪装虚饰的方法。在现代烹调中，酱汁一般用来加强味道或提味；但它仍是面具，遮盖了它所烘托的食物的味道。"原味派烹饪"（plain-cooking school）嘲弄使用酱汁是遮掩低劣食材的办法。实际上，酱汁极可能是用来烘托最上等的食物，因其正是宫廷烹饪的特色。熬酱汁需有大量材料并提炼浓缩，因此费钱又费事。酱汁往往有印象主义式的魔力，它产生的化学反应能使得食材出现令人意外的转变，比如蛋黄酱和蒜泥蛋黄酱，原不过是加了橄榄油以后乳化的蛋黄或大蒜；还有咖喱，它使水牛脂尝起来不油腻；泰国鱼露则将腐鱼化为不可或缺的调味料。调制酱汁属于专业技术领域，尤其是比较复杂的酱汁。因为要想制成好的酱汁，必须要有丰富的实践经验和见多识广的判断力。酱汁的做法繁复难记，从而激发了烹饪的学术传统；酱汁的食谱必须用笔记下，遂成为能读写之人的特权。世上最古老的食谱据说就是酱汁的做法，那是公元前 2 千纪晚期中国周朝的一个腌汁食谱：把生鲤片浸泡在萝卜、姜、葱、紫苏、花椒和两耳草混合的腌料中。[42]

区分社会阶级的烹饪导致高阶烹调职业、一连串技术和厨房实务规范的兴起。罗马史学家李维说，精心炮制的宴席大兴的那一刻，正是罗马帝国衰败的开始。“就是在那一刻，以前是最低等奴隶的厨师首度获得了尊敬；烹饪也从苦役变为人们心目中的艺术。”[43]根据希腊喜剧诗人亚历克西斯（Alexis）留下的断简残篇，厨师变成了艺术家或“表演者”。[44]虽然少有古代食谱流传至今，但这些食谱可能记录的那个世界，仍可从讽刺文学中窥得一斑，比如希腊作家安提法奈斯（Antiphanes）听到或想象的一段厨师对话：

> 千万记住，扁鲹要像以前一样用盐水煨煮。
> 那鲈鱼呢？
> 整条烘烤。
> 角鲨呢？
> 用奶酪汁煮。
> 这条鳗鱼呢？
> 加盐、牛至和水。*
> 康吉鳗呢？
> 一样。
> 鳐鱼呢？
> 配绿色蔬菜。
> 还有一片金枪鱼。

---

* 牛至（Oregano vulgare），别名“俄勒冈香草”“比萨草”。——编者注

烘烤。

小山羊肉呢？

烤。

其他的呢？

小火慢烤。

脾呢？

往里面塞满馅。

肠子呢？

这你可把我问倒了。[45]

罗马名厨阿比修斯（Apicius）备受敬重，有不少的食谱集都引用他的名号，这就像是现代的“埃科菲”（Escoffier）或“范妮·法默”（Fanny Farmer）。阿比修斯将大部分精力都投入酱汁的研制。根据流传至今的最早期文献，在冠以他名号的470则食谱中，有200则是酱汁的做法。赫利奥加巴卢斯皇帝要是不爱吃某种酱汁，他会下令厨师在调出好吃的酱汁之前，只能吃该种酱汁。中世纪时，在西班牙穆斯林统治者的奢华宫廷中，食谱研究是严肃的科学。学者在研究园艺学、农艺学和灌溉技术的同时，研发了芳香的醋、能替菜肴增色的配饰和改进肥鹅肝的方法。[46] 在凡是知道酱汁的地方，对酱汁的崇拜一直是精英仪式，充斥着贵族礼仪。据布里亚-萨瓦兰所述，苏比斯亲王吃了一只火腿，而佐餐的酱汁是用49只火腿熬成的浓汁制成的。他的膳务总管递上50只火腿的账单。

“贝特朗，你疯了不成？”

“殿下，我没有疯。只有一只会出现在餐桌上，但我需要其他的来制作我的棕酱、我的高汤、我的配菜、我的……”

“贝特朗，你简直是个贼，我才不会批准这单子。”

“可是，殿下，”这位艺术家强忍着怒气说，“您不明白我们的原料！您只消说句话，我就会把您反对的那50只火腿，放进一个不比我拇指大的小瓶子里。”[47]

苏比斯本人因苏比斯酱——就是加了洋葱的贝夏美酱——而永留青史。这种酱汁的做法足以凸显诸派酱汁大师牢不可破的一个观念，那就是，只要以荷兰酱、白酱、贝夏美酱和西班牙酱等几种基本酱汁为底料，添加其他材料，便可制出不同的酱汁。首先提出上述理论的，是受过糕点烘焙训练、才华横溢的法国名厨安托万·卡莱姆（Antoine Carême），这位天才大厨的主顾尽是手笔阔绰的达官显要。他曾先后为法国政治家塔列朗、俄国沙皇亚历山大一世、英国摄政亲王与罗思柴尔德男爵当主厨。这个理论其实有误导视听之嫌，因为最美味的酱汁多半是菜品本身渗出的汁液浓缩收干而成。

就某种意义而言，酱汁的一部分功能是要使食物变得不像食物的样子：用美感来取代营养价值，用艺术来掩饰或去除食物的天然状态。就像发明用火烹饪一样，人类又想采取行动将自己从自然中区分出来，以示抛弃野蛮，于是人类在文明化的过程中又向前迈进一步。礼节亦然，礼节是姿态的酱汁。餐桌礼节是我们与厨师共谋的行动，目的是要教化我们，显示我们弃绝了内在的野性。煞费苦心的料理技术是大多数宫廷菜的特色，就在我们一步步走向顶级饮食的同时，礼仪也越来越繁复。既然烹饪把用餐转化成有助社交的活动，食物也就逐渐被礼节仪式所包围。礼仪永远在演化发展，因为礼节的一部分目的就是要排除圈外人，要是有人闯入，打破了礼俗，就得重新制订规范。不同的文化有不同的礼俗，现代有不少幽默文学的灵感，就来自用餐者因文化差异而陷入的窘态。比如，粗心大意的东方人会小心地忍住不去擤鼻子，却会旁若无人地在桌上打嗝；西方客人在阿拉伯宴会上拒绝主人特意为贵客准备的菜品；在日本，没喝完汤就吃腌菜，简直是无知。马德里社交圈流传着一则逸事，据说有一次在中国大使馆的晚宴上，保加利亚的西美昂国王添了三次饭，但按照中国传统礼节，客人应先对米饭之前上的精美菜肴大表满足，好让主人高兴。美食记者施泰因加滕在日本时，过了很久才掀开汤碗的盖子，结果盖子粘住了。他不得不放弃表现优雅的礼仪——将盖子放在桌上，把碗从一手传递到另一手，以示赞叹欣赏。相反，他只得使劲地揭开盖子，溅出汤来，破坏了桌上的艺术效果，也让自己重新扮演起愚蠢的野蛮人这个活该挨打的角色。[48]

严重的礼仪藩篱，亦即那些被强制执行的礼仪，不仅存在于阶级间，也存在于文化间。1106 年，托莱多有位改信基督教的前犹太教士，名为彼得·阿方西（Petrus Alfonsi），他写了《神职者守则》（*Disciplina Clericalis*），列举了一系列餐桌礼仪，直到今天仍可给有意提升社会地位的用餐者一些指导。不过，据他表示，他之所以制定这些礼仪，并不是为了对他人表示礼貌，也不是为了配合一般习俗惯例或出自对上帝的义务，而是因为它们符合自我的实际利益。他一开头就说，用餐时不论在座何人，都应表现得像跟国王在一起时那样。饭前洗手。其他菜未上桌前，勿急着吃面包，“以免别人认为你太急躁”。勿吃得太大口，不要让食物从嘴角滴下，否则别人会觉得你太贪吃。充分咀嚼每一口食物，这样便不会噎着。同理，嘴里有食物时勿讲话。勿空腹喝酒，以免被人讥为好酒贪杯。不要从邻座的盘里拿取食物，以免惹人生气。多吃一点，如果主人是朋友，这会令对方高兴，若是敌人，这可火上加油，令他更憎恨你几分。[49] 在那之后两三百年内的西方世界，餐桌礼仪区分社会阶级的功用，变得比食物乃至烹饪技术更重要。中世纪作家克雷蒂安·德·特鲁亚（Chrétien de Troyes）作品的德文译者哈特曼·冯·奥厄（Hartmann von Aue）说："我宁可省略他们吃什么的部分，因为他们比较注意高贵的举止，并不重视吃。"我们有位重要的食物历史学家略显夸张地说："良好的礼节和行礼如仪的宴会，源自优雅。"[50] 凡是要求正确礼仪的场合，食物就变得无关紧要，至少在讽刺文学创作中确实如此。英国作家卡罗尔在他的讽刺小说中，让爱丽丝切了一片肉给红皇后。皇后满脸惊愕之色，拒绝了。"从刚刚才被引见给你的人身上切下一块肉，不合礼仪。"布丁被送上了桌。"布丁，这是爱丽丝。爱丽丝，这是布丁。"皇后突然又说，"把布丁撤走。"*

宫廷菜的资产阶级化

礼仪之所以重要，有个原因是，专属于神职人员或少数人的饮膳之道不可能被永久独占。"秘密"食谱有传奇色彩，但通常会被泄露。最精致脱俗的酱汁也会点点滴滴从君王的餐桌流出，成为资

---

* 此段情节可参见卡罗尔的名著《爱丽丝镜中奇遇记》。——译者注

产阶级美食。就像其他形式的技术，烹饪很容易就会被仿制、散播。

事实上，西方的宫廷饮食风格一直在仿效其他文化。在古代，罗马诗人贺拉斯谴责上流阶级的饮膳之道为“波斯式”，希腊谚语也称之为“西西里式”。当吉本所谓的“野蛮和宗教的胜利”打断了西方文明的延续时，人们对古希腊和古罗马烹饪的记忆就逐渐模糊，西方宫廷转而向伊斯兰世界寻求烹饪灵感。这件事乍看之下很奇怪，因为基督教文明和伊斯兰文明是对立的，形式上处于交战状态，彼此有不共戴天之仇。号召加入十字军的宣传把穆斯林描绘成魔鬼；在伊斯兰国度，基督徒是邪恶的化身。可是在高阶文化上，伊斯兰世界却获得赞许和仿效。10 世纪时，后来成为教皇的神圣罗马帝国帝师欧里亚克的热尔贝（Gerbert of Aurillac）想学数学，于是前往穆斯林统治的西班牙。后来陆续有人循着同一条路，去学习魔法、寻求最新的医术和收集古代典籍。自从罗马帝国衰亡后，多亏了在叙利亚和阿拉伯从事研究的学者，大批不为西方所知的文献被保存在穆斯林统治领土的图书馆中。这些文献包括亚里士多德和托勒密的基础文稿，以及其他或可归类于农业和实用园艺等“食品科学”的文献。

毫无疑问，在有关食物的科学写作上，伊斯兰世界表现得较优秀。因为烹饪也是一种炼金术，可把基本材料化作奢侈品。当时的医学在很大的意义上是饮食科学，虽然并没有什么预防药，但是当时的人已知道营养对健康有益；医药和良好食物之间的区别并不明显，人们勤于观察，记录食物的医疗特性，并反映在实际的厨务中。科学、魔法和烹饪互相融合，彼此之间并无明确的界限。12 世纪有关魔法的著作《圣贤道》（*Picatrix*）把味道和行星联系在一起（其他感官知觉也被如此联结）：胡椒和姜属于火星，樟脑和玫瑰属于月亮，恶味吸引土星，苦味招来木星，甜味则属于金星。穆斯林宫廷那种令人羡慕的奢华艳丽景象，使得前述因科学而贵的现象更加巩固，基督教厨师于是纷纷仿效起他们的穆斯林同行。13 世纪时在西西里，弗里德里希二世因为宠信穆斯林学者和享乐之辈，而受到基督教护教者的非难。他是狂热的业余科学家，曾把囚犯活活饿死，以观察这些人的生理反应。他把科学和放纵享乐结合在一起，热爱“摩尔式”艺术和风俗，喜欢穿着飘逸的袍子，懒洋洋地躺在厚厚的地毯上。14 世纪，卡斯提尔王国的“残酷者”佩德罗（Pedro the Cruel）模仿苏丹的派头，他在托尔德西里亚斯和塞维利亚的宫殿也尽是摩尔风格的装饰。这些王室的伊斯兰迷虽是极端的例子，但并非完全不能代表中世纪全盛时期基督教国度的精英观点。当时的精英热衷吸收穆斯林智慧，跟从穆斯林品位。

13 世纪时，西方大规模出现食谱书，穆斯林宫廷的烹饪艺术成为这些书的素材。西方吸收的影响可分为三方面：餐桌审美、对若干传统奇珍食物的强调、偏好浓且甜的口味。穆斯林宫廷食物的审美观与西方神圣艺术的审美观相似，偏好黄金和珠宝器具，顶尖厨师的目标就是要呼应这种审美观。根据 10 世纪一篇标题为《巴格达厨师》（*The Baghdad Cook*）的文献，厨师用番红花做出金箔的效果，把糖做成钻石形状，肉则依色泽深浅分别切片，交错排列，“好像金银币”。他们把菜做成红玛瑙和珍珠的模样。基督教国家的神圣场所和祭坛点着浓浓的熏香，伊斯兰的王室宴会厅和餐桌上则飘着浓浓的香精味。他们最珍爱甜味和芳香的材料，杏仁乳、杏仁碎、玫瑰露、糖和所有的东方香料成为主要的食材。伊斯兰世界因地利之便，比基督教国家更容易取得这些材料。

根据巴格达医师阿卜杜勒·拉蒂夫·巴格达迪（Abd al-Latif al-Baghdadi）的描述，13 世纪初，烹调鸡肉、兔肉、猪肉、鸽肉和所有甜味的埃及炖煮菜品时，都会加杏仁。他建议禽肉应加上马齿苋子、罂粟子或蔷薇果，下面垫压碎的榛果或开心果，用玫瑰露煮至凝结。珍贵的香料要在最后一刻加入提味，因其久煮之后会削弱风味。典型的宴客菜应有三只烤羊羔，羊腹中塞入用麻油煎炒过的肉块，佐以碎开心果、胡椒、姜、丁香、乳香、香菜、小豆蔻等香料，羊身淋上掺了麝香的玫瑰露；盛放烤羊的大盘子上的空位应用 50 只家禽、50 只小鸟填满，鸟禽肚子里填充蛋或肉，并加入葡萄汁或柠檬汁一起煎过。接着这一大盘菜用酥皮整个包住，淋上不少的玫瑰露，烘烤至呈“玫瑰红”。[51] 西方贵族的餐桌保留了古代传下的若干美味，当然还保有不少地方传统，但是具有吸引力的穆斯林饮食也构成明显的影响。比如，英王理查二世的一份菜单中，有加了大葱、洋葱、猪血、醋、胡椒和丁香一起烹调的高汤煮猪内脏，这道菜可以端上古罗马的餐桌。不过其他的菜式则适合给苏丹享用，有加了肉桂、丁香的杏仁糊煮小鸟，还有用杏仁乳煮软的玫瑰香米饭，饭里拌了腌鸡肉、肉桂、丁香、肉豆蔻，并掺了檀香。[52] 中世纪晚期西方烹饪书中的名菜往往显露出穆斯林的影响，菜式中有明显的穆斯林特色，或是采用了显然源自阿拉伯的材料，比如石榴子、葡萄干糊或因加了杏仁而变甜的漆树果。

文艺复兴运动改变了艺术，也改变了宫廷烹饪。在厨房里，复古与向古希腊、古罗马汲取灵感的风气，使得厨师必须弃绝阿拉伯的影响。文艺复兴时期的厨师设法恢复古代习俗的同时，扬弃烹饪艺术家旧有的调色盘，金碧辉煌的色调、芳香的气味和偏甜的口味通通不再。据专精这段历史的杰出史学家 T. 萨拉 · 彼得森（T. Sarah Peterson）表示，此举造成了大“震撼”，西方食物界从此余波荡漾。食物历史学家以前一般认为，源自古罗马的“咸酸”口味从此支配西方烹饪界。当然此说如今看来过于夸张。古罗马食物以咸著称，是由于罗马食谱中无所不在的鱼露，叫作 garum 或 liquamen，是以绯鲤、丁香鱼、鳀鱼、鲭鱼混合其他大鱼的内脏，加盐腌渍，放在太阳下曝晒，而后浓缩、过滤并储存而成。不过，最上等的鱼露并不会太咸，比如，它可以用来让过咸的海胆变得不那么咸。鱼露若因陈年而变得太咸，厨师应该加点蜂蜜或葡萄汁来缓和。[53] 文艺复兴时代的新食谱大多并不特别咸，但是显然与中世纪的甜腻口味迥然不同。[54] 我猜想这和罗马的启发并没有多大关系，而和另一件事情有关（这一点将在下一章中讨论），那就是在这个时期，原本是外来奢侈品的糖已成为大量供应的日常产品。食物的真正复古时代是在 18 世纪，在一本流浪汉冒险小说中，主人公重现古罗马盛宴场面以娱乐嘉宾，结果过于逼真，害得客人作呕。同一世纪稍晚，巴泰勒米神父（Abbé Barthélémy）在其著作《少年阿纳卡西斯的希腊之旅》（*Voyage du Jeune Anacharsis en Grèce*）的一章中精心描述了雅典餐食；法国名厨卡莱姆奉拿破仑之命，主办罗马式宴会；园艺家帕尔芒捷则有“马铃薯的荷马、弗吉尔和西塞罗”之美称。[55]

与此同时，文艺复兴当然也造成其他的影响，其中有一个影响所及的范围即便不是最广，也是最有利的，那就是乳制品和蔬菜脱颖而出，以及重新发现菌类可食用。菌类原本并非到处受欢迎，亨利二世的御医毕耶朗（Buyerin）称之为“痰一样的分泌物”，并提醒读者，古代曾有整场宴会的宾客被蘑菇毒死，尼禄之母阿格丽品娜就是用毒菇谋害亲夫。不过，他承认菌类的确能安抚“食道之怒”。[56]其他带有一定黏性的蔬菜也开始受到认可。文艺复兴时代，人们受到普林尼嘲笑有人“竟然种蓟”的启发，重新发现芦笋和朝鲜蓟的价值，美第奇家族的喀德琳还因为吃了太多这两种蔬菜而生病。[57]不过，这种新烹饪最重要的影响在于摒弃“摩尔人”食物的异国风情，重新应用较熟悉的西方食材，这使得西方社会的中产阶级比以往更容易享用到王公贵族的菜式，高级饮食的资产阶级化由此展开。17 世纪是关键时代，使得贵族食谱比以往更广泛地流传，以法国为中心向外扩散。

法王亨利四世将施政目标定为让国内每户农家“锅中皆有鸡”，因而声名远播。据说他喜好简单朴实的滋味，爱吃大蒜和厚重滋养的食物，但他也承认豪华的宴会有助外交，是施政的润滑剂。根据御医的记载，继承王位的路易十三则是从小就食不厌多，菜品种类多得令人眼花缭乱。他食用禽类内脏和芦笋的数量惊人；他的餐桌上也有各类肉和蔬菜，还有 22 种鱼，不计其数的贝类，以及 28 种水果。然而他成年之后因健康状况不佳，对大吃大喝失去兴趣。所以，接下来就等路易十四把启蒙的暴食带进法国宫廷；据他的一位朝臣观察，他有“极顺从的消化力，只要有需要，随时都能让他恢复力量”。他的弟媳常看到他“喝下四碗不同的汤，吃下一整只野鸡、一只鹧鸪、一大盘沙拉、羊肉片蘸大蒜汁、两大块火腿，以及一整盘的糕点、水果和蜜饯”。他通常私下用餐，偶尔也会当众表演，对殿前的 300 位王室成员以及被挡于宫外的无数百姓显露王威。[58]

奇异的是，在宫廷菜扩散到全社会的过程中，它一开始只是人们憧憬、渴望的标准，后来却以惊人的速度成为每个资产阶级家庭勉力达成的规范。路易十四的厨房不守秘密，秘密都被烹饪书散布出去，其中最早的一本是1651年的《大厨弗朗索瓦》（*Le Cuisinier françois*），作者为贵族之家的厨师弗朗索瓦·皮埃尔·拉瓦雷纳（Fransçois Pierre La Varenne）。1691年，路易十四的厨师弗朗索瓦·马西亚洛（Fransçois Massialot）出版了《王室与资产阶级大厨》（*Cuisinier royal et bourgeois*），书名即总结了高级烹饪的社会扩散过程。当时这类书籍共印刷发行了10万册。[59]

跨越阶级的转移

《罗马人事迹》（*Gesta Romanorum*）是一本收录趣闻逸事的选集，旨在为布道者提供旁征博引的材料。书中有个故事说，恺撒大帝吩咐手下准备野猪的心给他吃，“因为这皇帝爱吃这畜生的心，甚于这畜生的肉”。可是厨师在料理时，看到野猪心如此肥美可口，就自己吃光了，然后对仆人说：“告诉皇帝这猪没有心。”[60]谁也不晓得中世纪那些布道者会从中吸取什么教训，但对于我们来说，信息很清楚：精英阶级很难独占上等食物。下层社会若想声称某些菜肴专属于他们而不引发精英的嫉妒，差不多也是同样困难。积极分子的挪用降低了高级饮食的格调。下层阶级崇尚的浪漫心态和民粹主义的惺惺作态，使得食谱向上层社会延伸。金发女孩永远会跨越阶级界限，偷吃别人的粥。*

---

* 作者在这里用的典故是童话《金发女孩和三只熊》，叙述任性的小女孩跑到三只熊的家捣蛋，还偷吃熊的粥。——译者注

特定的菜品、奇特的食材、某些烹饪技术和整套的菜单，当然都有各自的阶级特性。有时这些特性根植于阶级制度中典型的饮食限制，比方印度各种姓的食物依污染程度划分等级，还有在东非库施特（Cushitic）语族群体中，自尊自重的人仍拒绝吃鱼。更普遍的情况是，阶级分化始于基本经济状态。人吃自己能负担的最好食物，于是富人爱吃的食物成为社会大众憧憬、虚慕或效颦的某种标准。这就好像西班牙小说《小癞子》（*Lazarillo de Tormes*）中的穷骑士，他嘴里叼着一根牙签四处游荡，好表示自己刚吃了肉。有些食物成为贫穷但光荣的标志，比如隐士或学者的食物。在古希腊与古罗马，锦葵、金盏菊和带着咖喱香的葫芦巴都是穷人的食物。罗马诗人卢坎（Lucan）在《论到访大人物家的工薪阶级》（*On Salaried Posts in Great Mens Houses*）中说，如果你在富裕人家做客，最后一个才被招呼吃饭，那么除了锦葵，其他什么也不剩。古希腊医师盖伦说过“亚历山德里亚一位年轻医学生”的一则逸事：整整有 4 年时间，他仅用羽扇豆佐餐（生的羽扇豆是有毒的），“当然，豆子拌了鱼露”或油、醋。“那些年间，他很健康，到末了时，体能状态并不比开始的时候差。”[61]

更普遍的是，穷人的食物往往是富人强加的。在错综复杂的阶级分化菜单中，人们很容易就会遗忘一个可怕的事实，那就是有史以来，“因阶级而产生的营养不均现象其实是生死攸关的问题”。[62] 阿拉贡王国的彼得三世（Peter III of Aragon）因推行“社会措施”而闻名，他有一项措施是把酸葡萄酒、陈面包、腐烂的水果和发酸的奶酪施舍给穷人。[63] 有首古老的罗马尼亚语乡村歌谣唱道：“老爷得谷，农民得草。”[64] 16 世纪晚期一位名叫巴尔达萨雷·皮萨内利（Baldassare Pisanelli）的医师郑重向读者宣告："大葱是最糟的食物，它最低劣也最讨人厌……是给乡下人吃的。"乡下人为了自己好，应该避免吃上等人的食物。"野鸡唯一的坏处是，乡下人吃了会犯哮喘。他们应禁食野鸡，留给高贵优雅的人吃。"[65] 宫廷菜往往有些特色食材是外人不准食用的，比如英格兰的天鹅和埃塞俄比亚的蜂蜜酒。[66] 然而，在几乎所有的已知事例中，能够区别社会阶级的不仅是吃什么东西，食物如何烹饪也逐渐成为区分的标准。16 世纪中叶，托斯卡纳的"品位鉴赏权威"克里斯托福罗·迪·梅西斯布戈（Cristoforo di Messisbugo）把适合"王公贵族"的食谱和"一般用途"的食谱区分开来。虽然这些食谱用的材料基本上是相同的，可是在特殊的场合，王公贵族食谱的香料用量会增多。在 19 世纪逐渐工业化的巴黎，穷人被建议购买一种油脂，里头混有资产阶级餐桌用剩的黄油、烤肉时滴落的油汁、猪油和家禽脂肪。除此以外似乎也没什么可剩的了。菲尔贝·杜蒙特利（Fulbert Dumontelli）在 1906 年出版的《法国美食》（*La France gourmande*）中，建议用剩肉碎屑来做炸肉丸——"这会使满屋飘香"——然后用香槟酒煮过的松露片当盘边配菜。[67]

在某些特殊情况下，社会各阶层的种种饮食限制可能会万古不变，无法发生任何接触或交流。一位地方烹饪史权威说，在意大利的艾米利亚，

> 美食旅游业所盛赞的"油润"菜品，并不符合当地真正的饮食风格，而只是陈词滥调，是故弄玄虚的套路，是美食迷思，是一种惯用伎俩，是仅仅和真相大概有关的刻板印象。"古

老的”艾米利亚饮食是相当不同的：有很强烈的乡村印记，简单而粗糙，根植于蛮族传统。

农民一日三餐所吃的食物，在20世纪初和在教皇大格列高利（Gregory the Great）统治罗马的时期*差不多。伦巴德时代†的一般人家，冬季时典型的一餐包括一条面包、一锅蔬菜汤，以及用豆子和小米制成的厚佛卡夏面包，涂上动物脂肪或油。随餐还会喝掉大量的酒，一杯又一杯，像喝汤一样。现代的冬季菜单不会有什么改变，蔬菜汤里除了豆子外，还会加意大利面，煮汤时加点猪油或洋葱添香，玉米糕上会加上鲱鱼、培根，并撒上一层栗子粉。“许多人以为和博洛尼亚有关的精致菜肴……从来就不是这个城市大多数人口吃的食物。比如说贝夏美酱吧，它常被说成是‘精致’‘细腻’‘和谐’的典型菜品，次数之多已到了令人厌烦的地步。博洛尼亚的普通市民却从不熟悉博洛尼亚式的烹饪。”博洛尼亚人可能会在蔬菜汤里加点奶油。“他们饮食的口味一如其人，朴素、俭省、实在又简单，并不怎么精致细腻。”当地人将蔬菜汤（minestra）称为“人的草料”。[68]

当然，这种情形已成过去。不过即使在其盛行之时，它也无法代表食品社会形象变化的典型方式。食物的地位和社会接受度以令人困惑的方式轻易又快速地改变着。有时是因为食物的获取途径发生变化，促成其地位的转变。20世纪的工厂化养殖使鸡肉在西方不再是珍奇食品，牡蛎和鳕鱼反而因为繁殖区域缩小，社会地位获得提升。有时造成改变的，不过只是时尚的流转：名流的背书、新

---

* 590年至604年。——编者注

† 伦巴德人是日耳曼人的一支，568年至774年在意大利统治一个王国。——编者注

奇感、流行标准的变动。即使一些缓慢的变化（或一些过了很久才被我们察觉的变化），规模也令我们意外。古罗马时代有教养者的味蕾热爱带黏性的质感，他们爱吃猪的腺体和下颚肉、富有胶质的猪蹄、经催肥而异常肥大的肝脏、菌类、舌头、头肉、脑、小牛或小羊的胰脏、睾丸、乳房、子宫、骨髓。毋庸置疑，这些食物在当时全属于高级食品，因为它们不但经常出现在流传下来的食谱当中，而且几乎每一样都成为“反奢侈法”的目标。[69] 早在古希腊诗人荷马的时代，肥鹅肝即是美食珍品，这一点从他作品中珀涅罗珀（Penelope）得意的话里可见端倪，她说：“我家里有 20 只鹅，吃的是泡过水的小麦。”[70] 古罗马人若要体会精英阶级的美食经验，非得大吃内脏不可。文艺复兴时代虽重振了古罗马的烹饪风格，但是对内脏的这种偏好并未完全恢复；直到近代，内脏都还是穷人的食物。根据 20 世纪 60 年代的报道，在意大利的艾米利亚和罗马涅，“内脏（又称杂碎肉）的食用量大幅减少，包括牛羊肚、舌、小牛或小羊的胰脏、脊髓。烤羔羊肠和羔羊睾丸煎蛋这两样罗马涅传统的复活节前夕食品，如果吃得到，简直要窃喜”。[71] 不过，主厨们如今倾向恢复传统烹饪，舌头、睾丸、脑、腌野猪肉、牛羊肚和蹄等食物，又都变得时髦起来。肥鹅肝和小牛肝曾经享有特殊地位，是可以端上高雅餐桌的豪华菜品，因为它们价格高昂。其他的内脏食品只要是有钱人不爱吃的，就会很便宜；可是如今这些食品的价格已赶上了其他可食的动物部位。

黑面包和白面包的社会地位彼此调换过来，若有外星球的人类学家看到这一点，肯定会大惑不解。在历史上大多时候，白面包普遍受到珍视，因为它似乎代表着精致；比起它褐色或黑色的亲戚，白面包制作的过程更长，所需劳动更大，耗费更多，且风味更细腻。白面包往往得用上等的谷粒，即较贵的谷物。11世纪时，朗格勒（Langres）主教格列高利（Gregory）吃大麦面包苦修。[72] 根据天主教多明我会修士罗曼斯的安贝尔（Humbert of Romans）的一篇布道词，有一回他问一位来到祭坛前的信徒："你有何所求？"那人答道："能常常吃到白面包！"[73] 在法国，直到上一代，人人都认为吃黑麦面包有失身份地位。[74] 在英国，白面包在工业化生产普及以前，始终是毫无疑问的上等食物。后来，劳工阶级不愿意再吃黑面包了，上流阶级却发现它的好处。粗糙的质感被重新定义为"纤维"，吃黑面包显得自己与众不同。2 000年前，印度王室餐桌上摆的可是最上等的米，是经过精挑细选的精米。[75]

人们通常认为，牡蛎在现代西方社会得到了地位上的提升，但是牡蛎的历史却复杂多了。古代和中世纪时，牡蛎就是高贵精致的美食，普林尼称之为"最精巧细致的海味"。15世纪的英格兰人用加了香料的杏仁乳和葡萄酒来煮牡蛎。在16世纪的意大利，人们把牡蛎包在精心调制的奶油蛋糊里烘烤。17世纪的法国人则把牡蛎填进比目鱼肚里。[76] 只在19世纪的一段短暂时期，牡蛎因盛产而成为无产阶级的食物，张三李四都可以放怀大啖。而当牡蛎的社会地位提升时，鸡肉的地位却下降了。如今很难想象韦恩赫尔·德尔·加尔特内勒（Wernher der Gartenaere）在13世纪写的一个故事里，有个儿子向老实的农夫爸爸发牢骚说："父亲，我们竟吃玉米粥，可我想吃别人说的烤鸡啊。"[77] 如今，我们似乎得采取一些措施才能使鸡肉重获独特的社会地位，比如通过特意推崇少见的品种，坚持非布雷斯鸡不吃，或抬高放养或有机饲养鸡的价格。同样的，人们也曾刻意地调整价格，使意大利面成为区别社会地位的标准。就连我们心目中随处可得的意大利面，也曾是奢侈品。在1600年的罗马，意大利细面条的价钱是面包的三倍；即使在1700年，意大利面的价格还是面包的两倍。17世纪的罗马人假惺惺地中伤面条是那不勒斯人发明的外来玩意儿，但他们之所以不吃面条而吃面包，真正的动机可能是理性的经济考虑，并非爱乡心切。[78] 18世纪的那不勒斯，由于揉面机和压面机的发明带来的技术革新，意大利面才降级成普通食物。[79]

鱼子酱曾一度是普及食品。根据皮埃尔·贝隆（Pierre Bellon）的记述，在十字军征服君士坦丁堡、建立拉丁帝国后不久，鱼子酱在当地是很普通的食物。据说在整个黎凡特地区，“除犹太人外，没有人不吃鱼子酱。犹太人不吃，是因为鲟鱼没有鳞”。[80] 鲑鱼如今越来越便宜、普遍，则可谓重拾旧俗。1787年在英国的格洛斯特，法律规定不得强迫学徒“一星期吃鲑鱼超过两次”。[81] 同时期的法国，马铃薯以缓慢但持续的速度往上层社会攀升，不再只是穷人用来填饱肚子的食物，而成为广受好评的配菜。1749年时，“某些特别讲究的人瞧不起那些将马铃薯端上餐桌的人”，然而到了1789年，“此毒瘤开始潜入富人家里”。[82] 同样的块茎植物在阿根廷的科尔多瓦却呈背道而驰之势，起初是富人喜爱的新奇食物，用来当肉的配菜，也可填上馅料或水煮当前菜食用；后来则普及至社会各阶层。19世纪初，马铃薯与肉同价，到了1913年，马铃薯每千克价格为0.12元，牛肉则为0.55元或0.6元。[83] 食物始终在助长阶级差异，但想要预测助长的方式，用的是哪些菜品和食材，又发生在何时何地，却似乎是不可能的事。

没有宫廷菜的宫廷？

宫廷菜是饮食社会分化的顶点，在世上许多地方，御膳房为上层阶级的烹饪确立了标准。在欧亚和北非大多数地区，有关这一点的证据皆异常明显：在我们所知的每件例子中，特别的烹饪技术和饮食习惯之演变发展，都是宫廷生活的特色。在若干地区，至少在美洲，有文献可以证实类似的普遍事例。

举例来说，在16世纪，西班牙的编年史官贝尔纳尔·迪亚兹（Bernal Díaz）在记述西班牙征服墨西哥的经过时，热切希望读者了解阿兹特克的墨特科苏玛王（King Motecocuma）的伟大。这部分源自征服者的一般心态：借以强化或夸大他们竟能征服如此了不起的帝国，成就有多么不凡。不过，迪亚兹还有个私人的理由。他对自己卑微的出身耿耿于怀，充其量也只能吹嘘自己的父亲是镇议员。迪亚兹在埃尔南·科尔特斯（Hernán Cortés）的下属中只是个小角色；在征服史的早期编年记载中，除了他自己撰写的部分以外，没有其他地方提到他的名字。据他自称，墨特科苏玛称他为绅士，他对此格外感到光荣：能获得如此庄严伟大的君主这般对待，其荣誉堪比受封为骑士。因此他只要一有机会就会描写墨特科苏玛为人多么伟大气派，宫廷又有多么豪华。无论如何，迪亚兹对墨特科苏玛的描绘应该不假，符合有关阿兹特克宫廷生活的其他记载，他们奢侈挥霍的作风会令读到阿兹特克贡品清单的人目眩神迷。

酋长坐在画屏之后用餐，桌上铺着白色的桌布和餐巾，整间大厅灯火通明，无烟木制成的火炬散发着扑鼻的香气。300道菜肴放在火炉上保温，烹调法分30种，材料包括鸡、火鸡、小黄莺、鸽子、家鸭和野鸭、家兔和野兔，以及迪亚兹称之为野鸡、鹧鸪和鹌鹑的野鸟，还有“许多种本地生长的鸟类和其他东西，多得数不清，我无法一一说出名字”。迪亚兹“听说他们以前还会特地准备稚嫩男童的肉”，但是他并未目睹这样的事。等墨特科苏玛洗好手，玉米薄饼和金杯装的苦巧克力就上桌了。席间还端上帝国各地生产的水果，但是酋长表现出适当的节制，每样只各尝一点。[84] 其他酋长宴席上常见的大蛇好像并未出现在墨特科苏玛的菜单上。[85] 当然，墨特科苏玛的餐食并非只为展现挥霍的手笔和财势，那也是君主馈赠和资源再分配系统的一部分。他吃完以后，1 000 份同样的食物被赐给随从属下食用。这些菜肴的原材料来自各地贡品，这些贡品重量惊人，每天由工人扛着送到掠夺成性的阿兹特克帝国的各大城市。在墨特科苏玛的盟友特斯科科（Texcoco）酋长的宫殿里，每天都有足供 2 000 人食用的贡品运到，包括玉米、豆子、玉米薄饼、可可、盐、辣椒、番茄和南瓜。[86]

就像在欧洲、亚洲以及北美洲的伟大文明社会，阿兹特克的宫廷模式也被贵族和富豪仿效。根据编撰阿兹特克回忆录的方济各会修士贝尔纳迪诺·德·沙哈冈（Bernardino de Sahagún）的叙述：

> 有商人发了财，自认富有时，会大开宴席，招待所有的大商人和领主。要是不这么做，他死而有憾。他借着华丽的排场和挥霍的手笔来替自己争光，答谢众神赐予财富，并对亲朋好友表达感激。[87]

席间花团锦簇，熏香缭绕，还有轻歌曼舞助兴，宾客在午夜赴宴，宴席可能持续3天。依惯例，首先端上一些添加蜂蜜的蘑菇，这些蘑菇可以致幻，“甚至挑起欲望”。通常一场宴会可能需要约100只鸡和20只至40只狗的肉，还有分量相当的辣椒和盐、玉米和豆子、番茄和可可。宴毕，洗手盆、可可和烟管会在席间传递。散席时，鲜花和成百上千条毛毯会分赠给离去的客人。

在中美洲和安第斯山这两个通称为“伟大文明”的地区，也有类似的传统。在没有证据显示有宫廷烹饪的地方，至少仍可通过特权阶级食品的存在而推断出酋长的饮食风格。举例来说，在莫奇文化社群描绘统治阶级狩猎聚会的作品中，出现了马林鱼的身影；内陆的库斯科印加人的餐桌上也有脚夫翻山越岭运来的海鱼。在美洲部分地区，确实有些社会受贫穷或单一环境的限制，未能产生烹饪的分化。但即使在不同社会阶级者都吃同种类食物的地方，仍可窥见宫廷菜的发展证据，比如，精挑细选比较珍奇或高级的食物给酋长享用，或款待外来使节或领袖。美国博物学家威廉·巴特拉姆（William Bartram）18世纪70年代在佛罗里达的塔拉哈索特（Talahasochte）受到酋长式的宴席招待，桌上有熊肋排，还有“鹿肉、好几种鱼、烤火鸡（他们称之为白人的菜）、热玉米饼，以及一种清凉美味的果冻，他们称其为‘康特’（conte），是用菝葜的根做的”。[88]

宫廷菜的发展在世界范围内有多普遍？这个问题引出了其他一系列问题：没有宫廷菜的文化，仅仅是发展受阻的个例吗？是否存在一个文明发展的普遍模式，其衡量指标就是渐趋复杂精细的烹饪方式？敏锐又公正的当代人类学家杰克·古迪（Jack Goody）曾在撒哈拉沙漠以南的非洲地区寻找宫廷菜，但并未寻获。他说那里的人几乎听都没听说过这回事。“我们只有在欧洲和亚洲才能找到明显基于阶级的高级烹饪的发展迹象，这使得欧亚两洲和撒哈拉以南的非洲呈现出截然不同的面貌。”[89] 他在西非搜集到的证据中，有例子可以说明，获取食物的特权如何影响了宫廷生活方式。得到贡品意味着酋长得以养育庞大的家族，举例来说，古迪参加毕瑞古（Biriku）的刚达（Gandaa）酋长的葬礼时发现，酋长生前有 33 位妻子、200 多个子女。不过，一如这个地区的其他酋长，他“生活起居就像其他人，只是每样东西他拥有的都多一点”。虽然酋长通常得在众目睽睽之下用餐，但饮食之风与一般人并无明显差别。在传统的约鲁巴部族中，首领按惯例必须吃掉前任者的心脏和其他特别的仪式食物；但是这看来并非宫廷美食，菜肴中也没有宫廷式材料。在加纳北部的贡贾，举办通过仪式（rites de passage）时，首领须摆下有山药或木薯配鱼或肉的宴席。虽然自有信史以来，首领得到的贡品数量不多，但是根据历史责任，他们还是得招待陌生人。在洛达伽（LoDagaa）部族，各家族的族长负责分配每天的粮食。这个地区的食物只有粥，以及用磨碎的坚果或树叶煮的汤。[90]

不过，在这片撒哈拉沙漠以南的非洲土地上，一旦出现大国和富裕的宫廷，当地的专业厨师总会把握机会发展他们的厨艺。最引人注目的例子为埃塞俄比亚，那里的御膳房扮演了典范角色，类似于欧亚和北非的宫廷烹饪。作家劳伦斯·范·德·波斯特应邀至海尔·塞拉西皇帝的宫廷做客时，开席前先燃放焰火，声响大得令皇宫的窗户都为之震动。每两位客人有一位仆人侍候，仆人上穿带金色织纹的绿天鹅绒制服，下着绸缎束腿裤。席间，同时供应两套餐食：每一道菜都有两种选择，要么选法国菜配葡萄酒，要么选埃塞俄比亚菜配一种叫作“泰吉”（tedj）的鼠李味蜂蜜酒。范·德·波斯特当然舍弃法国菜而偏好本土风味。他吃了两种埃塞俄比亚炖菜，一种是红的，叫“瓦”（wat），加了红辣椒调味；另一种是绿的，叫“阿里恰”（alicha），一般加姜调味，不过若是用于宴席，则会酌量加入“埃塞俄比亚的所有香料”。由于香料的精心组合即使对于塞俄比亚普通人家也被认为是必不可少的，这意味着宴席上的菜肴口味更是浓重到极致。其中肯定有无所不在的埃塞俄比亚小豆蔻，这种小豆蔻和真正的小豆蔻并不相同，带有樟脑气味。其他可能加进菜肴中的埃塞俄比亚独特香料还有味如辣洋葱的当地品种黑孜然，以及很像葛缕子的一种香料。

在非洲，埃塞俄比亚一直是个与众不同的国家。埃塞俄比亚自古代即立国，有着悠久坚实的文学传统和壮丽宏伟的文化，且是基督教国家。自从努比亚和示巴古国衰亡以来，埃塞俄比亚的文明在世界上始终独树一帜。因此，对于它的特殊烹饪风格，以及精英饮食不寻常的宫廷出身，我们或许不用感到惊讶。但我们仍要对它大为赞扬，因为埃塞俄比亚地处高海拔地带，与世隔绝，一般而言，在这种条件下要形成依社会阶级而分化的菜单和食谱，是不可能或十分困难的。要以食物来显示阶级高人一等，除了分量得多，菜式也必须多样。稀奇和昂贵是精英食材常见的指标，不难推断，这些东西既奇异又来自远方，因此得通过商业交易才能取得。宫廷菜的故事就这样漂洋过海，跨越文化边界，引出下一章的主题：远程贸易革命。

第六章

消失的饮食界限

THE EDIBLE HORIZON

食物与文化

远程交流的故事

她沉睡在蔚蓝华盖的睡梦中
漂白过的亚麻床单，柔软，飘散熏衣草香
他自柜中捎来满满一堆的
糖渍苹果、榅桲、蜜李和葫芦瓜
比滑润的凝乳更适口的果冻
大船载来的吗哪和椰枣
来自非斯，还有那芳香的美味，各位
从丝绸般的撒马尔罕到雪松飘香的黎巴嫩

——济慈，《圣阿涅斯节前夕》（*The Eve of St Agnes*）

“请问有没有龙虾奶油盅？”“没有，”侍者说，“有面条汤、米饭汤、菜丝汤，还有酥皮（aux choux）清汤和浓汤。”“旧鞋（old shoe），什么玩意！鬼才吃呢。你有没有赛甲鱼汤或肉汁？”“没有，先生。”侍者说着，耸了耸肩。“那么有没有烤牛肉呢？”“没有，先生。我们有原味牛肉、牛肉佐辛辣酱汁、牛肉佐酸黄瓜、洋葱胡萝卜煨牛肉、酥皮牛肉、牛肉佐番茄酱汁、牛排配马铃薯。”“够了，”乔罗克斯说，“我常听说你们光是一颗蛋都有一千种烹调法，我啊，听都已经听够啦。”

——R. S. 瑟蒂斯（R. S. Surtees），
《乔罗克斯的远足嬉游录》（*Jorrock's Jaunts and Jollities*）

跨文化饮食的障碍

我在家里难得被恩准下厨，因为内人嫌我老是弄得一团糟。一旦获准，虽然我努力大展身手，想呈现包罗万象的菜式，可到头来似乎总在重复那些我情有独钟的美味。大蒜定会插上一脚，橄榄油几乎怎么也免不了。个人经验和逸闻趣事显示，人往往倾向于回归习惯的老味道。即使有世界各地的食物可供选择，人多半还是固守往常的菜单，一再点同款菜品。在繁荣的西方社会，早餐尤其如此，大多数人似乎都因为能预料到入口的早餐将是什么而心满意足。比如，天天都吃早餐谷物，有些人甚至只吃同一牌子的谷物；爱吃鸡蛋的人常会选择每天都吃以同法烹调的鸡蛋。就连热爱吃煎蛋的也分成两派，一派爱吃黏糊糊、半生不熟的煎蛋，按美国餐厅的术语，叫作 easy，另一派则爱全熟的煎蛋。有人天天早餐吃鱼，从不间断；有人每早吃培根，从不吃香肠，有人则恰好相反。还有些热爱果酱的人，对果酱用的是哪种水果、果皮厚度、果肉粗细，以及水果和糖的比例，都有一番讲究，绝不容变更。

当食客禁不住想试验一下时，味蕾往往会排斥不熟悉的味道。食品加工业把味道的“可靠性”和“一贯性”当成产品的主要标准，这样一来，某个品牌的每一批食品或饮品的味道永远一模一样，消费者绝不会失望。特定的新奇产品能够以惊人的速度征服市场，英国文化人类学家玛丽·道格拉斯带着困惑的语气说："食品市场瞬息万变，比萨饼把制造商卷进上亿美元的市场，来自南半球的奇异果已成为时下风行的佐鱼圣品，冻酸奶则和冰激凌一较高下。"但是这些却不能动摇她认为"消费者都很保守这个牢不可破的看法"。[1]

食客嗜好熟悉口味的心态影响了整体文化。美国侦探小说家沃尔特·萨特思韦特（Walter Satterthwaite）写了一个很妙的故事，名为《化装舞会》（*Masquerade*），故事里侦探主角很讨厌吃"内脏杂肉"。有一回他为办案来到巴黎，被人哄着吃了一种法式香肠，他原本觉得挺好吃，后来却发现其实就是灌了猪肚和小肠的猪大肠。他对外国食物的反感起初源自犯了禁忌，吃下在他祖国文化看来有害健康的垃圾。后来这种抗拒扩展到任何看似精心制作的或是在他看来含混不清的菜。高级烹饪艺术很不"美国"，厨师巧手打点装扮食物这项伟大的传统倒像是虚伪的矫饰。费神费时又费钱做菜，有违他完完全全美国式的清教徒思想；在烹饪上投入情感似乎更是很没男子气概的事。他渴望吃简单的烤牛排，什么酱料也没有，而蔑视罗西尼牛排上的鹅肝酱和马德拉酱汁这类奢侈品。然而他却像受到诅咒似的，不得不当个美食家，不停地吃美食。他被凶手领到一家又一家餐厅，这个凶手每到一处都和侍者仔细讨论菜单，一道菜一道菜地聊，还在接受一位警察来访时转移了话题，双方辩论起红酒炖鸡不同的烹饪方法各有什么优点。男主角的美国身份认同受到了威胁，淹没在五颜六色的酱汁和肠衣之下。

萨特思韦特的讽刺故事捕捉到了盎格鲁–撒克逊世界长久以来对法国菜的敌视，因而显得格外有趣。盎格鲁–撒克逊人喜爱简单菜式胜于别致花俏，就算吃东西挑剔的人也不致过分苛求。这种现象在 17 世纪晚期就已经很明显了，当时法国的烹饪写作才刚开始为饮食的时尚设定标准。塞缪尔·约翰逊这样描述著名的放荡主义诗人、罗切斯特伯爵约翰·威尔莫特（John Wilmot）：“他醉醺醺地寻欢作乐，纵情声色，期间也许还学习了更多的知识，公然蔑视体面和秩序，完全无视一切道德规范。他坚决否认一切宗教信仰，过着毫无价值、毫无用处的生活，在奢华的享乐中挥霍着自己的青春和健康。”理应深谙欢愉之道的罗切斯特伯爵如是说：

我们自有简朴伙食，精悍的英国菜
让你满足，填饱肚子。
那虚有其表的法国菜，什么酒庄和香槟，
什么炖肉和肉片，我们誓不食用。
来一顿好晚餐吧，我如是思忖，脑袋清醒
来块牛肉，扎扎实实骑师分量。[2]

据 18 世纪晚期一位英国复古主义烹饪的推广者的说法，法式烹饪在法国还一切如常，但在英国就成了号称“伪装肉类”的花架子。“法式烹饪在这里是使好肉变坏的艺术……在法国南部……则是使坏肉变得可以下咽的艺术。”[3] 此时正值法国大革命爆发，国家的混乱似乎助长了厨房里的骚动。其后数年，在英国画家詹姆斯·吉尔雷（James Gillray）的讽刺漫画中，老英格兰的烤牛肉成了团结的象征，绝不向拿破仑的“美食炮兵连”屈服。沃尔特·斯科特爵士（Sir Walter Scott）在《劫后英雄传》（*Ivanhoe*）那脍炙人口的开篇章节中，提到英语绰号“老牛郡长”（old Alderman Ox）转变为法语绰号“小牛先生”（Monsieur de Veau）一事，也被用来佐证从前“法国入侵”带来的恶劣影响。

虽然美国的独立受惠于法国之助，然而在大西洋的彼岸仍留有英国遗风，人们对简朴烹饪有着忠贞不贰的热爱。这种“爱英精神”滋长于19世纪，随之而来的还有对移民“一无所知”的厌恶心理，因为后来的移民并不遵循盎格鲁-撒克逊的清教徒生活模式。背弃原乡菜品、改食平淡的美国食物成为“同化”的象征，移民必须经过此同化过程才有资格成为公民。1929年，圣菲铁路公司最高级的“加州特快”线路的餐车专营商在设计菜单时发现，英语菜名的“小里脊牛肉，蘑菇”销路比法语菜名的“菲力米浓，菌类”好多了；但其实两份菜是一样的。[4] 邓肯·海因斯首开餐厅指南写作之先河，在美食史上占有重要地位，他承续盎格鲁-美利坚的传统，对法国菜存有偏见。他在1936年开始汇编《美食冒险》（*Adventures in Good Eating*），书名大有可为，可他的口味却出奇保守。他旨在提供信息给长途司机，比如那些从土桑市出发，一开车就是24小时，中途却找不到吃饭地方的人。他喜欢公路旁供应“简单伙食”的家常小馆，最重要的评判标准是清洁程度。他自豪地宣布：“我避开用法国名称来掩饰的菜肴，在中西部的旅馆里，这些菜名根本是胡说八道。”他年近70才首度走出国门，前往欧洲从事美食考察之旅。他在欧洲时公开承认最喜欢英国菜，因为最像美国菜。1961年，肯尼迪总统任命一位法国厨师担任白宫大厨；[5] 仿佛为了弥补此举，他的妻子只好舍弃她以前爱买的巴黎时装，把衣橱委托给奥列格·卡西尼（Oleg Cassini）和唐纳德·布鲁克斯（Donald Brooks）等美国设计师（尽管她仍然穿着一件件法国时装店“尼农之家”的衣服）。

致力美食写作的美国美食家利布林，在《纽约客》杂志上以一篇篇妙趣横生的自我解嘲故事说明自己对法国菜的热爱。其专栏精心设计的写作手法旨在引发一种结合快感和反感的复杂感受，和同时代流行的吸血鬼电影如出一辙。他的经验来自他在1926年至1927年间吃过的一顿又一顿丰美且昂贵得惊人的饭菜，期间他下榻在简陋的小旅馆，置身下层社会，接触到巴黎声色犬马世界的各色人等，有水手、流氓、妓女、皮条客和小混混。他有关餐食的描绘是绝妙的黑色幽默，比如说，蓝酱鳟鱼“不过就是先把鱼在热水中烫死，那模样活像罗马皇帝在洗热水澡”，然后浇上“足够让整团军人血管栓塞的融化黄油”。蜗牛经过烹煮后被迫缩回到壳里，“对于投胎转世没有流露出丝毫情绪”。有时，同样一道菜会装在叫作“夜壶”的陶罐里。利布林的父亲有一回到巴黎，决定要吃“简单的食物，才不要乱七八糟的玩意儿”。[6]

美国近代兴起的多元论新思潮，使得美国张开嘴接受世界各地的风味。可是在此之前，法国人始终无法理解美国人为何排斥法国食物，疑惑大到必须做社会学调查才行：这是法国文化因其优越性未获野蛮人认可而大受伤害所展开的报复。英国人对法国食物无动于衷，法国人倒不那么耿耿于怀，视之为素有伪君子恶名的对手刻意摆摆姿态罢了：这事可以理解，却不必当真。然而美国对法国理应没有畏惧、只有欣赏才对。这就好像罗马拒斥了希腊。罗兰·巴特宣称，使得法、美口味如此南辕北辙的差异，可以被定义为甜对抗不甜。[7] 法国长久以来存有这种通俗的看法，但这个观点从以前到现在都无法令人信服。如果要对法国口味做概括的介绍，人们总是会提到甜的开胃酒、索泰尔讷甜白葡萄酒配鹅肝、法式糕饼和用香浓的餐后甜酒熬成的佐肉酱汁。

法国口味和盎格鲁–美利坚口味之间的历史分歧，其实只是一个普通事实的极端例子而已。这个事实是，食物和语言与宗教一样（或许程度更堪），是文化的试金石。通过食物可以形成认同，因而无可避免地带来分化。同一文化社群的成员经由食物而辨识出同伴，并通过审视菜单而查出外人。虽然饮食常有时尚流行，广告可以鼓动风潮，饮食文化却是保守的。跨文化饮食的障碍在历史上由来已久，深植在个人心理当中。个人的口味很难调整。吮食甜味母乳的婴儿除非后来断奶，转而接受新滋味和新口感，否则一辈子都会嗜甜如命。儿童坚决不肯尝试新口味。廉价旅游业在美食方面的选择范围往往很小。人们一再回归熟悉的味道。经济不宽裕的家庭尽量不做饮食试验，以免造成浪费。[8] 为人妻者恼怒地听着歌曲里的丈夫高喊："给我一盘我老妈常做的香肠和土豆泥！"。

早在古代便存有对外来食物和饮食之道的轻蔑心理。据古希腊史学家希罗多德记载，埃及人会把神殿里祭祀用的牲畜的头砍下来，施以咒语，要是附近一带找得到希腊人，就把这些兽头卖给他们，不然就扔进河里。古希腊医师盖伦则反驳，埃及人吃"蛴螬和刺猬"。希腊人的食物禁忌是其共同文化的一部分，正是这些禁忌使他们有别于其他民族。他们认为海豚是神圣的，对"海鱼和陆龟心有疑虑，很少吃狗肉，更难得吃马肉"。[9] 有很多希腊的邻居觉得希腊的饮食习惯对上苍大不敬，希腊的神明不得不满足于祭品的废弃物，比如"尾巴末端和胆囊，你不肯吃的那些杂碎"。[10] 即使在希腊世界内部，不同的城市和属地之间也显现出类似的成见。法、美烹饪的两极化呼应了古代锡拉库萨和雅典之间的差异，锡拉库萨醉心奢华美食，雅典则漠不关心。锡拉库萨美食家林叩斯（Lynceus）并不喜欢雅典的餐食。

> 雅典菜带有某种不讨人喜欢的外来风格，他们端给你一个大盘子，上有五个小碟子，一碟有大蒜，一碟有两枚海胆，一碟有甜味的鸟肉馅饼，一碟有十粒贝类，一碟有一点点的鲟鱼肉。我吃这碟时，他吃完了那碟；他还在吃那碟时，我吃完了这碟。老兄啊，我想这碟吃一点，那碟吃一点。

诗人阿切斯特亚图观察某人喝开胃酒的方式，便可判断对方是否为外国人。他建议：

> 当你喝酒时吃点儿点心来下酒，比如牛肚，或者用孜然、浓醋与松香草腌过的水煮猪子宫，还有当令的嫩鸟肉。不过千万别像那些锡拉库萨人，如青蛙般光喝酒，什么也不吃。[11]

他这是在自嘲，因为他自己也是锡拉库萨人。

移民会抵制本地族群的饮食。20世纪时，日本工人被引进斐济，补足死于麻疹的成千上万名当地人，他们发现那里物产丰饶，饮食丰富，几乎没有人得营养不足引发的疾病。但他们却不吃当地产品，仍想靠白米饭维生，结果大部分工人死于脚气病，幸存者则被遣返日本。[12] 朝鲜战争期间，美国战俘因为拒吃配给食品而死于营养不良。这些东西在他们看来很恶心，其实很营养。[13] 16世纪西班牙殖民时期，西班牙人告别时习于互祝“上帝保佑你不会没有面包”。[14]一位玛雅高地的酋长拒绝西班牙人的蜜饯，抗议说：“我是印第安人，我太太也是。我们的食物是豆子和辣椒，我想吃火鸡时，也有火鸡可吃。我不吃糖，糖渍柠檬皮可不是印第安人的食物，我的祖先不知道有这种东西。”[15]饮食口味的两极化，令尼古拉斯·德·马斯特里罗（Nicholás de Mastrillo）在家书中写到的一则故事多了几分刺激意味。这位未来的耶稣会秘鲁区会长当时是驻于安第斯山区安达曼加（Andamaca）的资浅教士，那是他第一次至外国传教。他随着一位较年长的教士，一连数天翻山越岭、穿过丛林，寻找尚未皈依基督教的印第安人。他遇见一批这样的人，大伙儿同坐树下饮宴，后者的友善和慷慨令他深感高兴。印第安人认为耶稣会教士和没有神职的西班牙人分属不同的种族，两者的规矩和习俗大不相同；可是后来骤生险象，有位印第安人突然改变态度。这位印第安人说：“我认为这些人不是真的神父，而是乔装打扮的西班牙人。”有一时半刻，现场气氛十分紧张，马斯特里罗以为自己小命休矣。这时，那位印第安人语气放松地说：“不对，他们一定是神父，因为他们吃我们的食物。”[16]

这些效应的某种自然增殖趋势，使各个文化对新的烹饪影响产生集体性的仇视心理。凡是外来的都会被群起攻讦为异物。“国家”菜从来就不是源起自全国各地，一开始只是地区性的烹调习惯，食材受限于当地自然风土。这些菜品并不排斥新产品的出现在地方上产生的影响和改变，同时也遵从地区传统，有的仍保持传统原貌，有的则是本就历久弥新，有的则是具有适合向外传播的特质。当一种烹饪风格被贴上国家的标签后，便陷入了某种程度的僵化：必须保持它的纯净，不受外来的影响。这正是为何有那么多饮食文学描述对外来菜的反感，或是一旦对它们津津乐道，就令读者觉得不大正常。

传统菜品必然包含有关地区盛产的几种主要食物和调味料，这些材料早已渗入大众集体口味，一再让味蕾尝到弥漫在记忆中的同样滋味，最终使人们普遍对其他的味道无动于衷乃至无法接受。在可以取得同样食材的不同地区，就连特定的料理方法也能变成地方性文化特征或认同象征。在地中海沿岸大部分地区，鹰嘴豆是不可或缺的产品。在地中海的一端，每逢鹰嘴豆正鲜嫩，放在舌上轻轻一顶便可压碎时，人们就会加佐料、调味料、动物油脂和血炖煮，然后趁热食用这种淡色圆球形的豆子。但在地中海的另一端或更远的海岸，人们却爱把这豆子煨烂成糊，冷了以后拌上油和一般包含柠檬在内的佐料。同一样材料在海的西岸是农民锅里少不了的食材，到了东岸则被混合起来捣烂，成为精致小菜。然而出了地中海地区，却没有人用过上述两种方法来烹调这种豆子。

食物不易在不同文化之间传递，然而眼下，我们不但食用自称为“融合”“国际”菜肴的高级饮食，而且还活在一个全球化的世界。在这个世界里，菜品和食材正兴致勃勃地在不同的地区之间交流。“麦当劳化”起码反映出从不同国家开始席卷全球的饮食风潮，这些国家有意大利（比萨和意大利面）、墨西哥（塔可饼和墨西哥卷饼）、中国（云吞和春卷）、印度（咖喱和炸脆饼），甚至新西兰（奇异果和帕夫洛娃蛋糕，虽然澳大利亚有异议，但后者应是新西兰人的发明无误）。我赴美国威斯康星州麦迪逊市一游时，曾被带往土耳其和阿富汗餐厅用餐。我并不清楚威斯康星除了奶酪和奶油软糖外还有什么其他特色食物，即便如此，我还是很惊讶那里居然没有一家号称供应地方菜的餐厅，我的东道主也只推崇极富异国风情的菜肴。这让人不禁想说，不同地区之间的沟通日益良好，拓展了饮食的领域，使饮食的逐渐交流达到最高点。可是这个说法并不正确，至少是过度简化而扭曲事实。食物和饮食方式的传递在文化上的障碍如何被跨越或打破，是食物史上最令人好奇的问题。

打破障碍：帝国效应

有一些力量可以渗透文化障碍，促成食物的国际化，其中之一是战争。军队带来了文化影响，也改变了现代战争的内容。军队动员大批的普通人，把他们分派到全球各地，且很诡异地影响了国际间的相互了解。就美食层面来讲，军人们“既已到过巴黎”，就很难再使他们甘于家乡的粗茶淡饭。要不是归国的军人把他们熟悉的咖喱带回英国、把印度尼西亚菜带回荷兰和乡亲分享，那么爱吃咖喱和印度尼西亚菜的，可能就仅限于移民和以前在殖民地从事行政管理的精英阶级。埃及有一种用米、扁豆、洋葱和香料制成的街头小吃，叫作“库休利”（kushuri），它大概正是印度的“基契利”（kitchri），由英军带至埃及。在食物史上，“殖民流通”是比汉堡和炸鸡更早发生的现象。[17] 征服者离去时，留下一个新的概念，那就是到底什么才是合宜的军人食物。如今在巴基斯坦的军队伙食菜单上，仍有烤鸡配面包酱汁和烤牛肉配约克夏布丁这两道菜。

当然，饥饿和战争等其他类似的紧急状态，能够使人去食用他们原本觉得怪异的食物，而换作其他情况，他们极可能会拒吃。16

世纪时，中国和日本发生饥荒，红薯被引进这两国并获得接受。英国人在第二次世界大战后仍然爱吃斯帕姆午餐肉罐头（Spam），这种罐头本是战时的美国援助食品。今日，发达国家用过剩物资救济饱受饥馑之苦的第三世界国家，包括“泛滥成湖”的乳制品和“堆积如山”的小麦，从而使得排斥乳糖的文化社群改喝起乳制品，爱喝粥的吃起面包。同样的，如果有某些食品特别有利用价值，人也会基于自己的经济利益而改变饮食内容。新西兰的毛利人在 18 世纪晚期重新调整食物生产的重点，致力于生产猪肉和马铃薯，卖给欧洲的军舰和捕鲸船，而他们以前根本不认得这两种食物。一般认为 20 世纪的旅游业促使大众口味起了变化。文化还具有一种自发的力量，能够改变口味，这或可称作文化魔力，使某些社群模仿文化威望较高的饮食风格。

历史上，即使在像西欧这样自负的地区，也常可见到这种效应。最显著的例证是在中世纪的鼎盛时期，西欧的饮食口味充斥着伊斯兰的影响。我们已经在前一章看到，这是一种基于巴结心理的不折不扣的模仿行为，是次等文明在向优越文明致敬。但这并不是一种涵化*，因为在中世纪时，欧洲最接近伊斯兰世界的地区往往抗拒伊斯兰文化并拒吃伊斯兰食物。有个迷思是，中世纪时占领西班牙的穆斯林使得西班牙大多数地区的烹饪至今爱用橄榄油。但基督徒厨师喜欢用的是猪油，猪油正是基督徒饮食的关键特色，因为穆斯林和犹太人都不吃猪油。15 世纪晚期的编年史作家安德烈斯·贝纳尔德斯（Andrés Bernáldez）只是个次要省份的教区修士，不过或

* 涵化（acculturation）指因不同文化传统的社会互相接触而导致习俗和信仰等的改变过程。——编者注

许正因他地位低微，反而忠实地记录了他的时代。当时犹太人遭到驱逐，西班牙最后一个穆斯林王国正最后一次征服这片土地。他以一张列表详细列举了犹太人和穆斯林的种种恶行，最令人发指的莫过于“他们恶心的炖菜，是用橄榄油煮的”，这俨然比他们不合人道、德行败坏、不正当、不光荣和虚伪的行为还罪大恶极。无论如何，西班牙有一部分地区因穆斯林不够重视而不愿费力征服，或因顽抗不屈，最后仍是基督教饮食的天下。这些地区或森林密布，或高山峻岭遍及，有的是寒冷的高原地带，有的则为大西洋气候，通通不适合种植橄榄树，却适于饲养大量的猪。西班牙人是在犹太人和穆斯林都被驱赶、驱散或皈依基督教后，才开始爱用橄榄油，到了 17 世纪，宗教仇恨已无法抑制橄榄油业的大规模扩张。当然，许多传统菜品仍不用橄榄油，有道细火慢炖的经典菜——马德里炖菜，就是用柔滑的肥猪肉来炖鹰嘴豆和其他各类豆子。

真诚的模仿所产生的影响可以很令人惊讶，因为它们有时扭转了主流文化的趋向。举例来说，我们如果看到印度模仿伊朗烹饪并不会惊讶，因为在我们所称的中世纪，学习波斯文在印度是很光荣高尚的事，它是莫卧儿帝国的宫廷语言。然而，烹调上真正的影响方向是相反的，是伊朗人向印度借鉴而仰赖起米饭，而伊朗人吃的稻米品种却并不适合当地气候。伊朗人偏爱昂贵的品种，这正是一个例证，说明了稻米刚被引进时，吃米饭是一件可以彰显高贵身份的事。而稻米在伊朗种植后，产量会代代衰退，必须从印度重新进口种子。米饭的做法十分费事，毕竟它起初是宫廷食物。米得先用水泡并煮至有嚼劲的筋道程度，费时共两个小时，然后盖上酒椰叶子，拌和油脂“蒸”半个小时。接着加进佐料，有烤羊肉、酸樱桃、香药草、莳萝、番红花或姜黄，这些还只是萨非（Safavid）时期食谱书里提到的众多食材中的几种而已。[18]

烹饪的影响源头（或许应该说是文化交流的源头）都并未超越帝国主义的范畴。帝国的势力有时可以强大到对其外围地区强加母国的饮食口味，帝国也通常鼓励人口迁徙和殖民。这也使得饮食习惯和其他层面的文化产生转移，或使得移居国外者的味觉重新被教育，当他们回国时便带回了新的口味。帝国的烹饪潮流依方向分作两股，首先自中心向外流动，在帝国的边缘缔造多样化的大都市和“边疆”文化——混合异族风格的烹饪。接着帝国衰退了，口味已适应异国风土的殖民者撤退回国，“反殖民”的力量获得释放，帝国的核心地带零星出现少数民族社群，这些曾是臣民的异族带来自己的饮食。帝国饮食因而有三大类。第一类是帝国各个枢纽的高级饮食，它将帝国各地的食材、风格和菜肴通通汇聚于中央菜单。第二类为殖民地饮食，包括精英阶级殖民者自“母国”带来的食物，也有当地厨子和小妾烹制的“次级”菜品。第三类是反殖民饮食，原本的帝国臣民或受害者迁徙至帝国中心，让帝国的人民认识了他们的食物。

在第一类中，土耳其菜是绝佳的例子。虽然美食家和食物历史学家如今重新发现土耳其美味的乡土菜品和帝国时代之前的菜肴，但使得土耳其烹饪闻名千里、成为世界一大菜系的菜品，却是首创于奥斯曼帝国的伊斯坦布尔的宫廷贵族世家，特别是托普卡珀宫殿里苏丹的厨房。眼下，这座宫殿正是明显的证据，说明了奥斯曼帝国在 16 世纪至 18 世纪的全盛期有多么光辉灿烂。皇座安置在亭台楼阁中，一间又一间大房间散落在宫殿各处，好像游牧民族的帐篷，让人想起帝国始终没有彻底忘却列祖列宗在大草原驰骋的往事，其生活形态仍保有若干草原遗风。帝王凳非常大，即使苏丹异常肥胖也可以坐得稳——帝国虽保有游牧时代的记忆，却已数世纪停止迁徙、饮食过度。后宫的大院落富丽堂皇，曲径通幽，置身其中可让人体会帝国当年的施政方法有多么神秘难解。在这里，枕边细语谈的是政治，嫔妃在宦官的暗助下争宠，好让自己的儿子脱颖而出、继承皇位。后宫可容纳 2 000 名妇女，马厩容得下 4 000 匹马。

宫里每样东西的尺寸规模处处证实帝国幅员辽阔，奥斯曼统治势力无远弗届，然而比起厨房总务管理的统计数字，这些却都黯然失色。16 世纪时，厨房平时每天需供应 5 000 人饮食，假日则需供应 10 000 人。主厨手下有 50 位助理厨师，糕饼主厨有 30 位助手，尝膳长有 100 名部下。随着帝国规模渐大，菜品日益精致，烹饪影响逐渐扩张以及专业分工日益精细，上述的数字也逐渐增加。到了 18 世纪中叶，6 样不同的甜食分别交由 6 个专门厨房制作，每个厨房有 1 位主厨和 100 名助手。从事厨务的总人数增加为 1 370 名；[19] 每天有 100 车的薪柴送进宫里的厨房；每天到货的椰枣、李子和李子干来自埃及，蜂蜜来自罗马尼亚——专供苏丹食用的则来自克里特岛的干地亚（Candia），油来自科龙（Coron）和梅东（Medon），包在牛皮里的黄油来自黑海。17 世纪初，宫里每天吃掉 200 头幼羊和 100 头小绵羊或小山羊、330 对野鸡，还准备了 4 头小牛供贫血的宦官食用。

事实上，托普卡珀宫的烹饪兼具帝国和都市风味，可谓融合菜（fusion food），因为它结合帝国各地的材料，烹制成新菜品。虽然听起来有点贸然，但是我认为当今的“得墨”菜（Tex-Mex food）

正是典型的边疆菜。混血的名称显示出殖民地的族群混合，而美国西南部菜系的心脏地带，全是美国在 19 世纪大扩张时代自墨西哥巧取豪夺的土地。就像当时其他白人帝国，美国的“天定命运论”是当时典型的帝国主义冒险事业。美国紧邻它所霸占的土地，这并未使它的帝国主义色彩少于那些拥有域外领地的西欧国家。英法德等国必须从事远程航海征战以扩张领土，因为它们的腹地并没有扩张的空间（不过法国在拿破仑时期尝试过，德国则在希特勒执政时尝试过）。美国当年的行为有一个同时代的相似例子，就是俄罗斯帝国主义。俄罗斯在相当长的一段时间中侵占邻国土地，建立一个类似的陆上帝国。美国当年霸占加拿大和墨西哥的领土，俄罗斯则侵占芬兰、波兰、奥斯曼帝国和中亚伊斯兰国家的土地；美国有“印第安红人”，俄罗斯则有西伯利亚、俄罗斯冻土带与北方针叶林地带的原住民，他们被俄罗斯人称为“北方的小矮人”。这两个帝国壮大的方式差不多，都是借着边缘化、灭绝或同化受害族群来扩大帝国势力。20 世纪时，美国和苏联变成冷战的敌人和对手，美国对俄罗斯帝国主义多所苛求，却忘了或漠视了它们两国在 19 世纪时采取的路线有多么相似。

帝国主义的黑暗力量总会转向，当年被美国征服的民族有些已以牙还牙、着手反击。“西裔拉丁美洲人”重新殖民被占的土地，并扩散出去，在美国许多地方成为反殖民的大势力。同时，西南部的食物也重新墨西哥化，标准的墨西哥食材逐渐成为西南乡土菜系的主要材料。辣椒是此菜系的一大标志，玉米和黑豆是其牢固的象征；酸橙赋予其风味，薄薄一层的乳酪则使其特色鲜明。辣肉酱（chili con carne）的标准材料有肉末和水煮的整粒黑豆，煮时加了很多辣椒和孜然，其中的孜然大概是受到西班牙菜的影响，而肉末更是其招牌。辣肉酱也是得克萨斯州的州菜，在那里，最正宗的做法是不使用任何豆类的。

辣椒有很多新鲜的品种，从相当温和的安可辣椒（ancho）到辛辣的哈瓦那辣椒（habanero）和苏格兰帽椒（scotch bonnet）。它们的刺激性味道来自一种叫作辣椒碱的刺激性生物碱，根据这种物质在酒精、糖和水的混合物中扩散的速度，美国用“斯科维尔单位”的辣度系数对这些品种进行了排名，相对温和的辣椒可达 4 000 单位，而令人兴奋的哈瓦那辣椒可达 30 万单位。然而，在制作辣肉酱的过程中经常用到的辣椒粉，就像咖喱一样，不是一种单独的香料，而是混合香料。这道菜堪称最具代表性，有关它的起源则是众说纷纭，可信度不一。有的声称率先烹制辣肉酱的是 19 世纪中叶的牛仔厨师，有的说是圣安东尼奥的墨西哥“辣椒皇后”，亦即街头小贩，有的则声称辣肉酱是擅长宣传促销的达拉斯餐厅创制的。辣肉酱不论源起何方，显然都使用早在美国吞并西南部以前即已在当地通行的食材，自此以后，这些食材逐渐征服了征服者的胃。塔可钟（Taco Bell）连锁餐厅在全美核心地区打开大众市场，贩卖墨西哥快餐。在一部很受欢迎的科幻电影中，塔可钟还被塑造成终将接管地球。

得墨菜已超越其历史边疆，这或许是因为其中掺杂了殖民母国的滋味。菲律宾的边疆菜系则和谐地结合了原住民和殖民母国的材料。西班牙从 1572 年起殖民菲律宾群岛，殖民过程缓慢而痛苦。西班牙人当时对殖民主义已有若干了解，他们实行谨慎的传教政策，确保原住民文化的要素之一——当地语言——不受到侵犯。至于宗教和食物这两大文化特色，前者将通过教会彻底改造，在大多数地区成效卓著，而后者最终将形成混合风貌。这是一种格外复杂的混合风貌：在殖民时代，华人移民虽然不时与其他社群产生冲突、造成危机，偶尔还有华人被屠杀、驱逐或禁止移入，但华人当时确是菲律宾群岛重要的经济力量，中国风味对菲律宾菜的影响并不亚于西班牙。另外，尽管外来移民带来变化，菲律宾菜的马来根基却始终未动摇。通常会用香蕉叶调味的松软白米饭，几乎构成每一道菲律宾菜的基础，但一旁还会附上面包，沿袭了西班牙传统。有些菲律宾面包加了椰子调味，一顿菲律宾餐食往往会包含有做法不同的椰子，椰油更是普遍的烹调用油。西班牙的影响主要体现在三大方面，第一是厨房用语，比如虾称为 gambas，芳香四溢的炖肉叫 adobos（马来化的叫法则为 adobong），甜煎饼则称为 turrón（这个词在西班牙指的是以杏仁为主的糖果）。第二，有些很受喜爱的菜品是略微改良过的西班牙菜，比如海鲜饭、名为 lechón 的西班牙式烤乳猪，以及用小山羊肉做的番茄炖羊肉（caldereta）。最后一点，菲律宾菜必以甜点作为一餐的最后一道菜，而这些甜点通通源自西班牙，包括名为 flan 的焦糖布丁，这也是西班牙仅有的一款名闻全球的甜点，材料有蛋黄、糖和杏仁蛋糕。

边疆菜之所以兴起，并不单是由于核心与外围地区之间出现迁徙交流，另一个原因是帝国为配合政治和经济上的需要而四处迁移人口。美国南部有一种卡津菜，“卡津”（Cajun）这个词源自“阿卡迪亚人”（Acadians），这些说法语的加拿大居民在 18 世纪时遭到驱逐而来到美国。卡津菜口味又香又辣，有典型的加勒比海风味，这是阿卡迪亚人长期因应新环境风土而产生的成果。南非最佳传统饮食首推开普马来人（Cape Malays）的菜系，他们在 17 世纪由荷兰人引进南非，以补足无法从当地征集的专业工人。开普马来人的斋月盛宴呈现出来自印度洋彼岸的影响，也受到白人老爷阶层从荷兰带来的菜系影响。印度香饭（buriyanis）这道菜的做法是在一层白饭上面铺全熟的水煮蛋，以及加了洋葱、姜、茴香、蒜、孜然和番茄煮的羔羊肉，如此层层叠上去，然后封起来用小火煨炖好几个小时。腌鱼（ingelegde vis）是把煎炸过的梭子鱼用咖喱调味醋腌渍。鱼酱（smoorvis）是把咸梭子鱼炖烂，加洋葱、辣椒和胡椒调成糊状。咖喱肉派（bobotie）是将肉末用咖喱调味后，覆上打散的鸡蛋焗烤。索沙提肉串（sosaties）的做法则是把肉用辛香料腌过，然后串起来烧烤。南瓜加油和辣椒后小火慢煮，即成布雷迪（bredie）这道传统菜肴。[20]

美洲的奴隶菜有相似的特色，有些典型的食材随着黑奴漂洋过海到美洲。在一些殖民地，黑奴分到一小块农田，种植供自己食用的食物；他们也在那里建起了属于自己的有独立厨房的住所，并自然而然地栽种家乡的口味。黑奴的农作物种类主要移植自非洲，包括山药、秋葵、芭蕉和西瓜，讽刺的是，这些食物后来变成黑人的象征。其他食物的起源就不那么确定了。美国南部有一道传统黑人菜，就是把羽衣甘蓝加上肥猪肉一起煮，羽衣甘蓝这种味道清淡的蔬菜并不是新世界的原生植物，但是它传至美国的路径并无任何记录。美国南方菜系不可或缺的黑眼豆可能是随着黑奴一起引进美洲，但是在供应黑奴劳力的非洲地区，却找不到食用这种豆子的明显证据。俗称无眼豆的树豆则确定是从非洲引进，以供黑奴食用，可是这种豆子却比不上黑眼豆，没有成为主要的食品。无论如何，如今有“灵魂食物”之称的菜大多数创制于美洲的新环境，其中不少菜肴借鉴美洲的原住民菜。碎玉米粉做成的粥有点像西非人普遍爱吃的碎小米粥，只不过在美国用的是玉米。用原生谷物粉做成的玉米面包虽是混合食物，却和非洲八竿子打不着关系；制作这种面包时，需要花很大的工夫才能使它发酵，黑奴沿袭白人的做法，在面团里加了一点酸橙以弥补麸质的不足。糖蜜和浓浓的动物油脂形成美国南方黑人菜和白人菜的特色，让菜肴吃来香浓又适口充肠；糖蜜虽是外来材料，但是在白人贸易商把它引进新世界前，它在非洲的原住民烹饪里大概并未占有一席之地。在黑奴的炖锅里，除羽衣甘蓝和黑眼豆外，还会加进白人嫌弃的杂碎猪肉，比方说脸肉、猪蹄和小肠。

帝国势力逐渐衰退时，返乡者带着多半是热带风味的胃口回到欧洲。由于厨师和餐饮业者致力迎合这些归国者的口味，并促使没有殖民经验的顾客群体也爱上这些菜，反殖民饮食就此兴起。在后殖民时代，英国、法国和荷兰分别成为把印度菜、越南菜、北非菜还有印度尼西亚菜传至全球的跳板。我们在前面已经看到，移民往往会抗拒本地社群的食物，却也可能被迫适应。移民想要生存下来有一个方法，就是模仿他们接触到的饮食习惯，或是接受当地的纪念仪式食品，比如美国感恩节的食物。达尔文的数据提供者安德鲁·史密斯爵士（Sir Andrew Smith）在非洲南部看到被祖鲁人赶出家乡的贝专纳人（Bechuanas）骨瘦如柴，“好像活骷髅”，他们观察狒狒和猴子而获知哪些是可食的东西。[21] 数年后，因海难被迫留在北极圈的一些白人慢慢开始爱吃海豹肉，“不腥，而是有一种海豹特有味道……只要有耐性，加上辛香的酱汁”，甚至会觉得“好吃极了”。[22] 在帝国大背景下，逐渐习惯陌生的食物不但是生存策略，也可以是母国的控制手段，借以显示与当地人休戚与共，并利用后者的专业技能。

荷兰菜的名声糟得叫人难过，荷兰人尤其这么以为。此想法有失公道、令人遗憾，因为这可能会使美食家们裹足不前，无法享受到荷兰的美味，比如饱满肥美的鲱鱼、当地盛产的新鲜北海小虾仁，还有精心烹调的绿甘蓝配上马铃薯与肉那种温馨的滋味。另一方面，荷兰人基于对荷兰菜的自谦心理，对其他文化的食物往往欣然接受。据说印度尼西亚的米饭餐（rijstafel）已被视为荷兰的国菜，它的对手是土豆泥杂拌（hutspot）：一道用根茎蔬菜的碎块所制的菜泥为主材料、外观欠佳的菜肴，用来纪念1574年莱顿遭围攻时，那些营养欠缺仍坚持保家卫国的志士，人们如今吃这道菜，只剩下情感上的意义。米饭餐和土豆泥杂拌在概念上有天壤之别，前者富异国风味，后者全然本土；前者有欢庆意味，后者富缅怀情感；前者铺张，后者简朴；前者丰富多彩，后者单调贫乏。米饭餐令人回想起那些丰饶、掌有特权的时代，想起荷兰殖民者和印度尼西亚王公共享盛宴的往日时光。人们吃着吃着，就重新回到韦布吕热上校的世界。这位上校是1860年那本了不起的反帝国主义小说《马格斯·哈弗拉尔》（*Max Havelaar*）中的“好人”角色，他以一大桌丰盛的好菜款待勒巴摄政王时，努力想让自己的马刺在餐室的陶土地板上发出叮叮当当的声音。

土豆泥杂拌令荷兰人缅怀他们争取独立的往事，米饭餐则属于荷兰人剥夺他国独立地位的时期。要烹饪美味的米饭餐并不容易，因为一次得做很多道菜，每道包含很多种材料。除了作为核心的一碗饭，同时还得准备十几样不同的菜品，放在黄铜容器里或酒精灯上保温。炒辣椒酱（sambal goreng）绝不可缺，这是用辣椒、多种香料、洋葱和蒜合炒而成的酱料，可用来浇在肉或鱼上，配鱿鱼尤其好吃。另外还有好几种配方不同的辣椒酱，有的加了酸橙皮，有的加了虾酱。巴东牛肉（rendang）是米饭餐基本的咖喱类菜肴，传统做法应该用水牛肉，不过荷兰餐厅一般用牛肉烹制，肉先腌过，腌料有椰浆和姜黄、生姜、良姜、蒜头和莎兰叶（salam leaf，这种香料看来像月桂叶，味道则像咖喱叶）等苏门答腊本土香料，还有殖民时代引进的辣椒。接着把肉连同腌料以小火慢炖，炖至汁快收干。

在法国殖民越南以前，越南菜虽长期受中国菜的影响，但在国际上却未享有盛名。根据托马斯·鲍耶（Thomas Bowyer）的报道，他在1695年首开先河至越南游历时，第一顿吃的是煮蛇肉和黑米。[23]后殖民时代传至法国的越南菜，则已受到法国美食的影响；法式长棍面包和可丽饼在现在的越南依然很常见。越南菜本质上是典型的东南亚菜，基本调味料是鱼露，味道比泰国鱼露重，并会加上酸角和香茅调和，使味道更鲜。精心调制的越南鱼露令人食指大动。越南菜显然大有成为快餐业的潜力，因为包含了不少“用手抓了就吃的食物”，比如用生菜裹馅料，变成小巧的生菜包，还有用透明米纸包的春卷等等。不过越南人往往和法国人一样，对食物抱持着庄重的态度，认为食物非得经过悉心的料理不可，同时应该怀着悠闲的心情来享受。

戈登·韦斯特（Gordon West）在20世纪20年代“乘坐巴士游撒哈拉”时，一路吃了不少摩洛哥菜，这些菜正反映了殖民时代。他接触到两种并存的菜系和用餐风格，也就是法国风格和当地风格，这两种风格正开始彼此影响。他从丹吉尔（Tangier）一家烤串铺展开漫游，吃了烤饼夹烤脆的肝块和肉丸，接着喝了薄荷茶。在梅克内斯（Meknes），他吃了圣杰曼浓汤、什锦香草煎蛋卷和烤得酥脆的禽肉。在非斯，一位地位显赫的酋长根据传统礼俗，亲手喂客人吃慢炖至几乎入口即化的小块鸡肉。下一道菜是野鸭肉，鸭腹内填有米饭和几种香草，一旁附有樱桃萝卜、柳橙和葡萄干拌的沙拉。接着又上了“一大只烤羊”，肉烤到一碰就散，刀叉根本派不上用场。食客们直接用手撕肉，彼此喂食。加了杏仁、芸豆和葡萄干的古斯古斯对惯用右手的韦斯特构成考验，他得先用手把古斯古斯搓成一个球才能放进嘴里。最后上的是干果蜜饯，宾客得边吃边打嗝，以示礼貌。

韦斯特的巴士南下到沙漠边缘，来到苏格堡（Ksar es-Souk），这是个古老的柏柏尔族要塞城市。当地的旅店老板在他的泥屋里自豪地供应以下的菜品：

清汤

西迪·阿里（Sidi Ali）鳟鱼柳

砂锅鸡

嫩芸豆

泽霍恩（Zerhoun）小牛排

小土豆

烤布丁配什锦水果

老板贝鲁琼先生的厨艺吸引“三教九流”，连收入微薄的外籍兵团成员都不惜花上一周的薪饷吃上一顿。他显然是刻意替他的菜品增加一点异国风情，可惜的是，菜名中的阿拉伯词语代表什么如今已不可考，大概显示出当时方兴未艾的一股风潮，就是运用当地材料来调味或做成法式酱汁。“西迪·阿里”鳟鱼想必用上摩洛哥的甜杏仁，说不定还加了葡萄干。至于“泽霍恩”小牛排，按我的想象，配菜中可能有红辣椒和大麦芽。韦斯特品尝之后，觉得殖民地菜和本土菜最大的不同倒不是味道，而是口感。“我们越往南走，吃到的肉就越硬。”南方的牧草质量差，加上撒哈拉的气候，屠宰好的肉不便吊挂熟成，而须尽快吃掉，殖民者有必要仿效当地人的习惯，不过法国人“依然故我”，仍坚守“他们本国的烹制方法”。[24]

最后一类的侨民菜是流亡者的饮食。古代中国政府从来就不鼓励人民移居到相邻国度以外的地区，因此传播至全球的中国菜是“殖民”菜，而并不是“帝国”菜，由自愿“经济流亡”的和平移民带至各地。[25] 至少就近代中国对外移民的现象来说，上述说法是正确无误的。不过 19 世纪的中国移民潮带有另一种意义的“帝国主义”色彩：欧洲帝国政府征雇中国苦力和洗衣工，把他们分散到帝国各地。这种移民风潮制造出中西合璧的菜肴，其中最恶名昭彰的是炒杂碎（chop suey），就是把竹笋、豆芽、荸荠等杂七杂八的蔬菜，加上肉片或鸡肉炒成一盘，这道菜是在美国率先开张的中餐馆的发明。[26]

自 1950 年以来，带着菜肴移居西方国家的越南人多半是政治难民。受俄国革命所迫的俄罗斯移民也大多如此，他们使得俄罗斯菜在第一次世界大战后的巴黎风靡一时。俄罗斯人之所以有机会进入高级饮食的首都，主要是因为俄罗斯菜长久以来即享有奢华的名声。

在19世纪中叶前后，西欧流行过一种叫作“俄罗斯服务”的服务风格，据说源起俄国。这种风潮最早起于法国，从那里再传播到邻近国家。上菜时并不根据当时的传统方式，把菜肴摆在桌上任客人自行取用，而是由仆人端着菜，一一为客人分菜。这么一来，用餐时的场面派头就增加了一倍。由于餐桌上不必放大盘的菜，这就腾出了空间摆设华丽的餐具和鲜花，而众多穿着制服的侍者也展示了主人的财力。侍者芭蕾舞者般的灵巧身手以及周到的服务，形成了一种新型剧场表演，得到富豪的惠顾，有着本行的专业训练。由于欧洲旧世界的厨师、侍者领班和食客彼此交流，早在俄国革命前，大厨们即已不时烹饪“法俄”菜品。尽管如此，当作家乔治·奥威尔于20世纪20年代“在巴黎落魄潦倒”，到一家俄罗斯餐厅工作时，他和其他员工仍曾不安地密切关注第一位法国顾客，心底只盼望餐厅能在当地人之间博得好名声。

贸易是侍者：盐和香料的故事

要使有天壤之别的烹饪风格彼此渗透，除了帝国主义和殖民行动以外，就只有一项活动：贸易。贸易就像侍者，在世界饮食这张餐桌边上打转，不时现身，把出人意表的菜肴端给毫无疑心的顾客，或为不期而至的客人调整座位。各种食材通过贸易而循环全球，其间还有我所谓的“陌生人效应”从旁助一臂之力。[27] 陌生人效应指的是，人对异国事物往往抱持着崇敬的心理。花钱费事从远方运来的材料，或跟外国全权大使彼此交换馈赠而得来的食物，因是远道而来，故而格外尊贵，远超过它们原有的身价或实际上的食用价值。

它们或被视为来自神界的风味，或被当成奇迹般呵护，或在一开始时纯粹是物以稀为贵。这很像旅行者在一路上获得的附加利益，走得越远利益越多。只要是来自远方，朝圣者得到虔诚的美名，领袖获得群众魅力，战士为人所敬畏，使节则博得注目。陌生感抢在蔑视之前来到。陌生人效应有时非常强烈，足以克服大多数文化对外国食物根深蒂固的仇视心态。

事实上，某一菜系的食材产地来源是否多元，正是衡量此菜系伟大与否的一项标准。早在古代，就已如此。古希腊作家赫尔米普斯（Hermippus）问道："缪斯女神啊，请告诉我，酒神狄奥尼索斯用那艘黑色的船，从那色泽深如葡萄酒的海上，带了多少宝物前来？"松香草从昔兰尼而来（松香草是一种奇异的调味料，下章再述），鲭鱼和各种咸鱼从赫勒斯滂海峡而来，小麦粉和牛肋排则由色萨利而来。"锡拉库萨人送来猪和乳酪……罗得岛送来葡萄干和无上美味的无花果。"梨和肥硕的苹果来自埃维亚。"帕夫拉戈尼亚人（Paphlagonian）送来栗子和光滑的杏仁，用来装点盛宴。"腓尼基供应烘焙用的枣和小麦。[28] 布里亚-萨瓦兰也认为，随着贸易范畴逐渐扩大，食材产地是否多元确实是菜系的衡量标准。在他看来：

> 美食鉴赏家的一顿晚餐，应包含五花八门的食材。主食为法国本土产物，比如肉、鸟禽和水果；有些仿照英式做法，比如牛排、威尔士干酪、鸡尾酒等；有些来自德意志，比如酸泡菜、汉堡熏牛肉、黑森林鱼片；有些来自西班牙，比如陶罐炖菜、鹰嘴豆、马拉加葡萄干、赫里卡胡椒火腿和餐后甜酒；有些来自意大利，比如通心粉、帕马森干酪、博洛尼亚香肠、波

伦塔蛋糕、冰激凌和利口酒；有些来自俄罗斯，比如肉干、熏鳗鱼和鱼子酱；有些来自荷兰，比如咸鳕鱼、奶酪、腌鲱鱼、柑橘香酒和茴香酒；有些来自亚洲，比如印度米、西谷米、咖喱、黄豆、西拉子葡萄酒和咖啡；有些来自非洲，比如开普敦葡萄酒；最后，有些来自美洲，比如马铃薯、菠萝、巧克力、香草和糖等等。凡此种种皆足以证明一个说法……在巴黎可以吃到的这样一餐，包含了整个世界，全世界各地都有自己的代表产品。[29]

这应该可以让那些以为“国际”饮食乃是“新”事物的人，喘口气再想一下。

不过，在历史上大部分时期，食品的远程贸易局限于奢侈品。除非进口货色更廉价，否则大多数社会都自行生产其主要粮食。有个共通的动机促使各帝国从事扩张，那就是强制生产不同食物的各地区进行生态合作，从而达成饮食的多样化。从蒂亚瓦纳科、印加到西班牙统治时期，安第斯帝国主义始终以强制食物交流为基础，必要时，还会强迫不同海拔、不同微气候环境的生产者交换劳力（在高山和河谷地形，总会出现不同的微气候）。在中国历史上大部分时期，统有华南、华北两种截然不同环境的帝国，一直都是靠着把南方的稻米提供给北方的消费者而凝聚国家。罗马帝国之所以顺利运作，是因为各省把各自专门生产的基本食物供应给其他省份：埃及、西西里和北非沿海地区是帝国的“谷仓”，贝提卡（Betica）则是帝国的橄榄树林。在阿兹特克帝国，贡品在不同生态地区之间转移，支撑了特斯科科湖一带几个社群的领导权。特斯科科湖海拔有 7 000 英尺，当地人只能从湖底打捞淤泥、堆高成田，从事小规模农作，湖畔周遭的环境无法喂养集中在首都特诺奇蒂特兰（Tenochtitlan）的庞大人口（人口估计数字不一，但至少约有 8 万人之众），该市的贡品目录列有每年从臣属邦国征收得来的 24 万蒲式耳的玉米、豆子和苋菜。精英阶级饮用的可可是各项庆典必备之物，可可豆在此地区却完全无法生长，必须由挑夫远从南方的“炎热地带”大批大批送来。

不过有时候，就连基本的必需食物也得自远方运来，无法轻易纳入帝国体系当中。盐即是这样的食品。要维持生命，一定得吃盐，人体在新陈代谢时会渴求比实际需要更多的盐分。盐还可用来保存食物，盐分可以杀死细菌、抑制腐化，因此成为应季保存腌渍食品时的必需原料。在没有盐矿或盐池的地方，必须借由蒸发海水来提炼盐，或从款冬、海蓬子等植物中萃取它们自泥土里吸收的盐分。不过有些社群无法在本地获得足够的盐，所有人口不断成长的地区在其人口超过某一限度后，就必须立刻从外地进口盐。因此盐是世上最古老的大宗贸易商品之一。盐在历史上造成的影响众所周知，每位学童都晓得盐税促成中世纪君主政体的诞生，触发了法国大革命，并使得印度国大党崛起。然而，上述事件比起曾经两个严重缺盐的市场扭转世界历史走向的方式，却只是小巫见大巫：这两个市场是中世纪晚期的西非市场和 17 世纪时北欧（尤其是荷兰）的大规模盐渍食品产业。前者维系中世纪黄金交易的命脉，后者则对早期远程海上帝国主义的发展路线造成重大影响。

中世纪晚期，在急需黄金的西方世界，盐是促使横越撒哈拉沙漠的黄金贸易持续进行的主要商品，那一时期徒步行走最远的朝圣者伊本·巴图塔（Ibn Battuta）在1352年随着运盐的车队，从盐矿中心塔阿扎（Taghaza）出发，穿越撒哈拉沙漠。直到今日仍可见到他笔下描述的景象，因为人口稠密的尼日尔河谷仍旧仰赖按照古法自沙漠另一头运来的盐。在见多识广的巴图塔看来，

> ［塔阿扎是个］毫不迷人的村落，它有个很奇怪的特点，就是所有的房子和清真寺以盐砖为墙，以骆驼皮为屋顶。村里没有树，只有沙土，盐矿就在沙地上。他们挖掘地面，就会发现厚厚的盐板，一块叠着一块，就好像已被切割好，叠在地底。一头骆驼可以载两块。

这位旅行者报道说，那里仅有的居民是主要部落的酋长的奴隶，他们成日挖盐，吃骆驼肉维生，另外还吃从达拉（Da'ra）与西吉尔马萨（Sijilmasa）运来的椰枣和一种小米。

> ［这种小米］进口自黑人国度，这些黑人从他们的国家到塔阿扎来买盐，一车的盐在瓦拉塔售价为8~10米格托（miqtal），在马里售价为20~30米格托，有时高达40米格托。黑人买卖盐的方式就像别人在买卖金银；他们把盐切成小块，就买卖这些盐块。在那儿，人们付出无数的金沙，交换这些脏兮兮的东西。[30]

交易得来的黄金最后大多流至本身不产黄金的基督教国家。在中世纪晚期，西欧对黄金的渴求是促使世界改变的重大因素，此现象激发海上冒险，终于使得欧洲的海员横渡大西洋，绕行非洲。在

北欧，对盐的需求更比黄金迫切，特别是16世纪时人口开始增加，食品产业努力想赶上人口增长的速度。17世纪早期，荷兰和英国商人为了争夺当时相对罕见且奢侈的商品，在安波那（Amboina）打了著名的肉豆蔻战争。同一时期，一出场面不那么辉煌、但精彩程度有过之而无不及的戏剧正在西方上演：尼德兰竭力想确保盐的供应。所谓的尼德兰联合省组成了一个新的国家，这是一个从16世纪70年代开始结合的共和国，由一群排他的个别主义论者组成一个不稳定的联盟，反抗他们当时共同隶属的君主的中央集权控制。由于王朝的策略加上偶然的因素，当时的君主腓力二世恰好也是西班牙国王，因此可以支配尼德兰境外的资源。这对尼德兰的贵族势力、城镇，以及因宗教改革运动而在部分地区新兴的神职精英阶级，都构成威胁。就尼德兰整体而言（如果我们可以称呼内部如此分裂的地区为一个整体的话），主要的产业是织布业。不过，在最积极争取独立的省份，食品加工业更加重要：尤其是盐渍鲱鱼业和咸黄油与奶酪制造业。

波兰、法国和波罗的海部分区域有丰富的盐矿，荷兰的盐传统上即来自这些地区，但这些地方的盐越来越昂贵，遇上战争时期供应情况也不可靠。最令人觊觎的供应源位于葡萄牙和加勒比海地区，掌握在西班牙君主手里，据说此二地的盐最适合用来腌渍鲱鱼，价钱又便宜。对西班牙盐的依赖使荷兰人在1609年与西班牙媾和，对盐的需求也是造成一些荷兰人宁可危及和平，也要设法自行掌握加勒比海盐的原因。在和平时期，荷兰与葡萄牙的食盐贸易规模跟它传统上与北海和波罗的海的食盐贸易规模不相上下。1615年至1618年之间，里斯本的安德烈斯·洛佩斯·平托（Andres Lopes Pinto）

便曾为200艘荷兰船只装载葡萄牙盐。对盐的需求正是荷兰人在1621年成立荷属西印度公司的主因，当时荷兰与西班牙的和平状态终于破裂；而荷属西印度公司宣称拥有食盐专卖权一事，又是使共和国内部后来意见不合的原因之一。1622年1月，从霍伦（Hoorn）和恩克赫伊曾（Enkhuizen）这两个荷兰鲱鱼业重镇出发的27艘船，抵达了委内瑞拉拥有多座盐池的阿拉亚角（Punta de Araya）。大批军队上岸，想要攻占盐池，将这里变为荷兰帝国的前哨站；可是就像后来的探险行动一样，荷军遭到浴血顽抗。

17世纪20年代晚期，处于困境中的荷兰食品业因得以利用托尔图加岛（Tortuga）的新盐池而重获生机；西班牙一直无法巩固在该岛上的统治势力。然而，西班牙人在1632年引水淹没这些盐池，接下来数年又夺占或摧毁荷兰在加勒比海产盐地区的所有军事要塞。这使得荷兰的鲱鱼船队遭遇危机，几乎一蹶不振。据报道，斯希丹（Schiedam）的渔获量在17世纪20年代下跌三分之一，到17世纪30年代，又下跌三分之一。虽然鲱鱼价格提高，出口额却大幅下滑。荷兰人买盐须先取得西班牙核发的许可证；令荷兰人庆幸的是，西班牙当时已强烈感受到战争的代价，皇室不得不尽量从各种来源挣钱。1640年，正当荷兰人眼看得放弃作战时，西班牙皇室内部的一场新危机又救了荷兰人——葡萄牙人反叛，推选一位葡萄牙贵族当国王，宣告与西班牙国王决裂。荷兰人与葡萄牙叛军结盟，得以夺回葡萄牙食盐交易的控制权，尽管差一点败给德意志竞争者。为了回报葡萄牙人，荷兰人经由在阿姆斯特丹担任葡萄牙代理人的犹太人大卫·库列尔（David Curiel）构想的交易体系，提供军火和补给品给葡萄牙叛军。[31] 1648年，荷、西结束敌对状态，马德里确认荷兰的地位。不过盐仍旧决定了两国的外交模式：荷兰人仍然有意染指加勒比海的盐，而且要不是这个诱因，荷、西两国在1648年至1677年间缓慢、长期的谋和根本不可能成功。[32]

比起大宗、高价且攸关民生的食盐贸易，香料这种奢侈品的贸易应该不大重要才对。但事实上，胡椒几乎算得上民生必需品，因为全球精英阶级的菜单里少不了它。在16世纪和17世纪，胡椒贸易占了世界香料贸易的七成。香料贸易另外几样主商品为肉桂、肉豆蔻衣和肉豆蔻，它们的贸易量比较少，但是为贸易商创造了极高的利润，因此在市场上占有和贸易量不成比例的重要地位。我们不能说盐改变了烹饪文化，毕竟盐的作用是加强味道，而非颠覆传统菜品的完整性；然而，在通过贸易而取得香料的地区，香料却促成新食物文化的诞生。此外，香料贸易的历史和全球历史上的最大问题有着根本性的关联，那就是分踞欧亚大陆两端的东西方文明之间本质的差别，以及双方财富与势力消长的问题。

香料贸易最早的文献记录比16世纪和17世纪还早了好几千年。当时从迪尔蒙（Dilmun）和马干（Magan）这两个阿拉伯王国沿着波斯湾运送到美索不达米亚的货物中，包括有肉桂和它品质较次的亲戚桂皮。我们至今仍不清楚迪尔蒙和马干究竟位于何处，不过大概就在现今的巴林或也门。古埃及和神秘的朋特（Punt）之间也有类似的贸易，一方以主要粮食交换另一方的奢侈香料和调味品。我们并不知道朋特在哪里，但是这条贸易路线应该要在红海上航行甚久。红海航行不但漫长而且危险，因为航海环境非常恶劣。有关这段历史细节最详尽的文本，应该是公元前15世纪古埃及哈特谢普苏特女王（Queen Hatshepsut）出资兴建的一座神殿的壁画；根据壁画上简单明了的意义来判断，朋特近海，位于热带或亚热带，呈现明显的非洲文化色彩。虽然对于朋特所有产品来自具体哪一个地方，学者始终无法达成统一的意见，但索马里是最可能的答案；当然，前提是要理解在这近 3 500 年以来，可利用的动植物范围不知已有多少改变。今日提到索马里，我们会想到一个荒芜贫困的国家，然而在古埃及时代，它却是冒险家的乐园、财富的泉源。那里生产诱人的小巧货物，不过埃及人要派 5 艘船去进货，因为他们用来交换的货物体积大、单位价值低。朋特特产珍奇的奢侈品，埃及则是食物生产大国，经济完全仰赖大规模的精耕细作。前往朋特的任务不仅是文化接触，也是对比明显的生态环境的相逢，给了两地交换物产的机会。

如果埃及人的文本没有夸大其词（虽然很有这种可能），埃及探险家的到来令朋特人大感意外。据埃及人的描述，朋特人惊讶得高举双手问道："你们怎么会到达这片埃及人并不知道的土地？你们是从天而降来到这里的吗？"然后又说："你们难不成航行过了大海？"言下之意仿佛是，越过大海是同样不大可能的事。哥伦布声称，在他首度横渡大西洋之旅的尾声，那些岛民见到他时也说了类似的话，做了类似的手势。这样的描述后来成为旅行文献常有的题材，旨在显示招待这些探险者的本地人技术水平较低，且很容易受骗上当。[33] 古埃及画家还以夸张的笔法，描绘朋特人其他的野蛮未开化、头脑简单的特性。他们把朋特国王画得又肥又丑，把朝臣画得像老鹰，嘴角下垂。双方交换的礼品据说非常有利于睿智的埃及人，埃及人是根据自己的标准来估算货物价值的；然而，在朋特那方的谈判者看来，这项交易也可能划算得不得了。无论如何，朋特的珍宝和埃及人提供交换的物品，价值的高低次序完全不同。朋特拥有“令人惊叹的事物”，埃及人则提供“好东西”。朋特的黄金是用牛形砝码来称重，活的牙香树被种在盆里，装上埃及人的船。埃及人则回报以“面包、啤酒、葡萄酒、肉、水果”。[34]朋特的主产品是牙香树，这种树木可用来制造敬神和祭祀仪式所需的没药。以上种种，在哈特谢普苏特女王神殿的壁画上都有清楚的描绘。不过，在埃及宫廷里，献祭和烹调之间或熏香与香料之间并没有明显的界限：法老的食物都是神圣的。

苏美尔人和埃及人所从事的阿拉伯地区与非洲的香料贸易，最终也由希腊人和罗马人习得。也门被视为“人们为每天都要焚烧桂皮和肉桂”的国土。在现存最早的相关文献中，有位航行于阿拉伯海域的希腊探险家陶醉地描述阿拉伯西南海岸散发的香气：

> 那种令人愉悦的香气可不是来自储藏已久的陈旧香料，也不是早已和枝干分离的植物所制造出来的，而是盛开到极致的植物所散发的，一股股美妙的香气，从天然的香源中散发而出，很多人因而忘怀了凡人佳肴，而以为他们尝到了神界美味，一心一意要想出名字来形容这超凡脱俗的体验。[35]

这种狂想诗文显然带有浪漫与神话色彩，但这并不能显示作者有第一手的了解；经手香料买卖的阿拉伯地区中间商——根据希腊文本，有示巴人（Sabaean）、吉尔哈人（Gerrhaean）和米纳人（Minaean）——可能在部分香料的出处上蒙骗了他们的顾客。比如，阿拉伯半岛从来就没有种过现称为肉桂的植物。随着“厄立特里亚海”（Erythraean Sea）这个古代地名扩大范围，纳入西印度洋大部分地区，肉桂（cinnamon）这个名字就专指阿拉伯人从印度和锡兰进口的一种产品。[36]

罗马食谱带有的异国风味反映出东西方接触的扩大。阿比修斯食谱中推荐的60种佐料，只有10种来自罗马帝国境外，[37]但是其中有些（尤其是在食谱中用量很大的印度姜、小豆蔻和胡椒）却来自香料贸易所及最偏远的地方。普林尼之所以反对用大量香料来烹饪，原因之一是这会充实印度的经济，耗损罗马的财力。就像一位泰米尔诗人说的："他们带着黄金来，拿着胡椒离去。"[38]由于香料生产十分专业，而且有地域限制，香料市场益发显得神秘，产品价值也随之上涨。在古代，阿拉伯本土或许可以取得桂皮，但在中世纪时，真正的肉桂生产几乎全为锡兰垄断。至于胡椒，商人须到印度的马拉巴尔海岸；肉豆蔻、豆蔻和丁香则仅出产于印度洋的几个地方和现今的印度尼西亚，尤其是特尔纳特（Ternate）和蒂多雷（Tidore）这两个"香料岛"。上述这些地方的产品大多出口至中国，中国市场最大，经济最富有。据马可·波罗估算，在他那个时代，每天有1 000磅胡椒运进杭州。在生产者的眼里，欧洲市场并不成气候，但是对有意参与的西方商人而言，香料交易至关重要。

有种说法是，欧洲之所以要香料，是为了拿来遮盖臭鱼腐肉的味道；此想法是食物史上最大的迷思之一。它源于进步迷思——假定较早期的人比起今日人类的能力差、智慧低，更难满足自身需求。而事实却可能是，中世纪的新鲜食物要比现代的新鲜，因为它们都是在当地生产；当时保存食物的方法可能也与今日的不同，当时的人用盐腌、醋泡、风干和糖渍法来保存，我们则用罐头、冰箱和冷冻干燥法（顺带提一句，古代就已懂得冷冻干燥技术，在所谓的中世纪，安第斯山种植马铃薯的农夫即已研发出相当先进的冷冻干燥技术）。当时的新鲜食品和保存食品大概都比今日的健康，因为种植时并未施以化学肥料。无论如何，香料在烹饪中担任的角色取决于口味和文化。用上很多香料的菜价格高昂，因此有区分社会阶级的作用。对吃得起的人来说，这一点使得加香料的菜成为无法避免的奢侈品。人们喜欢香料，因为它是当时典型高级饮食的标志性特色，从阿拉伯人那里模仿而来（参见第五章）。

欧洲人对香料充满想象，对它的热爱带着狂想与浪漫。法王路易九世的传记作者让·德·茹安维尔（Jean de Joinville）笔下尼罗河渔夫的故事便捕捉到欧洲人这股热爱的本质。故事中的渔夫捞到满满一网从尘世乐园的树上掉落的姜、大黄和肉桂。当时最成功的食谱《巴黎家政》（*Ménagier de Paris*）建议厨师尽量在最后一刻才下香料，以免香味因受热而流失。利之所趋，凡是脑筋灵活或有足够决心的人都想去原产地或附近买香料，这激发了中世纪的商人勇敢上路，试图穿过印度洋。不管走哪条路线，都免不了碰上潜在具有敌意的穆斯林中间商，引来危险。你可以设法穿越土耳其或叙利亚，前往波斯湾，或者按照一般模式，试着向埃及当局申请通行证，沿尼罗河逆流而上，然后转搭沙漠车队，前往红海畔的马萨瓦（Massawa）或泽拉（Zeila）。不出意外，这些尝试少有成功例子，极少数成功的商人则打入既存的印度洋贸易网。在 15 世纪 90 年代以前，中世纪没有人打通从欧洲市场到东方香料源头的直接通路。

由于一个重大的改变，传统上由东方独占的香料市场出现了新局面，形成西方主掌的全球体系。西方强权国家左右了香料贸易，对香料生产也取得极大的控制。这个重大改变分三个阶段演进：首先，自中世纪起，世界主要产糖中心逐渐西移；接着在16世纪至17世纪时，开发了新的贸易路线，西方商人拥有优先路权；最后，从17世纪以降，西方强权国家采用暴力，逐渐接管生产控制权。

改变之所以从糖开始，是因为糖有别于拉丁基督教国家爱吃的其他佐料，制糖的原材料用不着多费力气就能在地中海地区栽植。今日一般并不把糖归类为香料，它没有多少香气，所以顶多是一种很不同的香料；不过在古代和中世纪，糖却是奇特的外来佐料，只有花大钱通过贸易才买得到。后来事实证明，商人在技术上可以摆脱他们在东方香料贸易上常扮演的肥羊顾客角色，以新的方式来利用糖，那就是自行种植。威尼斯人12世纪时便在耶路撒冷王国试验制糖，威尼斯的柯内尔（Corner）家族14世纪时在塞浦路斯拥有很大的制糖产业。15世纪时，热那亚人手中最早具有商业影响力的甘蔗园似乎位于西西里岛，他们从那里把甘蔗的种植扩展到葡萄牙的阿尔加维，再转移至东大西洋当时才被殖民不久的群岛；到了15世纪末，甘蔗种植业已成为马德拉群岛、西加那利群岛和佛得角群岛还有几内亚湾附近的一系列东大西洋岛屿的经济基础。[39]

糖是大西洋生产的唯一可与东方香料媲美的高价佐料，大西洋的生产中心联合组成某种与东方竞争的香料阵线——西方的产糖岛屿对抗东方的香料岛屿。蔗糖取代蜂蜜，成为西方世界的甜味佐料。当时的情况可能是先有供给，接着才出现需求，因为在15世纪最后25年，当大西洋的产糖业因加那利群岛新蔗园的开发而突飞猛进时，糖渍食品仍是奢侈品。举个例子，当时西班牙伊莎贝拉女王分赠给皇室儿童的圣诞礼物，有很大一部分是糖果。不过，就像

18 世纪的茶和咖啡以及 19 世纪的巧克力，大众很快地响应供应量的增加，调整了口味。当意大利画家皮耶罗·德·科西莫（Piero de Cosimo）在 1500 年根据他脑海中的想象来创作《蜂蜜的发现》（*The Discovery of Honey*）时，养蜂业就某种意义而言已经落伍了，它像是代表远古时代的原始影像。[40] 数年后，加勒比海上的伊斯帕尼奥拉岛（Hispaniola）的第一家制糖厂成立，制糖业从此慢慢转移到美洲。1560 年，亨利二世的医师报告："人们用糖而不用蜂蜜……眼下几乎没有食物不用糖的。糖被用在面包中，被加进葡萄酒里。水掺了糖以后不但好喝，而且有益健康。肉被撒了糖，鱼和蛋上面也有。我们用盐比不上用糖那么多。"[41]

在那之前，达·伽马已于 1497 年打开了一条绕过好望角、通往印度洋香料贸易的新航线。这趟航行在西方记忆中占有传奇地位，不过大多数相关资料已荡然无存，留存下来的故事不但不太有趣，叙述的还是些费尽辛苦却未竟全功的事迹。中世纪时，偶尔有探险家考虑把好望角航线当作可能的目标，然而到头来还是因不切实际而打消此念。那些有勇无谋走上这条航线的人，则从此在人间消失——比如著名的维瓦尔迪兄弟（Vandino and Ugolino Vivaldi），他们 1291 年从热那亚出发后失踪，随后出发去寻找这对兄弟的搜救者也步了后尘。根据托勒密的地理学说，这条航线根本行不通，因为印度洋应该是内陆湖才对；此学说在 15 世纪相当风行，尤其是在葡萄牙。人们通常认为达·伽马的突破之旅是启发于葡萄牙航海家巴托罗缪·迪亚士（Bartolomeu Dias）在 1487 年至 1488 年间的好望角之行，很可惜，此想法有误。实情正好相反，迪亚士虽然发现越过好望角之后的海岸呈朝北的走势，他却向那些满怀期待的人浇了冷水。他发现好望角时有暴风雨，通往印度洋的入口洋流凶猛。这有助于说明为什么后来大多数探险者望而却步：在迪亚士之后，足足有 9 年没有人走上同样的旅程。

然而，我们确实知道在 1488 年至 1497 年间有四个正面的发展。第一，西方国家的资本报酬由于在之前十年提高，从而加快在大西洋探险行动的投资步调。在那十年间，西方国家的制糖业不断成长，在非洲设立新的贸易据点，使得黄金和黑奴等贵重商品的贸易欣欣向荣，北大西洋长期萧条不振的海豹皮、鲸脂和海象牙等物产贸易也随之好转；里斯本的意大利银行家因而对新兴的海上冒险事业备感兴趣。第二，哥伦布前两次的航行使得西班牙和葡萄牙加速竞争，扩张海权。虽然专家们通常认为哥伦布并未到达亚洲，但也不能完全排除这个可能。哥伦布在第三次航行时随身携带着推荐信，以便在东方和达·伽马不期而遇时，用来向对方致意。第三，葡萄牙国王曼努埃尔一世在 1459 年即位，改变了葡萄牙宫廷派系之间的平衡状态。这位新王一直支持开发葡萄牙远程贸易的想法，而不愿耗费力气征伐北非、从事基督教圣战。第四，葡萄牙在 1490 年派遣队伍前往印度、阿拉伯和埃塞俄比亚从事情报收集，行动报告后来出炉。我们并不知道报告内容，但其中似乎大有可能确认一个事实，那就是印度洋并非内陆湖泊。

达·伽马是地位较低的贵族，拥有若干航海经验，却无个人声望。从他获选指挥 1497 年探险行动看来，葡萄牙当初并未抱很大的期望。达·伽马到了海上以后，各式各样想得到的错误几乎全犯了。原本的计划是进入大西洋，顺着西风驶向最南端，达·伽马却太早向东转，阴错阳差到达非洲西岸，而未能绕行好望角并避开迪亚士发现的暴风雨和洋流。他因而陷入苦斗，奋力对抗洋流以驶进印度洋。他靠着当地人的指引，漂洋过海到达印度，可是他抵达加尔各答时却很不识相，态度倨傲自大，送礼手笔又寒酸，因而惹火当局。他误以为印度教是基督教的一支，严重误导了在他之后来到印度的葡萄牙人。该打道回府时，他拒绝听取专家有关季风时机的建议，而在几乎算得上一年中最恶劣的时节出发，结果一路逆风，困难重重，耗费 3 个月才抵达非洲。这趟航行结束时，他失去了一半的部属和一艘船。

尽管如此，他证明了直接与印度胡椒生产者进行贸易是可行的事，从而揭开大西洋历史上的新时代。海洋不再是阻挠世界交流的障碍，如今摇身一变成为通衢大道。这对葡萄牙造成重大的影响，就长远来看，对西欧整体也影响深远。然而，对亚洲海洋文明而言，葡萄牙人的来到并不代表多大的意义，他们不过是又一批不请自来的贸易商，和其他成百上千的商人并无两样。葡萄牙人的帝国冒险行动尚可容忍，因为他们局限在沿海几处地点活动。这些人被今日的学者称为“影子帝国”：他们或与当地君王合作，或融入当地各邦的商业脉络，远在天边的葡萄牙根本管不了。这些葡萄牙人为既存的经济带来利益，因为他们使海运增加，补足既存的亚洲内部贸易，从生产者的角度观之，还加剧了市场竞争。他们并未使得既存的贸易偏离传统路线或取而代之。相反，受到双方增进交流的鼓舞，香料贸易的总量不断成长。16 世纪时，经由中亚、波斯湾或红海等传统途径交易的香料数量达到前所未有的高点。传统香料贸易后来式微并不是葡萄牙的竞争所造成，而是因为中亚政局不稳，导致过往商旅安全时受威胁。在收成好的年头，葡萄牙经手的马拉巴尔胡椒占年产量的一成，这足以供应西欧的需求，不会触动到中东古老贸易的一根汗毛。至今在通俗的史书和教科书里仍可读到一种迷思，那就是好望角航路的打通使得东方香料贸易“转向”，不过学界已经推翻了此说。

直到欧洲人既掌握了贸易，也控制了供应，香料才使世界的贸易和势力平衡出现重大变化。香料生产的革命是渐进的，但是其间有几个明确的关键时刻。17 世纪初，葡萄牙人在肉桂产量占世界大宗的锡兰岛初试身手，证明控制生产是可能的事。他们派遣大批军力驻守岛上要塞，实施生产配额和垄断条款，因而得以调节供应，实质上已到达全面掌控的地步。不过这是特例，一般来说，葡萄牙人仰赖当地合作伙伴来供应所需，并接受既存市场的规范，遵从当地统治者设定的条件，以压缩成本。

当荷兰人在 17 世纪初打进印度洋贸易圈时，他们的行动看来不过是葡萄牙人的翻版，只是比较有效率。他们在航程中尽量少停几个点，以压低成本。荷兰人在 1610 年至 1620 年期间，利用南纬 40° 附近的咆哮西风带和澳大利亚洋流，开发了一条较快也较有效率地横渡印度洋的新航线。这条航路是条很大的弧线，去程仰赖定向不变的风，绕过季风缓慢的季节节律，并避开费时很久的转向过程。从 1619 年起，荷兰在巴达维亚的据点便成了通往新航线的出入口。

荷兰人获得竞争优势的精髓在于定价。他们的策略是压低成本，并尽量谈成最高的售价。诡异的是，这让他们不得不在市场上采取代价日益高昂的政治与军事干预手段。从荷兰人在爪哇的居住地万丹的命运即可看出后来的典型趋势：万丹岛因中国和欧洲对胡椒的需求而日趋繁荣，很多土地改种胡椒，到头来岛上的食物完全依赖进口。荷兰人来到万丹时，发现当地贸易规模已相当庞大，最大的贸易商桑乔·莫路科（Sancho Moluco）一次可供应两百吨胡椒。岛民和中国商人还有北印度的古吉拉特商人从事大规模交易，虽然荷兰人有能力经手的胡椒量最多只占岛上四分之一的产量，但是他们不能不去理会市场竞争者的势力，也无法坐视生产者配合己需而随意调节市场。发生几次争执以后，创建巴达维亚的荷兰总督扬·彼得松·库恩（Jan Pieterszoon Coen）决定摧毁万丹的贸易。17 世纪 20 年代间歇有战事发生，战况激烈。在那段期间，岛上的胡椒产量下跌超过三分之二。当地苏丹的华裔谋士林拉可（Lim Lakko）之前曾策划成立同业联盟而触怒荷兰人，讽刺的是，他这时“穷途潦倒”，不得不移居巴达维亚另起炉灶，改和台湾从事贸易。万丹转而生产糖，供应中国市场。17 世纪 70 年代，胡椒生产复苏，买主为英国人，这时荷兰人又采取军事介入；1684 年，万丹的苏丹在枪口胁迫之下，签下充满屈辱意味的条约。

与此同时，在东方更远之处发生了以武力扭转生产的更激烈事例。望加锡（Makassar）是位于苏拉威西的小苏丹国，在 17 世纪上半叶，因荷兰侵略而从别处逃到这里的难民带动了此地的繁荣。马来人弥补船运人手的不足，摩鹿加人带来有关香料的知识和经验，被逐出马六甲主要贸易中心的葡萄牙人则引进他们的远程联系网络。这里成为葡萄牙人“第二个而且更好的马六甲”。在 1658 年造访此地的一位多明我会修士看来，此地是“亚洲最了不起的贸易中心之一”。统治者的艺术厅典藏有西班牙书籍，还有地球仪和自鸣钟。望加锡苏丹的外交和商业政策是由他的葡萄牙籍总管弗朗西斯科·维埃拉（Francisco Vieira）所主导，此人堪称快乐移民的典范，驾着设施豪华的船只，轻轻松松在东方优游。如同海洋亚洲其他的贸易社群，望加锡人对欧洲市场兴趣并不很大：欧洲市场太小又太远，不值得费心。然而对在东方的欧洲贸易商而言，欧洲人之间的竞争却无比重要。到了17世纪中叶，荷兰人已投注无数心力和资本，强力消除或抑制葡萄牙人的竞争（还有英国人的竞争，不过手段较不激烈），他们无法容忍当地国家实际上作为葡萄牙的代理人，为葡萄牙人提供庇护，从而使其继续获取暴利。

苏丹问荷兰人："你们是不是认为上帝在离家如此遥远的岛屿为你们保留了贸易据点？"荷兰人在1652年至1656年首度对望加锡开战，让这个苏丹国"力量尽失，弹尽援绝"。配备着印度洋史上最强大炮火的舰队在巴达维亚集结，准备彻底了结这个苏丹国。荷兰人在1659年再起战事。1660年6月12日是一个几乎被遗忘却值得铭记的世界历史转折点。这一天，望加锡沦陷，荷兰人登陆并占领了堡垒，苏丹国沦为附庸。荷兰人这会儿已在香料岛屿周围布下完整的势力圈，他们不但可以在原产地控制供给，也能掌控第一层的商品分销。他们根据自己对市场行情变动的诠释，任意蹂躏土地、焚烧农场、将作物连根掘起并摧毁竞争者的船只。丁香、肉豆蔻和豆蔻的种植面积迅速减少，仅及以往的四分之一。在"人烟稀少的土地和空荡荡的大海上"，由于本土的栽种者"退出世界经济"，东南亚的"商业时代"随之告终。从前，闯入东方的欧洲人替世界贸易添加的新航线补充了传统体系的不足，扩大了总贸易量，却不会更改其根本特色或使主轴线移位。如今，美妙东方宝贵的一部分完全落入欧洲人之手，荷属东印度公司的股东强夺利益，使东方部分地区的经济元气大伤。多年以来的贸易平衡肥了东方、瘦了西方，[42] 这会儿却出现大逆转。逆转造成的结果如今在阿姆斯特丹的绅士运河仍历历可见，一座座商人豪宅沿运河而建。那些因香料而致富的精英阶级在不起眼的外墙背后隐秘地享受奢华的生活，对此西蒙·沙玛（Simon Schama）有个著名的形容："富人的烦恼。"

食品贸易已悉数被欧洲掌握，东方奢侈品的生产则维持各地各有专精的局面，"香料岛屿"和"胡椒海岸"依然存在。锡兰照旧专产肉桂，安波那产肉豆蔻，特尔纳特和蒂多雷产丁香和豆蔻，马拉巴尔产胡椒。从哥伦布以降，不少人以为新世界应该有尚未被发现的新香料，他们的期望却落空了。西班牙殖民地征服者贡萨洛·皮萨罗（Gonzalo Pizarro）为了在秘鲁寻找"肉桂之地"牺牲了一整支军队。辣椒比东方的黑胡椒和姜更辣，却只能扮演它们的补充品，可以为烹饪增添新味，却不能取代传统口味。15 世纪时，葡萄牙冒险者在西非发现"马拉盖塔胡椒"（malaguetta pepper），但这种香料始终打不进欧洲市场。因此，虽然在 17 世纪时利润分配已有改变，贸易路线倍增，但是香料贸易的整体方向却仍然一如以往。

不过，这一切即将改变。食物史上下一次大革命就是我们所知的"哥伦布交流"，这也是世界史上的生态转折点，是近代早期全球货运路线大幅扩张造成的结果。这使得作物被移种于新的气候环境，有的经过改良适应了新气候，有的则是意外存活下来，全球的生物群因而出现洗牌现象，这正是下一章的主题。

第七章

挑战演化

CHALLENGING EVOLUTION

食物和生态交流的故事

唉！人的口味各式各样
四海兄弟遂分崩离析！

——希莱尔·贝洛克（Hilaire Belloc），
《论食物》（*On Food*）

“邦蒂号”之旅

面包树的体积令它显得很有效率。它的成熟果实足足有人头或大号蜜瓜那么大，看来像被好生敲打过的菠萝，表面密布着乱七八糟的尖刺。面包果外观抢眼、分量足、适应力又强，乍看之下俨然是营养学家梦寐以求的食品，说不定还是神奇食品。有一个品种在18 世纪的欧洲甚得好评，外表底下藏有一颗颗形如栗子的大种子。这些种子水煮、糖渍或煎炸样样皆宜，果肉则适合切片，味道可口，还可以磨制成粉。或许是因为面包果无论是否成熟都好吃，因此嗜食此物者在形容它的质地时，往往莫衷一是，相互矛盾。有人说它口感“介乎酵母面团和面糊布丁之间”，有人却说它“像鳄梨一样软而柔润或像卡芒贝尔奶酪那样软滑”。博物学家阿尔弗雷德·拉塞尔·华莱士（Alfred Russel Wallace）在摩鹿加群岛研究自然选择的进化论时，发现面包果“配肉和浓肉汁，这种蔬菜比我所知的任何温带或热带国家的蔬菜都好吃。加上糖、牛奶、黄油或糖蜜，便是美味的甜点，味道清淡细腻且独特，这就好像上等的面包和马铃薯，怎么也吃不腻。”[1] 除了薄薄的外皮，其他的都不会浪费。

南太平洋诸岛物产富饶，在 18 世纪的欧洲人看来俨如神奇之地，面包果正是这副丰饶景象格外抢眼的一部分。欧洲海员在这些岛屿休养生息，并补足海上生活长期以来匮乏的物品。据英国“邦蒂号”（*Bounty*）军舰舰长威廉·布莱（William Bligh）形容，号称“爱是唯一的神”的塔希提岛，不但性爱风气自由，[2]且有丰富的新鲜食物，这更使得南太平洋“俨然是世间乐园”。以现代经济学家的术语来说，这是个“自给自足”（subsistence affluence）的世界，那里并不专门生产某些食品，食品贸易的规模也有限，但是在正常时期，物产极度富饶。[3]大多数岛屿的基本饮食主要是山药、芋头和芭蕉。面包果每逢当令则是盛宴上必备食品，它富含淀粉质，特别适合搭配猪肉、海龟肉、狗肉、鸡肉和鱼，以及若干种当地人爱吃的幼虫，比如寄生于椰子的长角天牛的幼虫。一般人最喜欢的烹调法是把整颗面包果埋进灰烬中或热石头堆里焖烤；炖鱼里往往也有用椰子水煮熟的面包果。面包果由于是季节食品，而且不像芋头一旦成熟就必须采割，因此也有人喜欢将它晒干、发酵以后烟熏。欧洲人幻想面包果含有丰富的营养，在18世纪的欧洲人心目中，南太平洋岛屿有如伊甸园，而在这乐园中少不了有面包果。

“一种新的水果、一种新的淀粉植物”所具备的“数不胜数的好处”，是诱使法国探险家拉彼鲁兹伯爵（Comte de Lapérouse）1788年踏上南太平洋死亡之旅的因素之一。英国军舰“邦蒂号”怀着同样的目的出发，后来船上却发生叛变。舰长布莱的任务是要在南太平洋乐园摘取面包果，移植到加勒比海的黑奴地狱。英国政客布莱恩·爱德华兹（Bryan Edwards）也是牙买加的农场主，他一直在留意有哪些方法可以改进奴隶经济。他认为面包果可以令黑奴更有体力，让牙买加成为产业重镇。于是在1787年，布莱奉命航向塔希提。他工作起来心思专注，作风却专横残暴，终而造成大半手下叛变生事。舰长和幸存的忠心部下被抛进大海，在海上漂流，陷入困境，后来幸赖布莱杰出的导航本领才获救。与此同时，一部分叛变官兵自作自受，只得流亡天涯海角，和他们的塔希提女人住在地图上找不到的一个小岛。可想而知，他们之间起了内讧，自相残杀的结果是大多数人死于非命；另一些叛变者则遭皇家海军追捕并处决。经过 6 年的流血流汗，布莱完成了他的任务。但面包果试验的成果一败涂地，它其实并不是特别有用处的食物，除了含有钙质和维生素 C 以外，别无其他营养素，而维生素 C 一受热就会遭到破坏。面包果不适合久存，黑奴也不爱吃。

不过，面包果在食物史上具有象征性的价值。布莱的冒险之旅说明近代早期的欧洲航海者要耗费极大力气把食物产品转送到全球各地，这中间不只包括一般贸易，还有运送植物样本。学者阿尔·克罗斯比（Al Crosby）所说的“哥伦布交流”是一场令人印象深刻的“革命”，或者更精确地说，是历史上的一次长期结构性转变。这也是人类对自然界其他成员进行的一次大规模调整。从地球板块开始分离，直到 16 世纪，每块大陆的物种各自循着大不相同的路径而进化。每个大陆的生物群各自独立发展，彼此差异越来越大。当欧洲人横跨世界，将原本各自分离的地区用海路连接起来时，进化的过程开始逆转。生物群以交会模式在全球各地转移，西班牙的美利奴绵羊的后代如今在南半球吃草，英国的公园绿地上有沙袋鼠。美国的大草原在 17 世纪时一粒小麦也没有，直到 19 世纪才开始较大规模的种植，眼下这里却是全球的小麦粮仓。原生于埃塞俄比亚的咖啡如今可从爪哇、牙买加和巴西进口。得州和加州生产世人最爱吃的稻米品种之一。原本仅产于新世界的巧克力和花生，现在是西非地区的重要物产。印加文明的主食供养了爱尔兰。

历史上当然不乏粮食移植的例子。前一章谈过早期农业主要粮食的扩散情形，而此扩散现象需要先有生态上和文化上的传递。人类可能在某些偶然发生的传递过程中担任了媒介。古罗马人最珍视的食用植物是松香草，这种野草始终无法以人工种植。松香草进口自昔兰尼，它的原产地在利比亚附近，但可能经由自我播种作用，后来昔兰尼也有它的踪影。昔兰尼本地人和他们的主要顾客希腊美食家只食用草的尖端部位；罗马人则是连根带茎都吃，他们将草切片以后，以醋腌渍保存。[4]为了满足罗马人的需求，松香草被过度采收，注定的下场就是绝灭。松香草从利比亚散播开来，是古代唯一留下史料记录的食用植物传播事例。[5]不过，我们可以大胆地推定，还有其他植物也有同样的经历，比如葡萄。在古罗马疆界所及之处，只要气候合适就有葡萄，罗马人费尽力气设法在遥远的殖民地重造地中海的生态环境。亚历山大草、香蜂草、香脂树、香菜、莳萝、茴香、大葱、蒜头、牛膝草、马郁兰、薄荷、芥末、洋葱、罂粟、欧芹、迷迭香、芸香、鼠尾草、风轮菜和百里香，据说“极可能”都是罗马人引入不列颠的。[6]不过，以上植物也好，后来在旧世界或新世界内部扩散的其他植物也好，它们在世界史上的重要性都不及随着哥伦布的航行（或大约在这同时）而展开的大交流。这一部分是因为较近代的生态交流不论距离之远或规模之大都是前所未见，一部分则是由于人类在其中担任媒介和推手。虽然其中有些植物交流的确切年代和方法仍有待商榷（譬如说，红薯就可能是随着漂流木横渡太平洋的，人类并未助上一臂之力），但有件事仍是毋庸置疑的，那就是在过去500年来，生物群的跨洋大交流有着人为介入，而且是自从有人工养殖、种植物种以来，生态史上最强力的人为介入。

全球口味大交流

就食物层面来说，生态交流对营养方面造成的影响最为显著。在世上不同的地方，可供利用的食物相对而言激增，这意味着世界食品生产的总体营养价值可以有大幅的跃进。由于合适的作物或牲畜可以转运到新的环境，以前完全未开发或低程度开发的广大土地能开辟出农田或牧场。农业疆域可以攀上高山、拓殖沙漠。过去过度依赖某些主食的人口，如今有多样的饮食可供选择。凡是生态交流影响所及之处，就有更多的人可以被喂饱。这并不代表生物群的交流“导致”人口增加；但它的确有助于使更多人有东西可吃。其间也有“逆流”发生，交流的生物群不只有食物而已，还包括能带来破坏的人群，以及能致病的微生物。比如，16世纪和17世纪时美洲许多地区的原住民社会瓦解，最重要的原因就是从旧世界带来的疾病。意大利帝国主义者于19世纪80年代运送牛到索马里，供占领军队食用，他们也带来了牛瘟，东非上百万的反刍动物因而死亡。牛瘟还越过赞比西河，消灭了非洲南部九成的畜牧牲畜以及以其为食的人。[7] 无论如何，起初在大多数地方（到头来几乎是每个地方），食物的倍增激发了现代历史上人口大增长的现象。

这也造成明显的政治影响。控制传输路线的人可以通过操纵这些影响，把食物生产和集中的劳力转移到他们想要的地方。近代的海上冒险事业起初来自欧洲大西洋沿岸一些贫穷、边缘且经济开发程度低的社群，他们孤注一掷，希望改善自己的处境。借此他们有机会率先享受远程生态交流的好处，从而开启欧洲人的视野，有助于西班牙人、葡萄牙人、英国人和荷兰人变成世界级的帝国主义者。这些国家进而能造成一些转变，比如把制糖业移转到在美洲的殖民地，或在自己的掌控下创制新的香料。欧洲人因而得以从各种奇妙的环境收集动植物，这种权力激励了欧洲初期的"科学革命"。每一间堂皇的"奇珍馆"都成为可供人仔细观察、试验各式物种的宝库。这可是破天荒头一遭，可以把全球的知识汇于一堂。有权力认识"动植物的出现和分布状况，这是第一步，接下来人才有能力决定要对环境形成什么影响"。[8] 读者在后文将见到，新世界作物的引进也令中国获益匪浅，但是世界性的生态交流极大促成了世界知识和权力的长期性转变：逐渐向西方倾斜。

政治和人口革命显然是生态交流最重要的结果，但最生动的例证体现在人们实际吃下的滋味和色彩。意大利菜因番茄而显得色彩浓烈，很难想象意大利菜在番茄到来之前是什么模样。有道菜名为"三色"，是由切片的番茄、马苏里拉奶酪和鳄梨分别代表意大利国旗的红白绿颜色。马苏里拉奶酪的原料为原生品种水牛乳，但鳄梨和番茄都是意大利从美洲移植来的果实。鳄梨的英文 avocado 事实上衍生自中美洲纳瓦特尔语的 ahuacatl 一词，意为睾丸。[9] 意大利菜单中同样必不可少的意式面团（gnocchi）和玉米粥波伦塔（polenta），原料分别是马铃薯和玉米。其他欧洲、非洲、亚洲国家"国菜"中的许多必需材料，在哥伦布交流前，他们的祖先根本不知道。我们难以猜测爱尔兰和北欧平原的饮食史或菜单，要是少了马铃薯会是什么样子。我们可以想象没有辣椒的印度菜、泰国菜和四川菜会是什么滋味吗？在哥伦布以前，出了美洲就没有人知道这种火辣刺激的佐料。欧洲的糖果店橱窗要是没有了巧克力，会是什么情景呢？马来世界若没有用来制沙嗲的花生，这种事可以想象吗？英式蛋奶酱不用原产美洲的香草就没有味道；利比里亚的木薯泥（foo-foo）用的并非土产的小米，而是当初建国的解放黑奴从美洲带来的木薯。在英文菜单上，不论什么菜只要冠名"夏威夷式"，我们就知道上桌的一定有菠萝；可是菠萝在夏威夷的历史却不长，它是哥伦布首度横渡大西洋时在加勒比海发现的奇特物品，哥伦布称之为世上最好吃的水果。1603 年，法国探险家尚普兰在加拿大发现菊芋，如今法国人视它为美味，北美洲的人却忽视它。英国劳动阶级过圣诞节时必须要有火鸡，火鸡的英文名（turkey）可能会让人误解其起源于土耳其（Turkey），但以前却只有在新世界才能吃到。事实上，在西班牙占据墨西哥时期，台白亚科科（Tepeyacac）的市场每 5 天就会卖出 8 000 只火鸡；特斯科科宫廷每天吃掉 100 只；墨特科苏玛王的动物园每天要喂 500 只。[10]"一顿孟加拉国国餐里若没有马铃薯、番茄和辣椒，是不可想象的事"，诚然，在这世上，说到马铃薯的人均消费量，只有爱尔兰能超越孟加拉国。[11]一种众所周知的浓烈咖喱菜印度咖喱肉（Vindaloo），这道菜的英文名字像是密码，隐约透露出使菜肴辛辣的辣椒原产何处，以及把辣椒从美洲带到印度的又是何人。这个词借自葡萄牙文 Vinho e alhos（字面上的意思为葡萄酒和蒜，引申义则指用酒和蒜煮的肉）。而世界历史是很诡异的，这道菜如今被英国人当成某种国菜，在 1998 年世界杯足球赛期间，英国爱国球迷唱的一首加油歌曲即以此为名。

生态交流在新世界和南半球形成极大的反转效果：人们出现新的饮食习惯。这一方面是由于殖民主义在文化上对新世界的影响大于对旧世界，一方面也是因为在 500 年前，比起欧亚和非洲大多数地区的居民，美洲和南半球的人可吃的物种本来就比较少，特别是动物食品。读者能够想象阿根廷和美国居然没有牛排，美国南方菜没有糖蜜、山药、猪肉或羽衣甘蓝，加勒比海地区或美国南、北卡罗来纳州没有米饭，美国中西部草原没有小麦，新西兰和澳大利亚没有绵羊，牙买加没有香蕉，南非人没有他们的粥（brij）或澳大利亚人没有他们的露天烧烤吗？先铺一层白饭，再摆上橄榄油煎过的鸡蛋和香蕉，配上番茄酱汁一起吃，就是古巴的国菜；早在西班牙人到来以前，新世界便有鸡蛋和番茄，然而稻米、橄榄和香蕉都是从旧世界输入的。记得我曾在多伦多一家“第一民族”*特色餐厅吃过难忘的一餐，菜肴有野鲑鱼巧达汤、驯鹿香肠和野牛排。可是汤中含有牛奶提炼的奶油，香肠中有整粒的胡椒，野牛排则加了蒜调味，这些极可能都是哥伦布之后才引进美洲的。（诸位读者倘若尚未尝过野牛肉，容我这么说，美洲野牛的肉美味极了，带着点野味，略似鹿肉，口感则类似于养殖牛肉。）

人们往往喜欢挑选留有详细记录的刻意移置生物群的行动作为故事最精彩的部分，或是只关注漂洋过海带回礼物的文化英雄的传奇事迹。平心而论，有很多项“第一”的确是哥伦布的功劳，他从第一次越洋之旅带回文字报告和样本，包括菠萝和木薯。他第二次横越大西洋时，带了糖到伊斯帕尼奥拉（但任凭甘蔗野生野长）；

* 第一民族（First Nations），加拿大三大原住民族群之一。——编者注

在这次航行中，他也把猪、绵羊、牛和小麦带到新世界。西班牙征服者科尔特斯的黑人同伴胡安·加里多（Juan Garrido）率先在墨西哥种植小麦。方济各会传教士朱尼佩洛·塞拉（Junipero Serra）则率先在加利福尼亚开辟菜园和葡萄园。航海家罗利将马铃薯引进英国的故事虽然不是真的，但还是成了一个传奇。法国外交家斐迪南·德·雷赛布（Ferdinand de Lesseps）发起开凿苏伊士运河的行动，使得红海的鱼类迁徙到鱼源渐少的地中海。（不过，由于两处海域的盐度不同，因此直到阿斯旺大坝拦住尼罗河水以后，红海鱼才能在地中海存活，如今地中海东部海域的渔产超过一成是红海鱼种。）[12]

然而真正的英雄当然是动植物本身，它们历经漫漫长途、九死一生才得以存活，适应环境的能力更有长足的跃进。以种子为例，有时它们几乎用不着人力协助，偶然间随着衣服的袖口或皱褶，或包袱、麻袋的织线，被人不知不觉带到外地。谈到移植数量和对全球营养的贡献，有几个必须注意的突出例子。小麦、糖、米、香蕉和供应肉与乳品的重要牲畜，从欧亚大陆移往西半球和南半球的新世界。欧洲葡萄（Vitis vinifera）说不定也包括在其中，因为新世界用不同品种的欧洲葡萄所酿出的葡萄酒，现今已在世界市场占有重要地位；不过在哥伦布尚未到达美洲前，那里便已有一种葡萄，让原住民可以有机会酿酒［说不定他们确实酿过酒，考古学家詹姆斯·怀斯曼（James Wiseman）近来曾呼吁考古界开始搜寻证据］。另一方面，新世界送给其他地方的最重要礼物有玉米、马铃薯、红薯和巧克力。要研究以上这些东西，就必须先研究小麦，因为小麦广泛散布到世界各地，促成影响深远的革命。

平原上的革命

冰河时期的冰川未曾到达之处，在土地干旱贫瘠、森林无法生长的地方，还有热带雨林与沙漠之间的亚热带地区，如今遍布着天然大草原。最能作为代表的主要草原分布在三大块地区，都位于北半球。欧亚大草原位于中亚高山和沙漠之北，以弓形弧度从中国东北向西连绵到黑海。北美大平原从落基山到密西西比河谷和五大湖区，缓缓向北向东倾斜。北非的热带大草原和萨赫勒地区位于撒哈拉沙漠和雨带之间，呈条状贯穿非洲大陆。

历史上大部分时候，欧亚大陆和美洲的环境有颇多共通点，相比非洲，两处的环境形态更加一致，多为草原，除中亚舌头形状的“森林草原”外，仅很少的地方才会出现狭长的林地。欧亚和美洲草原地区实际上没有可靠的泛滥平原，草的种类也相对有限，绝大多数是针茅草。相反，在非洲，萨赫勒大草原向南和热带大草原逐渐汇合，南边的环境较多样：林木带时断时续，气候较潮湿，有不少肥沃的农地和大批可食用的大型野兽。即使是平原上最像欧亚大草原的地方，本土的原生草也比欧亚和美洲的种类多，且更多汁。尼日尔和塞内加尔的泛滥平原创造出非常适合种植小米的农田，这种形态的环境使非洲具备历史性优势。从传统角度衡量，非洲草原文明在农耕定居产业、城市生活、大型建筑和读写文化等层面，对大自然造成显著改变，而且改变程度大于其他大陆。[13]

然而，这些大草原却都不会自动生产人类可食用的植物，处于这些环境中的人必须亲力亲为猎捕食草动物。虽然猎户能过上满意的生活，但不少精力显然是白白浪费了。为了达成最大效益，上上策应是种植人类可食的植物，而非坐等反刍动物把草转化为肉。在以往大多数时间，北美大平原有三大条件阻碍了农业的出现。那里有充足的野兽：旧石器时代有巨大的四足兽，在它们绝种以后（参见第三章“养殖呢？还是不养殖？”一节），则有大批的野牛。这里的土壤并未受到最后一次冰河期的影响，非常坚硬，工业化以前的简陋工具根本无法在此地进行耕作。同时，没有任何一种人类可食的植物有充裕的产量。甚至迟至 1827 年，当美国作家詹姆斯·费尼莫尔·库珀（James Fenimore Cooper）写作《大草原》（*The Prairie*）时，那里看来还像是个没有前途的地方，是“幅员辽阔却无法维系稠密人口的乡下地区”。[14] 北美大平原不像萨赫勒地区一样有促成文明发展的多样化生态；但是这里跟欧亚大草原一样充当了通道，连接它两侧的文明。只不过，即使在最富裕最雄伟的时期，散布在格兰德河和科罗拉多河之间的北美洲西南部城市，还有向东一点在密西西比河下游由早期印第安人“丘屋建造者”（mound builders）建立的城市，相对而言都属于小规模冒险，从未产生大量有成效的文化和技术交流，因而未能在旧世界各文化之间引起震荡，也未能使大草原变成关键的通路。

后来逐渐有白人入侵库珀所描写的草原并定居下来。他们最终促使草原呈现新貌，变成肥沃农场和城市遍布的土地。现今，大平原地区是“世界的面包篮”，有着人类有史以来最具生产力的农业。近代这里也出现了牧场，直到现在，偏西部和南部的高原仍有欣欣向荣的大牧场。这片土地如今彻底配合人类需要，但它在很久以前竟是莽莽荒原，农业只出现在少数几块贫瘠的土地，稀少的人口以追捕美洲野牛为生，这一点实在令人难以想象。类似的革命接管了一般被称为潘帕斯草原的南美草原地带，这里原本比美国中西部草原更蛮荒，没有多肉的野牛，原生品种的食草动物叫羊驼。这是一种野生的无峰驼，体形又瘦又小。如今潘帕斯草原却支撑着世上最具生产力的牛肉产业。

唯有来自旧世界的入侵者可以施展这种魔法。在第一阶段，欧洲杂草和青草在潘帕斯草原和北美中西部大平原落地生根，使这些地方变得适合放牧牛、羊和马，而非只适合放牧野牛和羊驼。马齿苋和车前草创造了克罗斯比所说的“蒲公英帝国”。杂草使革命起了作用，它们“治愈了入侵者给大地留下的粗糙伤口”，黏合土壤，使土壤不致变干，重新填满“腾出的生态位”，并喂养自外引入的牲畜。接着是有意识的迁移行动，首先移入了马和牛，新世界自更新世以来从未见过这两种可驯养的四足兽。然后来了人和小麦：加里多在墨西哥试种小麦，证明中央河谷地势较低处极适合种植；虽然大多数人口仍以玉米为主食，但是小麦面包已变成城市进步文化的象征。西班牙人征服墨西哥后数年，向墨西哥市议会要求供应“洁白、干净、全熟且调过味的面包”。墨西哥河谷供应了中美洲和加勒比海各地西班牙驻军所需的小麦。

欧洲人努力要把小麦引进美洲其他地方，有时却功效不彰，起码一开始不大成功。佛罗里达的西班牙殖民者于 1565 年带来小麦种子，还有供嫁接的葡萄藤、200 只犊牛、400 头猪、400 只绵羊和数目不明的山羊与鸡；然而在 1573 年，由于粮食短缺，他们靠吃“药草、鱼和其他浮渣、害虫”为生。仿效原住民饮食的玉米面包和鱼等食物成了他们主要的粮食。[15] 弗吉尼亚的首批英国殖民者也有类似的状况，他们无法自行种植食物，必须仰赖原住民时有时无的施舍，才能挨过“饥馑时期”。祖国的投资人和帝国主义者责怪殖民者会失败是因为道德上有缺陷；但旧世界农艺和新世界环境在彼此适应的过程中存在着很多棘手难题，在帝国彼此竞争激烈的情况下，新世界沿海的殖民者处境尤为困难。基于防卫目的，殖民地往往坐落于沼泽湿地后方、气候欠佳之处。他们需要投入好几代人的心力，长期忍耐、不屈不挠，才能开拓出可耕之地。在欧洲殖民新世界的每个历史阶段，最令人感叹的不是高失败率，而是移民发挥坚韧不拔的精神，终而成功。

殖民者取得必要的技术后，立刻把墨西哥模式转移到北美平原。此模式就是开垦小麦田，以供出口和喂养少数中心城市，不适农业的土地则用来从事过渡性质或小规模的放牧业。移民用厚重有力的钢犁挖开土地，他们以科学农艺培育出的小麦品种在多变的气候下和未曾被冰河封冻的土地上欣欣向荣。此番开垦事业须有工业化的基础设施当作支柱。谷物由铁路运输，否则路途实在遥远，不合经济效益。由切割成精确尺寸的木头和廉价钉子所搭建的房屋框架，让开垦者有栖身之处，并使得原本缺乏大多数建材的地方也纷纷出现城市。[16] 建筑团队和城市居民创造了对牧场工人所生产的牛肉的需要。西班牙军队于 1598 年入侵新墨西哥时，带来成千上万头牛，他们赶着牛翻山越岭、横越沙漠，其间还经过名为“死亡道”的一条长达 60 英里、完全没有水源的地带。对西班牙牧牛者而言，中世纪时，当穆斯林逃走或被驱逐后，西班牙人为了利用埃斯特雷马杜拉以及安达卢西亚部分地区的空旷土地，开始了放牧事业。如今，潘帕斯草原和北美草原成了这个中世纪以降的冒险事业的最后疆域。

最后，擅用连发来复枪的凶徒摧毁了早期生态体系中的关键环节：北美野牛群和猎人。有一个迷思是，在北美平原这“天定命运论”的竞技场，美洲原住民是受害者，加害者为白种人的“邪恶帝国”。但事实上，那里是帝国的竞技场：白人帝国对抗原住民帝国——苏族印第安人。苏族人凭借着组织能力以及好战的民族精神，几乎曾征服草原上所有的其他部族。潘帕斯草原也有相似情形：18世纪末，骁勇善战的“能者”康加波尔（Cangapol el Bravo）差一点就将羊驼狩猎文化地区纳入他的统治之下。战争的结果，以及战前或随战争而来的生态侵略，必然是世界史上人力对自然环境最彻底也最惊人的改造。当我们想到草原是如此辽阔又难以驾驭，土壤如此贫瘠，气候如此恶劣；当我们记起小麦最初还是野草，硬得让人咬不动，胃也不能消化；当我们想起曾有多么漫长的时间，这块近似沙漠的土地只能勉强维持零星的原住人口生命；在以上这些情况下，美国中西部如今竟能呈现此等面貌，这成就实在令人难以置信。威斯康星大学麦迪逊分校收藏了一些画作，画中的农民俨如大英雄，昂首阔步走在随风起浪的小麦田里；在不知情的参观者眼里，这或许显得荒谬，但其实描绘得相当中肯。

20世纪30年代在加拿大艾伯塔的皮斯河谷地，除了少数保留区仍有美国野牛徜徉其间，其他草原皆已被开垦为农田。“北美大平原试验”把旧世界作物和技术成功地移植到新世界，这个成果也反过来启发了旧世界的模仿者。当法国政治思想家托克维尔于19世纪40年代被法国政府任命为阿尔及利亚事务顾问时，虽然大平原的改造才初露端倪，但是他对北美模式已有一定看法。他非常明白美国不但是民主政体，也是个帝国，肆无忌惮地侵略邻国以扩张势力。

美国所有的土地都是靠着强征与流血而得来的。托克维尔认为，法国如果征服阿尔及利亚，凭着后者狭窄但肥沃的海岸线、广大的内陆平原、开阔的空间和未开发的资源，法国将可拥有某种像美洲一样的新世界。这片边疆国土将可激发殖民者贡献同样程度的心力，获得同样境界的成功，而原住民族群会被赶到条件恶劣的沙漠保留区集中居住。

“若不是需要一手持枪、一手握犁，”那里堪称一块“应许之地”，呈现出“以工业开发自然”的前景。托克维尔初到菲立普维尔（Philippeville）时，觉得那里“看上去很美国”，像是因经济繁荣而面貌丑陋的美国西部城镇；他还认为阿尔及尔将成为“非洲的辛辛那提”。托克维尔盲目地相信，不论是非洲或美洲的“原住民族群”都没有能力开发文明。他知道有些原住民族群建立城市、从事定居农业、有书写文字，北美的切罗基人（Cherokee）甚至编有报纸，但凡此种种的事实始终不能动摇他的意见。这些族群最好的下场是和征服者“融合”，不必指望能独立生存。他谴责美国人心态贪婪，以残忍的手段压迫印第安人，却赞扬法国对阿尔及利亚人实施同样残暴的政策。他反对为了策略上的理由而做出“明显的不法行为”，但承认“我们焚烧庄稼收成，将粮仓洗劫一空并拘捕手无寸铁的男女和小孩”，是“不幸但必要”之举，殖民策略本就旨在“用征服种族来取代以前的居民”。[17]

他为阿尔及利亚的前途所勾勒的计划，注定以失败告终。当时被称为“美洲大沙漠”的环境，和人力无法征服的撒哈拉截然不同。阿尔及利亚的部落族群也不同于美洲的印第安人，他们是无法消灭的敌人，永远找得到撤退路线。法国人口相对稳定，始终无法产生足够的移民把阿尔及利亚建设成有号召力的海外行省，而美国却可以用其他多子社会的过剩人口来填满刚征服的土地。不过，假如历史的演进稍有不同，美国可能会变成阿尔及利亚那样。倘若苏族的帝国计划成功，或者北美平原的环境更难殖民，美国也可能只占有腹背受敌的沿海地区，宽阔的边境由重兵卫戍，以防内陆的原住民侵犯。

香蕉的轨迹

通常认为，稻米仅次于小麦，是从旧世界传到美洲的第二重要作物。前文提过的原生米（明尼苏达的野生湖米，参见第四章“人类为什么要务农？”一节）并不能反驳此点，因为它其实是不同属的植物（菰属，而非稻属）。殖民时代，在小麦无法存活的地区，稻米有重大的贡献。稻米在16世纪晚期被引入巴拿马，17世纪晚期被引入南卡罗来纳，从而使得这两个地区分别成为西班牙和英国这两个帝国的谷仓。在加勒比海大部分地区，稻米成为传统饮食的一部分，尤其是在英国人引进的印度劳工移民之居住地，或西非黑奴集中居住的地方（西非居民原先就种植当地品种的稻米）。虽然这种稻米和在新世界居大宗的亚洲品种大不相同，但是只要习惯吃其中一种，就不难适应另一种的口味。加勒比海稻米烹饪有一特征，就是将米和豆子混合，这不但补充了蛋白质，还实践了“混血”原则，即本土食材和外来殖民者食材的混合。在19世纪晚期和20世纪，移民美洲的华人和日本人为稻米创造了新市场，并引入新的烹调方法，比如日式甜麻糬是墨西哥人至今爱吃的一种街头小吃。美国如今则是世界主要稻米生产国之一，不过大部分的稻米用于外销。

虽然新世界的稻米委实是令人敬佩有加的例子，我却偏要把第二重要作物的宝座交给香蕉。有关这件事，个人的偏见或许蒙蔽了我的判断。我青年时代有两年在牛津的圣约翰学院做研究，每逢周日晚餐，人人穿上小礼服，常常有女士受邀出席，我们还要招待应邀在晚祷会上演讲的贵宾。大伙儿在教职员联谊会边聊边用餐后甜品时，常得搜肠刮肚地想话题，到头来为了省事，往往又谈起以前重复多次的老话题，起码对演讲贵宾来说是新话题。由于每次的甜品中都含有香蕉，香蕉的历史和传说遂成了经常出现的主题。香蕉果如伊斯兰传统所云是天堂的水果吗？香蕉最早在哪里栽植，又是在何时？香蕉有多么普及？不同品种各有什么历史，又各有什么优点？想到这话题是如此了无新意，大伙儿却又如此认真探讨，真让人奇怪那么长时间的讨论居然没有进展。不过从此以后，我对香蕉的认识还真多了不少。

我们今天吃的香蕉最可能的远祖，是生长在东南亚的野生品种。虽然欧洲人早在古代就知道香蕉，香蕉当时却是包含了强烈异国风情的一种水果：根据古希腊和罗马民间的植物知识，香蕉的起源地远在印度。古希腊哲学家泰奥弗拉斯托斯（Theophrastus）认为，圣贤之士会聚集在香蕉树荫下吃香蕉。到中世纪的全盛时期，人们已开发出能适应各种热带和亚热带气候的香蕉；中国华南以及非洲东岸到西岸间许多地区都种有香蕉。在摩尔人统治西班牙时，香蕉甚至是花园植物，不过后来打败摩尔人的基督徒并未继续种植。加那利群岛的殖民者则是唯一的例外，他们是第一批种植香蕉的欧洲人，到16世纪初期，加那利群岛上已有许多香蕉树。西班牙历史学家贡萨洛·费尔南德斯·德·奥维多（Gonzalo Fernández de Oviedo）密切注意新培育品种来到新世界的过程，根据他的记述，从加那利来的首批香蕉在1516年运抵美洲。有关这批香蕉的品种，可在英国人撰写的第一篇相关记述中找到蛛丝马迹。作者为英国糖商托马斯·尼科尔斯（Thomas Nichols），他曾在加那利的宗教裁判所受审，后来撰文回顾这番经历，文章在1583年出版。他写道："它（加那利的香蕉）长得像小黄瓜，黑掉的时候最好吃，比任何蜜饯都甜。"如果尼科尔斯的口味不算特别古怪，那么上述这番话暗示出，他指的是一种学名为Musa x paradisiaca，又称"矮蕉"（Dwarf Cavendish）的酸香蕉，此蕉以前曾是东非人的主食，大概在古代便已通过印度洋越洋贸易被引入非洲东部。[18] 如今，香蕉的异国风情早已荡然无存，是世上最常见的食物之一。以水果而言，它的产量仅次于葡萄，而大多数葡萄都用于酿酒。我们很难想象有朝一日蔬果商人会说："没错，我们没有香蕉。"这都是美洲大范围种植香蕉带来的结果。虽然非洲生产并消费了世上大多数的香蕉，但是四分之三的香蕉贸易却在加勒比海一带进行。

玉米的迁徙

在哥伦布交流过程中，新世界有失也有得。玉米和马铃薯是印第安人真正的珍宝，它们不同于金银，可以繁殖与移植。然而在哥伦布交流之前，马铃薯仍只是安第斯的区域作物，其他地区的人并不能接受。玉米则已从中美洲的原生地迁徙扩散到西半球大多数地区。在适合种植之处，玉米早已获得主食的地位，在不易种植之处则被当成神圣的作物。在玉米来到北美洲以前，那里早期农业试验的对象都是本土作物，研发的方法也是就地取材。[19]例如名称易引人混淆的菊芋*，它最早于公元前 3 千纪在原产地北美林区开始人工种植，或至少经由人工“管理”。其他品种的向日葵和水坑草（sumpweed）有含油的种子，藜麦、虎杖和虉草可捣碎制粉。[20]原生于同一地区的葫芦瓜和南瓜则特别适合人工栽种。

在以狩猎、采集为生的社群中，这些作物都只能充当副食品，并没有一种淀粉类主食可以大量供给主要营养。当源自热带的神奇玉米好不容易来到北美以后，却有好几个世纪被人忽视：玉米早在 3 世纪就从美洲西南部传入北美，却直到 9 世纪末前后才改变了当地农艺，当时开发出一种生长期较短的新地方品种。玉米一旦得势，它在美洲其他地区显露的专横特性便展露无遗：种植玉米需要群策群力以及精英合作。土壤必须按照各地特性来整治，有的地方必须修筑田埂或将土堆高，有时必须铲平森林。充裕的食物需要权力结构来达成：必须有人处理储存粮食的事务，管制储备品，规范粮食的分配。大量的劳力被动员修筑土墩，建造防御工事，进行宗教仪式，替统治者修建高大的平台来举办浮夸的政治仪式。靠近仪式中心的田地应该是用来种植、生产仪式食物，或展示个人财产；四周大片的公共田地则应该是用来种植谷物和淀粉类作物的种子。

玉米的栽植过程与上述发展同时进行，但这不代表玉米靠一己之力促成这些发展。当时务农为生的人（就我们所知）以本土种子

* 菊芋是一种向日葵，块茎可食用，它的英文是“Jerusalem artichoke”，字面之义为耶路撒冷的洋蓟，但其实它跟耶路撒冷一点关系也没有。“Jerusalem”是源自意大利文“Girasole”，即向日葵。——编者注

和南瓜为主食，散居在小村落和独立农场，但即使这些务农社群的发展方式都会令人想到他们栽种玉米。他们也创造了精确几何图形的土石工事，精美的陶器，以黄铜和云母制作的工艺品，还有看似用于安葬酋长的坟墓。即使以严格的饮食角度来看，我们也不该认为玉米的奇迹是福不是祸。玉米在驱离本土植物后，并未使人更长寿或更健康。相反，在密西西比泛滥平原一带出土的食玉米者的骨骼和牙齿，显示出这些人比他们的前辈多病，也感染到较多致命性的传染病。[21] 旧世界的入侵者初期也同样不大情愿食用玉米，而且吃了以后的后果还更严重。因为烹煮时有所疏失，食用玉米的黑奴出现营养不良。对逐渐仰赖玉米为主食的易洛魁（Iroquois）印第安人而言，玉米始终未曾消除其外来感：在他们的语言中，小麦和玉米是同一个词。[22]

因此，玉米扩散到原生地以外的过程如此缓慢，也就不足为奇了。欧洲虽率先取得新世界农艺，但其黄金地带的气候却多半不适合种植玉米，欧洲其余地区的人则觉得玉米不好吃。玉米所到之处，都被冠上含有异质意味的名称，比如西班牙苞谷、几内亚苞谷、土耳其小麦等。人们不大清楚玉米来自何方，却觉得原产地必定不是很干净。玉米比较适合“拿来喂猪，不宜给人吃”，甚至直到今天，欧洲生产的大多数玉米还是拿去喂牛。美国人将生产的玉米大部分制成玉米糖浆，其余的主要用于饲料；相对而言，直接用于给人类消费的很少。后来玉米的优点逐渐为人所知，人们渐渐肯吃玉米了。玉米产量大、易收获，而且只要阳光够充足，便可以在高海拔地区生长，小麦就不行。玉米因在 18 世纪时“突飞猛进”而广泛获得接受。在中国人口快速增长的时期，华南和西南山区的农民开始种植玉米，把高地开垦为新农田。在中东，玉米成为埃及农民的主食，他们种植其他种类的作物纯粹是为了缴税；不过在中东其他地区，玉米仍是边缘作物。要是没有玉米，18 世纪以来的巴尔干政治会呈现相当不同的面貌；玉米使得高海拔地区也能形成社区，不再受土耳其精英阶级的控制。在收税人到不了的地方，玉米有效地滋养了自治社区，在山区摇篮里培育未来的希腊、塞尔维亚和罗马尼亚独立政体。所以，在欧洲的这个角落，有一个美利坚产品的确孕育了自由。[23] 到 18 世纪末，有位居住在意大利里米尼附近的农艺学家乔瓦尼·安东尼奥·巴塔拉（Giovanni Antonio Battara）针对玉米这样写道：

> 孩子们，听好，如果你回到 1715 年，也就是老人家口中爱提的那个荒年，当时这种粮食尚未为人所用，那么你就会看到，贫苦的农家到了冬季吃草根为食。他们挖海芋的根，这里的人称之为“萨戈”（zago）或“蛇面包”，不加调味煮熟了就吃，或捏成面团来吃。甚至还有人用斧头砍下葡萄藤，磨碎了以后做成面包。人要走运才能张罗到橡子或豆子做面包。最终，上帝开心了，把这种食材引进各个地方，倘有哪一年小麦收成少，农民就有一种基本上不错又有营养的食物可吃；同时，感谢上帝恩典，人们逐渐开始种植一种很像白色松露的外来根茎植物，名为马铃薯（容我在此向大家介绍）。[24]

马铃薯、红薯

巴塔拉上述这番话显示出，新世界的生物群要么一起散播，要么一起停止前进，它们的名声是唇齿相依的。在中国，和玉米并肩前行的似乎是红薯而非马铃薯。一如在欧洲的情况，美洲的粮食在东方很快就为人所知，但很久以后才终于被人接受。玉米在美洲被发现后不久就出现在中国，速度如此之快，有些学者因而坚称玉米的传播早在史料记载以前。玉米传到中国似乎有两条各自独立的路径：一是被中亚国家当成贡品，自西方循陆路来中国，最早的记录是在 1555 年；二是由海路到福建，有位奥古斯丁修会会士在 1577 年见到当地人种植玉米。当时的中国人把玉米当成新鲜玩意儿，而不是正规的食物来源；在 17 世纪初一本标准农业概要书籍中，玉米只占了一个脚注。有关红薯的最早记载则出现在 16 世纪 60 年代，地点为云南靠缅甸边界一带，可能是循陆路自南而来。汉人觉得红薯很难吃，但那些不得不在原先被视为蛮荒山区生活的移民和拓荒者却很爱吃，他们先在福建、后到湖南开垦。据说 1594 年由于福建的传统作物歉收，那里的巡抚建议种植红薯。18 世纪时，红薯和玉米一起改造了中国许多地区。18 世纪 80 年代，湖南的官员倾力推广双季稻种植，建议农民在欠缺可耕荒地的情况下，也在山区种植玉米和红薯。长江流域原有森林覆盖的高地，被“棚户”（shack people）用来种植靛蓝和黄麻这两种经济作物，他们还在向阳的山坡种玉米、背阴的坡地种红薯来当主食。在福建、四川和湖南，也都有种植这两种作物以便和主粮互补的例子。18 世纪末，红薯已征服了许多人的味蕾，北京街头不时可见叫卖煮红薯或烤红薯的小贩。今日，以消耗量而论，玉米在中国已超越高粱乃至小米，是更普遍的粮食。不过，在中国玉米和红薯仍只是副食，并未取代本土主食——稻米。它们有扩大已开发土地的功能，但并不能发挥改种的作用。在东方其他地区，此二者的影响更为有限：印度人两种都不爱；没有人像中国人那么爱吃红薯。[25]

玉米和红薯征服了中国，马铃薯则在欧洲建立起某种优势。米歇尔·蒙蒂尼亚克（Michel Montignac）指称马铃薯是“杀手”，因为马铃薯和可以置人于死地的颠茄在生物分类上是同一属。但是只要吃的量够多，马铃薯能够供应人体需要的所有营养。这正是马铃薯的福与祸：马铃薯可以战胜饥饿，因而人们往往仰赖它为主食，但一旦歉收，全部人口都蒙受饥荒的威胁。在热量值上，马铃薯高于稻米以外的其他主食。马铃薯首先被引入西班牙和法国边界的巴斯克地区，后来到达爱尔兰。17 世纪 80 年代，在法王路易十四努力使法国扩张到“自然”疆界的期间，比利时地区试种起马铃薯；马铃薯从这里向东传播，穿越欧洲北部大片平原直到俄罗斯，成为这片广大地区弥补黑麦的基本粮食。战争有助于马铃薯的扩散，因为农民可以任马铃薯藏在地下，借以逃避官方的强制征收，在其他食物短缺时，可以吃马铃薯维生。18 世纪的动乱替马铃薯在德国、波兰播下种子。拿破仑战争把马铃薯带到俄国；马铃薯征服了这片拿破仑大军无法征服的领土。

包括第二次世界大战在内，欧洲每有战争，马铃薯的范围就扩大一些。学者和君王也助了一臂之力，他们的支持有助于这种遭受蔑视的作物扬眉吐气。前文已经看到拉姆福德伯爵拿马铃薯给巴伐利亚囚犯工厂的犯人吃，但他事前特意把马铃薯煮到糊状，以防犯人看出真貌而拒食。俄国的凯瑟琳女皇赞美马铃薯；法国皇后玛丽·安托瓦内特（Marie Antoinette）把马铃薯的花别在衣服上以昭显它的优点（有个不公允的常见说法是，她曾建议没有面包果腹的百姓吃蛋糕）。马铃薯是否“造成”欧洲人口自18世纪起惊人的增长？这是个重要的问题，因为在最高峰时期，全世界有五分之一的人口居住于欧洲，这对欧洲帝国的成形显然有相当的影响。但答案却很难确定。可能是人口的增长造成马铃薯产量的增长，而非后者促成了前者。马铃薯入侵的速度缓慢，而且零零散散；不少地方虽无马铃薯，人口也有增长。[26]不过，这种新块茎的确喂养了一部分新增长的人口，并有助维系19世纪和20世纪德国和俄国社会的工业化和城市化。1845年至1846年，马铃薯歉收迫使爱尔兰人移民英国和北美，为两地的工业革命注入劳力。因此马铃薯可以说有助于西方人研发出新的生产方法，从而使得19世纪的西方在与世界其余地方竞争时掌握了优势。

有一样原产于巴西的食物，虽未取得主食地位，但已普及全球。这是一种名称其实有误的豆科植物：花生*。花生含有30%的碳水化合物和多达50%的油脂，富含蛋白质和铁。以蛋白质和整体重量的比例而论，它的蛋白质含量高于其他作物。花生收割容易，烹调方法多样，然而不知何故，它在食物史上却始终只有边缘地位。一个极端的例子是，花生大材小用，被用来喂牲畜：著名的弗吉尼亚火腿就是用被花生养肥的猪制成的。另一个极端是，花生被当成罕见的精致美味，比如在中国。花生应该是由西班牙大帆船取道菲律宾带到中国的。中国人大为赞叹，因为这种藏在地里的果实“是落花所生的”，它的种子又酷似蚕蛹。花生极适合种在长江以南的黏沙土，又有足够的营养能成为主食。但或许是因为花生的

---

* 花生的英文peanut直译为豆坚果，但它不属于坚果（nut），而是豆科（pea）。——译者注

生殖方式太神秘，它在中国被当成具有神力的奢侈品；在 18 世纪的北京，花生是宴席常有的“长生果”。与此同时，在世界上大多数地方，花生成为某种特别菜品，通常是点心、盘饰或做成甜酱或酱汁。法国科学家夏尔・马里・德・拉孔达米纳（Charles Marie de La Condamine）在厄瓜多尔的基多时，口袋里装满了花生，不时吃来解馋，他坚称花生是他“在美洲见到的最珍贵物品”。[27] 在东南亚，它大受好评，和辛辣的辣椒同为制作沙嗲的基本材料。花生被葡萄牙船只带到印度和非洲，如今是这两地的重要产品，全世界大多数的花生油都产自印、非。美国产的花生半数制成了花生酱，它是少数从哥伦布交流前的时代流传至今、在现代美国仍备受喜爱的食物之一。

甜的用处

蔗糖说不定是第一样靠着公关力量征服新市场的食品。它是中世纪晚期逐渐全球化的市场上发生的第一个“供给侧”现象：这种热带食品因供应充足而受到欢迎，欧洲人渐渐吃上了瘾。糖所到之处，咖啡、茶和巧克力随后出现。不过糖比后三者都重要许多，一定程度上是因为糖是后三者成功的关键要素：虽然最早饮用这些饮料的民族并不见得会加糖，但对当初试喝的欧洲人而言，不加糖是无法接受的事。糖是 18 世纪“热饮革命”的先锋，如今则是全球产量最大的食品，甚至超过小麦。

然而，蔗糖当初出现时和这三种热饮无关，而是被当成烹饪佐料。在欧洲菜中加糖的做法，跟欧洲中世纪晚期的香料热潮息息相关。我们在前文已经看到，糖是富异国风情的佐料，和胡椒、肉桂、肉豆蔻、丁香、豆蔻并列，是可让食物产生变化、风味不凡的东方滋味。甘蔗被移植到新世界后，很快就成为越洋贸易最重要的货物。第一家糖厂在1513年的伊斯帕尼奥拉开张，葡萄牙人在16世纪30年代开创巴西制糖业。到了16世纪80年代，已出现三个明显的影响。第一，巴西成为世界主要产糖地，大西洋东部海域的产糖岛屿（参见第六章“贸易是侍者”一节）则逐渐式微。第二，欧洲国家为争夺产糖的土地，争相扩大帝国势力。最后，由于甘蔗园和糖厂需要劳动力，横越大西洋的奴隶贸易大兴。不过，蔗糖贸易的最大革命还在后头，这场革命将使得糖转型为最受世人喜爱的产品之一：加糖的热饮在欧洲兴起和普及。

咖啡随着西厄尔·让·德·拉罗克（Sieur Jean de la Roque）于1644年抵达法国。他以使节身份造访君士坦丁堡后返国，带了一些咖啡、精美的古老瓷杯和绣着金银丝线的细棉布小餐巾到马赛。他习惯在土耳其式的书房喝咖啡，在别人眼里“实在新奇有趣”。虽说不过几年，前卫人士就养成喝咖啡的新习惯，但是咖啡花了50年之久才克服所有的障碍，成为人人接受的饮料。法国人让·德·泰弗诺（Jean de Thévenot）在1657年注意到，巴黎的贵族雇用摩尔和意大利的工匠制作咖啡。[28] 亚美尼亚的进口商和街头煮咖啡的商人则令咖啡普及开来。在巴黎开设咖啡馆的弗朗切斯科·普罗科皮奥·科尔泰利（Francesco Procopio Coltelli）把咖啡当店里的头牌饮料，那里以前专门卖含酒精的混合饮品，比如“晨露”（浸泡了茴香、茴芹、香菜、莳萝和葛缕子的白兰地）和“完美爱情利口酒”。[29] 在洛可可艺术盛行时期的西方世界，咖啡变成了兴奋剂。巴赫的《咖啡清唱剧》以嘲讽的语气形容咖啡有破坏家庭的潜力。当这种新饮料确实广受喜爱后，咖啡的生产就到了下一阶段：把这种植物移植到新的土地，以便欧洲人控制供应量。18 世纪和 19 世纪的咖啡大热潮使咖啡来到巴西以及印度洋上的法属岛屿，还有圣多明各。在 1804 年黑人反叛起义、宣告成立海地共和国前，圣多明各一度是全球最大的咖啡和蔗糖产地。在咖啡新产区中，成就维持最久的是爪哇。荷兰人在 17 世纪 90 年代将咖啡引进爪哇，18 世纪时逐渐扩大生产，到了 19 世纪则为提升日渐贫瘠的土壤上的产量而奋战。农民被迫种植不适合的作物，其中以咖啡为主，从而形成恶性循环。荷兰作家爱德华·道韦斯·德克尔（Edouard Douwes Dekker）以穆尔塔图利为笔名，在 1860 年出版荷兰历来最有名的小说《马格斯·哈弗拉尔》，书中谴责这种现象：

> 政府强迫庄稼汉在他自个儿的土地上种植政府想要的作物，他种出来的作物只准卖给政府，要是卖给别人就得受罚，该付的价钱则由政府来决定。通过特权贸易公司把作物运到欧洲的成本是很昂贵的，加上需要送钱利诱长官，使得购买价更加高涨，同时……由于到头来整个生意必须有利润才行，要取得利润只有一个办法，就是只付一点款项给爪哇人，金额刚够他们填饱肚子，他们要是吃不饱，国家的生产力就会降低……诚然，这些措施常常造成饥荒。不过……一艘艘的船只旗帜飘飘、喜气洋洋，上面满载着让荷兰富有的作物。[30]

称呼咖啡为食物来源未免太牵强，而巧克力算不算食物来源则是长久以来议论不休的问题。17 世纪时，人们为了斋戒期间能不能喝巧克力而有争议，这不啻说明了早期的西方人在试喝过巧克力以后，心中存有疑虑。冒险家托马斯·盖奇（Thomas Gage）1648 年曾撰写有关巧克力的文章，一般认为该文首开先河，把巧克力的种种好处介绍到英格兰。盖奇在文中报道这种备受争议的饮品在新西班牙*一处偏远的教区造成的反响，那里的主教曾设法防范女士们在望弥撒时手持一杯用来提神的巧克力。主教并未成功，于是下令教士禁止在教堂内喝巧克力，从而引起了一场暴动。主教后来离奇死亡，据谣传，他是被一杯下了毒的巧克力毒死的。“从此之后，那里多了一句谚语：‘小心恰帕†的巧克力！’”

盖奇是从原产地开始认识巧克力的。虽说在他看来，巧克力似乎是一种不错又便宜的兴奋剂，但他也认为巧克力可跻身奢侈品之列。他形容说，有的巧克力混合了肉桂、丁香和杏仁（欧洲人应该会喜欢吃），传统原住民食谱中则有用苦巧克力加辣椒拿来炖肉的做法。墨西哥恰帕森林的拉坎顿人（Lacandon）至今仍有用细棍搅打巧克力以产生泡沫的做法，而且据描述，这种做法早在西班牙征服时代以前就有。[31] 征服时代前的拉坎顿人一般饮用苦巧克力，或加了香料的咸巧克力。欧洲人则不然，喝巧克力习惯加糖和香草，这有助开发欧洲的巧克力市场。18 世纪大多数时候，欧洲的巧克力主要从委内瑞拉进口。巧克力在 18 世纪的欧洲是高级饮品，饮用巧克力时有一套显示社会地位与众不同的繁文缛节，而且是富裕的象征。巴塞罗那的陶瓷博物馆收藏有以当时巧克力爱好者为主题的彩

---

* 新西班牙指 16 世纪以后西班牙在墨西哥、中美和部分北美地区所建立的殖民地。——编者注

† 该教区名为恰帕（Chiapa）。——编者注

绘瓷砖，画面的场景是有着亭台楼阁的封闭园林，在喷泉旁边，戴着假发的绅士单膝跪地，正要将一杯巧克力端给打扮得花枝招展的女士。人们必须研究出加工方法，使巧克力不但能饮用还能食用，才有办法使它从奢侈的饮料变为大众的浓缩热量来源。直到 19 世纪中叶，完美的加工方法才开发成功——这件事和食品加工逐渐工业化的过程相关，我们下一章才会讨论。与此同时，生产中心开始移往他处，原因却和前一世纪促使咖啡生产移至新殖民地的理由大不相同。由于咖啡的竞争，巧克力的需求量下跌，导致委内瑞拉的巧克力产业衰败，厄瓜多尔生产的廉价品种则行情看好。巧克力并不容易适应新环境，可可树必须借由小虫传播花粉，同时跟咖啡树一样必须生长在炎热但有遮阴的环境。1824 年，南美各地纷纷争取独立成共和国，搅乱了西班牙贸易，可可树的问题就在这一年解决了，人们找到了既可栽种优良品种、种植成本又低的地点。葡萄牙投机商人在几内亚湾以前产糖的圣多美岛和普林西比岛种植可可树。[32] 20 世纪 20 年代以来，非洲的黄金海岸被大规模开发，以供应贪婪的英国市场，西非终而成为世界首要的巧克力供应地。同时，拜供给量增长所赐，加糖的茶、咖啡和可可已走下高高在上的宝座，不再仅供上流阶级专享，而成为可让工业革命的劳工充饥的大众饮料。[33]

太平洋边境

太平洋是食物海运大交流的最后边境。1774 年，西班牙远征军企图并吞塔希提，但功败垂成，把西班牙猪留在了岛上。这些猪先是改良本土猪的品种，后来完全取代了本土猪。1788 年，布莱船长抵达这个岛屿时，鼻长、腿长、体型小的本土猪已经消失。结果塔希提在猪肉贸易上享有优势，并借由“两个发展”，在不久之后改造了太平洋地区。第一个发展为，库克船长改良腌制咸猪肉的方法，使咸肉历经长途海运仍可食用。第二个发展则是，开发澳大利亚为罪犯流放地。1792 年，温哥华船长从塔希提运了 80 只活猪到悉尼，想为犯人创造食物来源；不过后来事实证明，澳大利亚进口咸猪肉比养猪更经济。在咸肉贸易的第一个年头，亦即 1802 年至 1803 年，悉尼的独立商人（澳大利亚的首批资产阶级）经手 30 万磅的咸肉。咸肉贸易在四分之一个世纪后逐渐式微，在那之前，咸肉贸易量达到 300 万磅。用猪肉交换来的毛瑟枪激发了内战，使塔希提转变为君主制政体。[34]

太平洋历史上有许多更出名的创见、创举，都是库克的功劳，他也提倡将猪和马铃薯引入新西兰。他的努力起先遭到毛利人的抗拒，后者比较爱吃本土食物。“我们费尽千辛万苦，想要在这里放养有用的牲畜，但是这番努力可能会受挫，而挫败我们的，正是那批我们想为之供应食物的人。”不过到了 1801 年，新西兰北部已有人买卖马铃薯，1815 年左右，猪也成为交易商品。库克另外还想引进山羊、蒜、牛和圆白菜等，但没有成功，因为这些物品无法与毛利人的传统农业技术调和，而马铃薯却很像毛利人吃惯的红薯，猪则适合放养与挑选。库克的随船科学家约翰·莱因霍尔德·福斯特（Johann Reinhold Forster）为了把绵羊和山羊带入新西兰诸岛，吃了不少苦头。为了保护牲畜不受天气的影响，人们把羊群关在他隔壁的舱房里，这一点尤其令他难受：

这会儿，我遭到牛和臭气左右夹攻，我和它们之间仅隔着满是裂缝的薄木板。库克船长给了我一个房间，后来又被这位长官大人强制收回，这房间如今给了一群咩咩叫得挺平静的动物，它们在跟我的床铺等高的平台上大小便，另有五只山羊在另一侧的前方干着同样的事。[35]

这支探险队一连串的引进行动都很成功：

我们已将山羊带入塔希提，并打好基础，引进多种特别适合岛上内陆山区畜养的动物。我们在新西兰不同的地点，留下山羊、猪和家禽，在南部则留下了鹅……我们在各岛引进园艺种子，在夏洛特王后湾种植马铃薯和相当多的蒜，如此，未来的航海者便能以超乎预期的方式在这片海域恢复精力。[36]

然而毛利人杀掉福斯特送上岸的山羊，“令我们非常生气”。[37]英国海军军官理查德·克鲁斯（Richard Cruise）1820 年造访新西兰。“我们所到之处，不是马铃薯配猪肉，就是猪肉配马铃薯，我开始受不了猪肉和马铃薯了。”[38] 19 世纪 30 年代，为了帮助白人开拓者，绵羊终于从澳大利亚被引进。结果这片土地很适合养绵羊，这里的气候让羊毛长得漂亮，含盐分的草则使羊肉味道好。根据奥塔戈（Otago）一家报纸的报道，19 世纪 50 年代时，养羊业“金光闪闪，‘钱’途大好”。到了 1867 年，新西兰已有 850 万头绵羊。

新西兰是史学家克罗斯比所称的“新欧洲”的绝佳范例。新欧洲是指位于南半球的土地，环境与欧洲足够相像，可供欧洲移民发达兴盛，可让欧洲生物群生根，并可移植欧式生活。不过，即使气候适宜，隔着遥远的距离还是很难重现家乡的一切。在澳大利亚新南威尔士拓荒的种种艰辛，留下了生动的文字记录。举个例子，有个名叫詹姆斯·鲁斯（James Ruse）的男子原是犯人，后来受到赦免。1789 年，出身英格兰康沃尔农家的鲁斯获赠面积 30 英亩的农场，位于帕拉玛塔（Parramata）。在他看来，这片“平庸的土壤”要是不施肥，一定颗粒无收。他在播种以前，必须烧木材、埋灰烬、锄地、覆土，把青草和杂草埋进土里，然后让农田晒太阳。他种下芜菁种子，“这可以让土壤变成熟，以便来年之用”。他自己制作堆肥，任麦秆在坑洞里腐烂，然后用堆肥来覆盖农田。整个农场的活儿全由他和妻子扛起。像这样以前没有耕作过的土壤，如果要成功，就得试种各种不同的作物。早期的澳大利亚像是有点奇怪的新欧洲，由山药、南瓜和玉米组成。在移民首先定居的沿海温暖低地，玉米生长得比先发船队从英国运来的黑麦、大麦和小麦还好。他们种植冷杉和橡树，可以生产食物的树则较有异国风味，有橙树、柠檬树、酸橙树，还有靛蓝、咖啡、姜和蓖麻。船队前往外地途中，取得热带物种，有香蕉、可可、番石榴、吐根、球根牵牛、甘蔗和酸角。1802 年，总督府的庭园里已有“亚洲竹”供人欣赏。早期饲养最成功的牲畜引进自加尔各答和好望角，这两地也提供了能适应风土的果树。

长期来看，欧洲模式的确普及开来，不过呈现的主要是地中海风貌。资助先发远征行动的约瑟夫·班克斯爵士（Sir Joseph Banks）认为，南半球大多数地方要比北半球同纬度之处冷 10℃左右，因此他觉得植物湾（Botany Bay）应该就像图卢兹，故而送去柑橘类水果、石榴、杏、油桃和蜜桃。18 世纪 90 年代，犯人吃得到“所有种类的欧洲蔬菜”，不过在访客的描述中，那里却尽是地中海的颜色。首位总督的庭园里种有橙树，还有“许多无花果，果实跟我在西班牙和葡萄牙尝过的一样美味”，园中尚有“1 000 株葡萄藤，生产 3 英担*的葡萄”。英国皇家舰队的沃特金·坦奇（Watkin Tench）曾潜心研究土壤，他的研究是这片殖民地成功的关键。悉尼一间博物馆仍存有他采集的土壤样本，如今已干得像粉。坦奇赞扬“各种葡萄藤”的表现，表示“在一片激烈的臆测声中，已有人预言这些葡萄的汁液以后说不定会酿成欧洲餐桌上一种不可或缺的奢侈品”。他也看出柳橙、柠檬和无花果的潜力。1802 年有位法国中校来到澳大利亚，那时当地的蜜桃产量已多到拿来喂猪。他在总督府的庭园中看到“葡萄牙柳橙和加那利无花果在法国苹果树荫下逐渐成熟”。地中海世界也向澳大利亚供应一种可输出的主要产物。首批美利奴绵羊在 1804 年托运前往新南威尔士，一路航行后，只有 5 只公羊和 1 只老母羊存活下来，但是这已足够展开这个地方的畜牧业。

澳大利亚经验为 19 世纪的新欧洲殖民地设定了原型，这些沉默的大陆“根是欧洲的，树却长成不同的模样”。北美西部、新西兰和“锥形”的南美洲都被移民开拓（南美洲相对开拓较少），活跃、外向且人口稠密的经济体取代了原住民文化。这些地方的发展都不符合当初的计划，并各自培养出意料之外的特色——它们都是人们在从未体验过的环境中通过严苛考验以后，经由殖民炼金术所施展的魔法。[39]

---

* 英制重量单位，1 英担等于 50.802 千克。——编者注

第八章

喂养巨人

FEEDING THE GIANTS

饮食工业化的故事

天下无不散的筵席

——中国俗语[1]

食物，荣耀的食物呀，

罐头的、已包装的，还有冷冻的

食物，荣耀的食物呀，

你选择哪几样？

塑料袋里包的粉末汤，

修整过如木头似的牛排，

活像北极峭壁的鱼排，

密封的布丁？

食物，荣耀的食物呀，

预先煮过，预先磨碎，

食物，荣耀的食物呀，

去血脱水的……

——J. B. 布斯罗伊德（J. B. Boothroyd），

《现代奥林匹亚》（*Olympia Now*）

19 世纪的工业化环境

1852 年，曾任维多利亚女王餐宴总管和主厨的查尔斯·埃尔梅·佛兰卡特利（Charles Elmé Francatelli）向劳动大众传授烹饪秘诀，当时他提到的菜品中，有几样着实令人作呕。他建议，若想省去喝茶的钱（反正他很讨厌喝茶），那就在早餐煮牛奶时，往里头加进一匙面粉，“撒一点盐，然后配面包或马铃薯吃”。[2] 他建议以炖绵羊蹄待客，养病时吃浸在热开水里的烤吐司，至于圆白菜，细火慢炖一个小时便已足够。他认为：“牛肚算不上便宜的食物，不过要是你偶尔想好好吃上一顿，我会教你最经济的烹调法。”（长话短说，他教的做法如下：牛肚用牛奶煮上一个小时，然后配上芥末吃。[3]）在逐渐工业化的英国，新兴都市大众应该都做得出以上菜品。佛兰卡特利偶尔还会提到他自认在城市里很便宜就可买到的商品。然而大体说来，这位总管的注意力集中于已消逝的时代，那是由乡村贵族和佃农组成的时代。他的很多食谱带有一种不易得的田园风味，当中溅着猎物的斑斑鲜血。举例来说：

> 勤勉又聪明的少年住在乡下，大多本事高明，严冬时节偶尔还能捕捉到小鸟。所以说，我的青年朋友，要是你们有幸捕

捉到一两打的小鸟，首先必须拔光鸟毛，斩首斩脚，用一把小刀的刀尖从鸟身两侧剔除内脏，接着把鸟交给母亲，她们……会给你的晚餐做道好菜。[4]

他所谓“分给穷人的经济实惠的好汤”，来自他对往事的回忆。当时他在某乡村大宅当主厨，习于“行善举，把厚实营养的汤送给贵族和乡绅大宅附近穷苦人家饮用”。他的食谱令人想起《石头汤》这个古老的童话——厨子先放几根旧骨头，然后慢慢加入一大堆剩肉和蔬菜。

不过，即使在佛兰卡特利的世界中，工业革命也逐渐伸进了一脚。他预期至少有一部分读者已拥有厨房炉灶和因工业生产而变得便宜的各种锅具。这些都是城市专属的商品。在乡村地区，即使过了两三代，穷人家烧菜还是得用灶台。英国女作家弗洛拉·汤普森（Flora Thompson）在描绘牛津郡村庄生活的《雀起乡到烛镇》（*Lark Rise to Candleford*）一书中，就叙述过类似的情景。不同于佛兰卡特利假定的读者群，书里的村民并不买肉，因为雀起乡的每户人家都养了一头猪。村民一等小猪断奶就买下，焦急观察猪的增肥状况，因为“表现欠佳的猪”不啻白白浪费一家人的剩菜残羹。每逢圣诞节，家家户户都会分到“大宅”送的一大块牛肉。

回到都市，佛兰卡特利如此关心食谱的菜品够不够节省，反映了工业革命的一大经济问题：劳动力集中的潜藏成本，在于需求增加而供给日趋困难，造成食物涨价。所以锅中剩下的汤汁应加进燕麦片煮一煮；孩子们“有了甜点，就不需要多吃肉”；新鲜骨头和牛脸肉大大派上用场。佛兰卡特利同时对读者说：“我希望各位偶尔吃得起一只老母鸡或公鸡。”最后，他揭示了工业化的一大诡异迹象，那就是食品大公司的兴起。他有很多食谱明目张胆吹捧“布朗与波尔森”（Brown and Polson）的产品，这个品牌的“加工印第安玉米是最好、最经济的食品，不比葛根粉差。而且试验结果证明，它实惠又有营养，再弱的胃也消化得了。”这简直是当代典型的广告词。

食谱书最后几页登了广告，宣扬其他同类公司的长处。科尔曼（Colman）芥末是以“精湛的技术和改良的机械”制造的产品。在1858年之后的版本中，广告强调了这些产品被医学证明是“纯净”的，这反映出大众越来越忧心日益明显的工业化影响，亦即专利食品中掺了不良杂质。[5]工业城市新产生的健康问题，在广告词句的字里行间读得出来：在城市过度拥挤、卫生欠佳的环境中，传染病逐渐滋生。博里克（Borwick）发酵粉的广告标语用大写字母强调：“小心吃下去的东西。”鲁滨孙（Robinson）专利麦片可以做成“治疗感冒伤风的大众食谱”。专利品牌的鳕鱼肝油保证“不需费力呼吸，即可将维生所需的宝贵氧气……以人工输送到肺病患者的肺里”。广告客户骄傲地认为运输技术的进步使他们的产品能够营销到各地。埃普斯（Epps）可可粉不但在伦敦有售，“在乡间的杂货店、糖果店和药房亦有发售”。科尔曼芥末在“国内任何一家杂货店、化学药品店或意大利批发商那里”都买得到。[6]简言之，在那个社会各层面都在变动的过渡时期，佛兰卡特利的食谱捕捉到了当时食品工业化的现象。

市场的性质逐渐改变，正在进行所谓的“批量化”过程，即数量大增的同时，出现与现存生产与供给结构迥异的新集中模式。受到工业化的冲击，全球都处在前所未见且持续不断的人口扩张的早期阶段，尤其是发展中国家，生产也因此扩大到前所未见的程度。19世纪初，世界大概有10亿人口；过了一个世纪，增加为16亿；2000年，全球第60亿个宝宝宣告诞生。已完成工业化或逐渐工业化的大型城市不断成长，必须找到新方法来喂饱大众。

初期，自法国大革命战争唱起《马赛曲》以来，军队多多少少就预示了这股趋势。军队就像城市，集中了许多人。欧洲近代历史上从未有过如此庞大规模的集结，而且军队往往驻扎在远离食物供应来源之地。战时的后勤补给为19世纪欧洲研发食物生产与供应新方法的人树立了模范，有时更提供了革新的构想。举例来说，制造海军口粮饼干的国有烘焙厂率先出现的大规模生产线制度，启发了食品工厂的诞生。军队出征需要口粮，刺激了罐头技术的发展。保养武器必须用到油，使得开发新油脂的压力更大。当初发明人造奶油，就表明是要给法国海军使用。

工业化有助于引起战争，在工业化国家发生大冲突的时代，比如美国南北战争、意大利统一战争和德意志统一战争，都是逐渐工业化地区的中央集权政府在挑战邻近未工业化地区的地方主义或自治诉求。然而，在19世纪的欧洲和北美大部分地区，军队活动力不强，只从事为时不长的有限战争，或离开正逐渐工业化的地区去出击帝国的边境。自1815年至1914年，城市的成长取代军队的成长，成为促使欧洲转变的动力。1900年，欧洲已有9个城市的人口超过100万。生产食物的乡村人力渐渐流失，跑到了消费食物的城市。19世纪末，英国大多数的人口已放弃农业、转向工业，从乡村生活投入城市生活。在逐渐工业化的欧洲其他地区，也明显出现同样的趋势。1900年，圣彼得堡有三分之二居民被归类为前农民。眼下，“发达”世界的各国都只有2%到4%的人口务农，而且最多只有20%人口居住在为方便统计被划为乡村的地区。

城镇无法喂饱自己，结果形成潜在的食物悬殊差距，只有工业化才能弥补。因此，随着市场的扩大和集中，食物本身变得工业化了。食物生产日渐集约，食品加工业越来越配合耐用消费品产业所确立的模式。供给变得机械化，配销经过重组，用餐时间随着工作日模式的改变而起了变化。过去约半个世纪以来，我们甚至可以说“吃这件事逐渐工业化”，因为食物变得“快速”了，一般人家也仰赖外面卖的标准化现成菜肴。

生产、加工与供应的现代革命

18世纪时，“农业改良者”会得到农艺协会颁授的证书，食物生产集约过程的第一阶段即记录在这些印制精美的证书中。“科学”的牲畜养殖和土壤管理越来越能博得协会成员的青睐，其次是有关种植、收割、排水和施肥的新技术。上述活动正是我这一代人的小学课程内容。当我们要研究“农业革命”，即是研究那些想出新方法的理论家与新加工法的发明者的英雄事迹：法国的重农主义者、西班牙的皇家经济协会、英国的农业理事会、高产的新动植物品种的研发人、抽水机、种子条播机和轮种法的发明者。他们的努力使得马铃薯、甜菜、芜菁、三叶草和紫花苜蓿的产量倍增，冬季时更易获取牲口的饲料，并削减了休耕农田的面积。

农业选择性地逐渐变成半工业：由于各地环境条件不同，演进过程并没有标准的模式。在美洲和澳大利亚已拓殖草原地区所形成的“新欧洲”，农业和牧业规模逐渐扩大，且日益机械化。在旧欧洲部分地区，面对新欧洲的竞争，专业和整合已是大势所趋、不得不然。奴隶制度废除以后，以往拥有奴隶的农业地区出现劳动力危机，此危机在不同的地方获得不同程度的解决，解决方法结合了机械化、“苦力”移民，以及回归较“原始”的佃农和小自耕农模式。不过大体说来，在工业化后，即使在传统土地所有权模式并未消失的地方，比如欧陆西部大多数地区，农业也越来越像是一种“生意”。

卢瑟·伯班克（Luther Burbank）是19世纪最著名的农业企业家，他的手艺体现了他发明家、投资者、公关人员和经理人的天赋。他自幼务农，1875年在加利福尼亚的圣罗莎市开了一家市场花园公司，那年他26岁。19世纪80年代，他开始了一系列新品种的试验：他要把赫利奥加巴卢斯—— 一个对野性和规模化的执着追求者——吃过的东西进行杂交。他喜欢新奇而引人注目的创新——白色黑莓，无核李子，半是李子半是杏的新品种水果——和大规模统计数字。据说他创造了1 000种新物种，其中有伯班克马铃薯，现代餐桌上的支柱——爱达荷黄褐色马铃薯，就是从这个品种里派生出来的。他经常谈到“与自然合作”，但他对生产速度和产出规模有着工业家般的热情。在自传中，他自豪地宣称他的生活是“以数量为基础，加速运转的”。对于成千上万的追随者来说，他代表了美国的理想。据他的一位狂热的追随者说，这位未来的大师和千万富翁“走进了圣罗莎，孤身一人，默默无闻，带着十块钱，十个马铃薯，几本精选的书，一套衣服和一份健康证明”。他是美国“无利不起早”价值观的辩护者，也是其塑造的典范。他宣称："在美国，我们可以做任何事情，只需下定决心，然后全力以赴。"然而，他的名声却被过分夸大。他究竟是一位热心的、自学成才的"法拉第水平的科学家"——如许多崇拜者所言，还是一位无纪律的科学家——"植物巫师"或者魔法师的学徒？批评家们声称他的研究结果是通过浪费的方法得到的：每次成功的实验都伴随着成千上万的植物被扔进火堆。他的成功是统计学上的一个小把戏：他尝试了那么多杂交，其中一些根据平均法则必然会成功。就他而言，他声称自己几乎是绝对正确的，并且拥有一种独特的天赋，在鉴别有用植物方面的"自然能力"在同时代的人中无与伦比。他卷入了他那个时代的重大科学争论中，事实上，在某种程度上，我们也卷入了正统达尔文主义者和异端分子之间的争论。正统达尔文主义者认为，自然选择是全面解释进化论的一个充分机制，而异端分子则坚持认为随机突变会发生。

伯班克本人既没有科学知识，也没有科学直觉。他声称自己对园艺的热爱始于 8 岁那年，当他被一片绿色田野的美丽和神秘所折服，被雪中突如其来的、无法抑制的、不合季节的春天将至的迹象所温暖之时。他喜欢对"宇宙的灵魂"进行神秘的沉思，对后天特征的遗传性以及"我们的救世主，科学"的召唤进行无知的推测。他有一种泛神论的、独特的个人宗教，并倾向于把"大自然母亲"人格化为世界上的一种智慧力量。有时他把自己说成是"大自然奇迹之母"的小偷。他驳斥优生学，但坚持认为培养至关重要。他说："我使用'环境'这个词的次数可能要超过有史以来的任何一个人。"他对食物的历史产生了两方面的良性影响：第一，在物种发展的生态背景下鼓励后继者；第二，通过鼓励模仿者开发新物种。他的例子帮助塑造了拯救生命的新物种，后来引发了“绿色革命”。[7]

在 19 世纪晚期和 20 世纪，为增加产量不得不进行资本投资，而越来越多的资本来自制造肥料与加工饲料的大工业公司。英国农学家约翰·劳斯（John Lawes）于 1842 年把富含磷酸盐的矿砂溶解在硫酸中，发明了世上第一种化学肥料。直到 19 世纪最后几年，人们才开始应用这项技术，当时陆续发现了磷酸盐矿，并对其进行大规模开采。与此同时，堆积如山的海鸟粪和钾盐滋养了贫瘠的农地。肥料科技真正的化学革命发生于 1909 年，德国科学家弗里茨·哈贝尔（Fritz Haber）发现从大气中萃取氮的方法，氮是硝酸盐肥料的原料，拥护者因而形容他是“从空气中摘面包”。[8]

农场最终成为某种流水线作业：化学肥料和加工饲料自一头进去，可食用的（有时却难以下咽的）工业规格产品从另一头出来。1945 年，此趋势接近顶点，美国宣布举办“明日之鸡”比赛，3 年之后，开始生产集约化的笼养鸡。[9] 笼养技术配合了 1949 年起上市的“生长维生素”和 1950 年起上市的抗生素饲料，使肉鸡养殖场快速增加到 4 万家。有些农民养了 1 000 万只雏鸡。[10] 贝蒂·麦克唐纳（Betty MacDonald），华盛顿州一位养鸡场主的妻子如实回忆，老式的“鸡笼里有及膝之高的黄鼠狼以及很多血迹”，“愚蠢”的小鸡总是会在饮水器里淹死或在孵卵器下“互相啄对方的眼睛或脚，直到它们变得血淋淋的，一动不动”。[11] 新方法的倡导者们虚伪地声称，这种鸡之所以能“覆盖全球”，是因为它有独特的优点：这种鸡不挑食，而且还拥有“冬暖夏凉，易于保暖和散热的羽毛”。[12] 这种无情的新生产方式使鸡肉成为现代社会的廉价食品。20 世纪晚期，“工厂式农场”供应工业世界大多数的肉类、鸡蛋和乳品。这些农场把动物当成机器，它们是没有特征的生产单位，关在工程学上容许的最小空间里，以便获得每单位成本的最大产量。这种做法令人良心不安，但胃肠饱足。显然胃肠占了上风。

配销革命有时也伴随着不人道的做法，活生生的牲口在运送过程中饱受虐待。不过，运送活体牲口的年代大体上已经过去了，新技术取而代之，比如用快捷的冷藏货车长途运送屠宰后的牲畜。在工业化早期和之前的社会，牧人需把牲口赶到屠宰地点。牛仔们从19世纪中叶起为美国西部的铁路劳工供应肉制品。他们辛苦地驱赶牲口，场面之壮观和路程之遥远，在历史上尚无出其右者。但他们也因此替自己多年来的生活方式敲响了丧钟。铁路网落成后，火车开始载运活体牲口。自19世纪70年代冷藏技术出现以后，不论目的地距离多远，以铁路运送屠宰后的牲畜都不致腐坏。同时，交通革命当然也影响了较不易腐败、无须冷藏的商品的供给情况。由于19世纪下半叶北美大平原的铁路和小麦田双双发展起来，小麦成了最重要的运输商品。我在明尼苏达大学担任客座教授期间，从位于明尼阿波利斯市区寓所的阳台向外眺望，眼前就是曾经不可一世的“铁路小麦搭档”组合的残败遗迹。皮尔斯伯里（Pillsbury）公司和通用面粉公司的空厂房正被改造成旅馆和公寓，往日宣扬自家面粉有多棒的广告标语还在，但都已经褪色了。一旁，险遭破坏、幸被抢救下来的密尔沃基铁路公司的车站也正历经重生，将翻修成时髦的购物中心。老行业已迁离市中心，但在新址的现代化的磨坊、谷仓和过磅房里，仍是一片欣欣向荣的景象。在铁轨尚未生锈的地方，火车已很少载运旅客，却依然是谷物交易的干道。

19世纪晚期，铁路开始和以蒸汽为动力的海运路线衔接。英国的汽船吨数从1883年起超过帆船吨数：全球路线永远无法完全摆脱气候的影响，但后者的影响的确正逐渐减少。明尼苏达的铁路大王詹姆斯·希尔（James Hill）曾慷慨解囊，独力斥资盖起圣保罗市的大理石天主教堂，这位大亨就拥有自己的轮船队。横贯落基山脉的快速铁路的终点站，与1900年启用的西伯利亚大铁路的终点站，就是被他的轮船队联结起来。交通网络的完成不只有重要的象征意义，事实上，跨洲的大宗货运走陆路和海路从此同样容易。从温哥华到符拉迪沃斯托克，蒸汽运输联结起北半球幅员广阔的食品生产和消费带。“贸易的流动不再受大自然左右。”[13] 由于食物的产地和消费地不必毗连，于是全球各地兴起一种新形态的专业化。在逐渐工业化的地区，农业衰落，事实上在19世纪末，英国的农业一蹶不振，西欧各地放弃种植小麦，因为从远方进口反倒便宜。由于食物生产西移，新英格兰碎石遍布的农田开始慢慢退回森林状态。

然而，配销仍需本地化。新兴的大都市出现新的购物方式，市场变成城市的责任。举例来说，在1846年以前，根据传统和世袭制度，曼彻斯特的市场垄断权是领主莫斯利（Mosley）家族的特权。19世纪30年代时，城市地区的发展使这项特权岌岌可危，周遭城镇不受限制的市场有损害莫斯利家族权益之虞，莫斯利家族却没有能力和资源来管理此失控现象。该家族因不断和市政当局争夺控制权而元气大伤。1836年，曼彻斯特的史学家写道：“如此富有、如此恢宏的城市，拥有的市场不应只是如此。”19世纪40年代早期，莫斯利爵士同意以20万英镑出让特权，这个价格在当时显然是巨额的。他拿出恺撒《战记》中的英雄气概，为自己的情况做了理性的解释，以第三人称写道：“他为了保护祖先留下的领主权利，多年来因无法避免的诉讼忧心忡忡，终于满意地将这些权利托付给能够独力管理它们的手。”[14]他以浪漫的姿态退场了。

由市政府管理建造的市场，从结构来看不啻为工业技术的神奇不朽之作：优雅的铸铁拱廊支撑着水晶墙面，高高架起水晶屋顶，市场内一片繁荣的景象。古代有水道桥和集会场，逐渐工业化的欧洲则有市场、火车站、冬季花园和购物商场。最宏伟的例子有些已经消失了，但我仍要在此推崇西班牙，因为它是把残存遗迹保存得最好的国家；希望不要有人因此认为我有民族沙文主义。马德里的大麦市场（Mercado de la Cebada）建于1870年，为后继市场的模范。英国进口的圆柱支撑起不规则三角形的玻璃顶，设计者为市长尼古拉斯·马里亚·里韦罗（Nicolás María Ribero），他并无工程或艺术背景，却有满腹雄心壮志要促成所辖城市的现代化。市场占地416平方米，中央是座喷水池。西班牙所有城市都有这样的市场，大城市更有好几个，至今不论内部情景还是建筑结构都依然为人称道。英国旅行文学作家H. V. 莫顿（H. V. Morton）写道：“在马德里的后街小巷，藏着世上最典雅、布置得最美丽的市场。它们是你在芭蕾舞或音乐剧舞台上看到的那种理想市场……我从来没看过鱼啊、水果啊、蔬菜啊、肉啊可以排列得这么精美，显现日常事物迷人的面貌。”[15]

在发展迅速的城镇，单靠市场并无法应付商品流通的需求；城中有些其他的地点可以服务零售商和恰好住得不远的购物者。商店和（影响程度较小的）流动商贩是连接市集和社区的重要桥梁。[16]杂货店以前专卖香料香草，这时已变成各类食品杂货的供销商。有些杂货店为了追求大量生产以达到规模经济，发展出“连锁店”系统，首开先河的是格拉斯哥的杂货商托马斯·利普顿（Thomas Lipton）。他的“祖国与殖民地商店”创立于19世纪70年代，到了19世纪80年代，大不列颠每个人口众多的中心都有他的商店。他的“自有品牌”红茶今日在国际上仍有盛名，其他的生意项目则已消失。超级市场是此趋势的最后阶段，而且带有一点矛盾意味：超市兼具市场的规模和零售店的便利，使其他的食品零售方式有被吞并之虞。从20世纪60年代至80年代，超市有一段时间如怪兽一般日趋巨大，往往坐落在城区外，顾客需驾车载着买好的商品回家。不过，在20世纪90年代，此趋势出现反转，欧洲以及美国几个大都市地区的连锁超市纷纷迁回市中心，或回过头来开始送货上门；后一项服务以前的地方杂货店普遍都有，现在似乎正濒临消逝。

在乡村的产量达到新规模以及新的配销和供应方法出现之间的空档，机械化的加工方式使食物更容易取得。食物制造商仿效其他产业，采用机械化生产线，制造标准化产品，在19世纪用蒸汽、在20世纪则用电力作为动力来源。人们在述说这类事迹时，往往把发明者和创业者形容得有如英雄，说他们是创新的先锋，是自强不息的化身。实际上，把食品制造带进工厂的过程并没有那么了不起，它是累积加模仿得来的。我们可以举四样产品为例。巧克力棒、人造奶油和高汤块这三样产品是工业化时代的新发明；工业化生产的饼干却是新瓶装旧酒的古老食物。饼干本是最普遍的食品之一。机械生产的饼干为人类感官带来了一种新的吸引力：规格化的几何形状，明显的一致性，质地和味道完全可以预测，一如巧克力棒和高汤块。这些产品扬扬自得地宣称它们和独立匠人一个个手工制作的产品并不相同。

19世纪在商业上最成功的饼干以马口铁盒包装，盒上的图案带有田园风情：风度翩翩、盛装打扮的军官们护卫着几位穿硬衬大篷裙的俏丽女士，走在一条铺设工整的石板路上，路边是一家弧形门面的古雅商店。现实状况是，店面坐落的伦敦路是条泥土路，从伦敦西行而来的马车途经雷丁（Reading）时，会在这条路上停靠，约瑟夫·亨特利（Joseph Huntley）1822 年就在这里开始他的饼干生意。马车把老顾客带到店门前，客人们也随着马车路线扩散到各处。这家公司声名鹊起，从伦敦到布里斯托都有它的顾客；它甚至还能建立业务员网络，远在利物浦都有业务员向零售商家推销商品。不过这家公司其实做的是老式的贵格会生意，是由家族成员经营的事业。生产场所是传统的小烘焙店，一家人就住在店面楼上。除了亨特利的一个儿子制作的保鲜金属盒外，其他制造技术其实很简单。1846 年乔治·帕尔梅（George Palmer）成为公司合伙人，把量产的观念带到伦敦路。然而工业化的构想并不是凭空从帕尔梅的脑袋蹦出，而是在前人经验基础上的水到渠成。早在 18 世纪，海军工厂即以人力生产线来制造口粮饼干；1833 年，皇家海军引进蒸汽动力机器来搓揉面团。19 世纪 30 年代晚期，另一位贵格会教徒、出生于卡莱尔市的乔纳森·迪克森·卡尔（Jonathan Dickson Carr）发明饼干压模机，同一块面团得以在花费最少人力的情况下，同时压出许多块饼干。直到今天，雷丁和卡莱尔仍为了到底是哪个城市率先批量生产饼干而争执不下。[17] 帕尔梅的新措施革新程度并不很大，他利用了以前制造军粮的烤炉的规格。至于制作面团的设备，他引进别人已发明问世的技术。他设计让擀面的步骤可以反复进行，如此来擀面杖可以先往前再往后，节省一半的时间。他之所以成功，大半是由于他能整合从营销、财务到生产的各个企业环节，而不是因为他在技术上的创新。

帕尔梅和其他饼干制造商带来的改良虽各有局限，累积起来的成果却很丰硕。1859 年，全球三大饼干厂都在英国，总产量 600 万磅。到 19 世纪 70 年代晚期，这三家公司的总产量为 3 700 万磅。装在亨特利与帕尔梅饼干盒中的雷丁饼干，与盒子外别具特色的蓝色包装，成为英国工业和大英帝国无远弗届的象征。里兹代尔勋爵（Lord Redesdale）于 19 世纪 60 年代看到一位蒙古女族长用雷丁饼干盒莳花种草，游牧到哪儿就带到哪儿。19 世纪 90 年代他看到锡兰一间小教堂用饼干盒当圣餐台上的花瓶。苏丹的起义军领导人马赫迪的追随者回收饼干盒制作刀鞘。基督教传入乌干达期间，教徒用饼干盒装《圣经》，以防白蚁噬咬。英军 1897 年进入阿富汗的坎大哈时，在市集墙上发现亨特利与帕尔梅公司的广告图案。英国探险家亨利·莫顿·斯坦利（Henry Morton Stanley）在非洲中部时以雷丁饼干果腹，并曾在现今的坦桑尼亚境内把几盒饼干送给一个好战的部落，安抚了对方。据饼干公司史料人员记载，20 世纪初，一批海军登陆费尔南德斯岛（即《鲁滨孙漂流记》里写的小岛），“在那儿只找到几头山羊和一个空的雷丁饼干盒”。[18]

亨特利与帕尔梅改造了饼干，另有产业创造了带给人类全新体验的食物。比如，巧克力就被重新发明，从奢华的饮品变成大众市场的固体食品。要促成这样的改变，可不只是需要有压榨可可豆的机械化工厂。早在 18 世纪末，巴塞罗那和博洛尼亚即有这种工厂，但它们制造的仍是供少数顾客饮用的昂贵产品，这些顾客我们在上一章便已谈过。固体巧克力这个新产品还需要有新的文化氛围配合，即心态的革命。技术来自欧洲大陆——西班牙和意大利率先以机器压榨可可豆；在荷兰，康拉德·范·霍滕（Conrad van Houten）创制可可粉；瑞士的卡耶（Caillier）家族和内斯特莱（Nestlé）家族联姻后，联手生产牛奶巧克力。不过，在改革口味一事上贡献最多的，是英国贵格会的可可厂商。18 世纪和 19 世纪早期，英国贵格会信徒因为被宣告无民事行为能力，不得不投身商界。* 巧克力生意格外吸引他们，因为可可有潜力成为具有镇定作用的饮料。约克的弗赖伊（Fry）家族和伯恩维尔的卡德伯里（Cadbury）家族都有雄心壮志结合宗教信仰和商业利益，让产品价格降低、产量提高，以配合大众市场。巧克力棒应运而生。[19]

弗赖伊家族在 1847 年推出第一批真正的巧克力棒，可拿来吃，而非泡成饮料。它们不易碎也不干，可以塑形，质感就跟今日消费者所熟悉的一样。这些巧克力棒是用范·霍滕可可粉加上糖与可可脂制成的。[20] 它们特别适合批量生产，接下来的 150 年间不断有人加以改良，在制造过程中做小小的改变，呈现新的口味和口感，花样推陈出新，简直永无止境。巧克力从殖民地作物演变为工业产品，这段历史都被浓缩进作家罗尔德·达尔（Roald Dahl）笔下的巧克力工厂，这家虚构的工厂结合了超越现代的技术和很小一群奴隶的劳动。达尔书中的企业家主角威利·旺卡取材自美国巧克力大亨米尔顿·斯内夫利·赫尔希（Milton Snavely Hershey）†。此人不但是慷慨仁慈的雇主，平常更乐善好施，还是个天才商人。他是美国梦的化身，从一连串的灾难和破产中坚持不懈地挺了过来。他 30 多岁的时候，还只是一个手推车小贩。一位赞赏他的员工说：“他天生爱吃

---

* 贵格会因为不服从英国国教，被宣告无行为能力，不得从事专业领域的工作。——译者注

† 以其姓氏命名的巧克力品牌译作“好时”。——编者注

甜食，从来没有停止过制作糖果。”1904 年，他在自家一座老农场的旧址上开办了一家巧克力工厂，从此开始了他的伟大之路。后来，他的工厂发展壮大，里面有了住宅、医院、公园和动物园。大萧条时期，赫尔希通过扩建社区的便利设施，让工人们继续工作。他最衷心的慈善事业源于其个人悲剧：他没有孩子，这激发了他善待孤儿的使命感。“在谈到孤儿院里被收养的孩子们时，他说：“我愿意付出拥有的一切，如果我能把这些孩子中的一个叫作我自己的孩子。”他的捐赠非常慷慨，以至于他死后的私人物品拍卖只筹集到 2 万美元。[21] 他今天的遗产包括好时公园（一个迪士尼式的大型主题公园，最初是巧克力工厂员工的野餐场所），米尔顿·赫尔希学校和医疗中心，还有好时酒店（以佛罗伦萨宫殿酒店为模板建造，坐落在宾夕法尼亚州的中心）。

在他的生产线开始制造巧克力棒后，赫尔希开创的这项事业在起初近百年间并未在社会上产生很大的影响。好时巧克力在第二次世界大战期间经过改良，可以抗热带气候的高温，因而被当作军粮，帮助美军在热带环境中冲锋陷阵、打败敌人。新的征服者带着改造过的巧克力重返热带，使可可仿佛又绕了一圈回到发源地。与此同时，巧克力制造与公共慈善之间的联系开始淡化。巧克力企业家往往是激进的新教徒——在英国，他们几乎都是贵格会教徒——他们执着于节制、友谊、兄弟般的关爱和商业繁荣。在早期，好时公司本着同志情谊，向刚刚起步的玛氏公司（Mars）提供巧克力；好时的合伙人 R. 布鲁斯·默里（R. Bruce Murrie），是 M&M’s（即 Mars & Murrie’s）巧克力豆的创始人之一。据唯一一位被允许完整查阅玛氏记录的记者说，在今天这场“巧克力大战”中，玛氏与好时之间的竞争被无情而隐秘地称为“以棒制棒”。从工业资本主义的一般标准看来，在当今巧克力行业的巨头中，只有玛氏公司仍然保有特殊的道德标准，不过这不妨碍它成为市场上的有力竞争者。它始终是一个家族企业。尽管营业额超过麦当劳，但它从未在证券交易所上市，也几乎从未参与过收购或兼并。马尔斯家族传至当代的族长是冷酷专注、野心勃勃的福里斯特·马尔斯（Forrest Mars），他仍掌控着玛氏公司。他对个人节俭有着狂热的标准，但对员工很慷慨，对客户也具有服务意识。玛氏的目标是税后利润仅为3%，所有员工都是“合伙人”，他们的薪酬与利润同步。家族的管理风格更像部落君主制，但玛氏合伙人的收入高于其他类似公司的同行，而董事的收入则要低得多。[22] 巧克力的工业化有一个副作用，就是产品被改造得与其天然形态迥异。工业的力量能制造蜕变，这令19世纪的食物化学家大为着迷，尤其是他们正研究该如何向消费者介绍肉食：他们想要美化这种血淋淋的基础食物来源。在17世纪和18世纪，静物画常以屠宰好的畜肉为主题，不少大画家描绘了动物的尸体之美。画家原本只是想练习如何用艺术手法呈现解剖原理，但这类主题博人惊叹，仿佛在揭示创造的奥秘，甚至成为圣餐的象征。当伦勃朗画出一大块淌着血的牛肉，当安尼巴莱·卡拉奇（Annibale Caracci）描绘肉店里吊挂着汁液淋漓、闪闪发亮的肉块和鲜明的骨头、筋膜，观者完全不会觉得恶心。但18世纪晚期兴起的浪漫主义感性，加上新兴的素食宣传（参见第二章“营养学魔法”一节），却改变了人们对肉的看法。在新的世纪里，人们探索的重点是如何在情感净化的形式下尽量摄取肉里的营养。

“动物化学”最有影响力的倡导者首推李比希男爵，他认为对

肉汁精华的探讨研究是冒险事业，其大胆勇猛并不亚于当时盛行的异域探险行动。这项事业探索的是未开拓的全新领域，

> ［那里有］各式各样的冒险行动；我们对此领域的知识，大半来自这些冒险家在不定期的探险或远足期间所发生的故事与他们的观察所得。然而，就算探险的地方小之又小，但能够获取精确的知识、使追随者不迷失方向的冒险家少之又少！在一个国家旅行是一回事，在那里建立一个家，却是大不相同的另一件事。[23]

他自己也致力探讨这个领域。他执着于形态的改造，事实上，他把肉汁精华与营养相提并论，认为提炼肉汁精华就是将食物转变成“细胞组织的构成要素”。[24]在他进行研究前，一般即已公认浓缩肉汁的营养价值很高，有些科学家还有先见之明地称它为“汤之味”（osmazone）。人们长久以来认定清肉汤是体弱多病者的最佳食物。半固体状的高汤冻（consommé en gelée）提供同样的营养，如果加进足够分量的凝胶，还可制成“便携汤”：18 世纪末时，陆、海军常拿这些汤块喂给生病和受伤的军人吃。有一种用生肉碎屑泡在热水中制成的牛肉茶，也有人提倡饮用。19 世纪初，法国生理学家弗朗索瓦·马让迪（François Magendie）发现含有氮的食物能促进生长。19 世纪 40 年代，李比希男爵认为肉是由氮所“构成”，直到他自己的实验证明此说有误。李比希早期致力于挤压生肉以制造“肉汁”，但是这个方法不合经济效益，还不如加水制出“精华”，况且此“肉汁”的液体中并没有特别的浓缩营养成分。虽然一再失

败，李比希却百折不挠，因为他明白一旦成功，“钱”途无量。在冷藏技术发明以前，南半球有大量未利用的牛，北半球却有货源不足的庞大市场。1865 年，李比希创制出名为“奥克索”（Oxo）的汤料，让南半球的货源可以供应北半球。他用水浸泡生牛肉泥，滤出汁液后煮沸，让水分慢慢蒸发，然后把残渣压成方块。1874 年，加拿大的约翰·罗森·约翰斯顿（John Lawson Johnston）发明了保卫尔牛肉汁，该产品和“奥克索”差不多，但是以糊状出售，而非易碎的汤块。这两种产品宣称营养值相当于大量的牛肉，因而激怒了提倡低蛋白饮食的人士。作家理查德·哈利伯顿（Richard Halliburton）形容它们泡出的汤汁“就只是装在杯子里的牛尿”；谷物生产商家乐则称之为“容易腐败的细菌”。

肉汁精华是一种模棱两可的产品，即使不欣赏这种产品的人也都看得出它的用处。另一方面，我们似乎更难理解人造奶油何以能突破它被创制时的环境而留存至今。人造奶油可谓 19 世纪社会的产物，该世纪中叶曾有短短一段期间，油脂供应出现危机。油脂的不足促使欧洲强权国家在棕榈油的潜在产地从事殖民，也刺激了捕鲸技术的发展，配备爆裂鱼叉的工业捕鲸船于 1865 年问市。油脂的不足还鼓励人们积极开采矿物油，人们最早于 1858 年在安大略的地底开采，接着 1859 年也开始在宾夕法尼亚开采。然而在工业化国家，可食油脂的危机愈演愈烈，上述采油方式却不能予以解除。拿破仑三世为解决问题，曾悬赏鼓励发明“能够取代黄油的产品，以供应海军和较不富裕的社会阶级”。他列出的条件如下：“此产品制造成本须低廉，同时可长期保存，不致发出恶臭，味道也不会腐败。”[25] 1869 年，伊波利特·梅热–穆列斯（Hippolyte Mège-Mouriès）成功响应这项挑战。他所采用的方法好像魔法，并不怎么科学。他混合牛脂和脱脂牛奶，再搅进少许的奶牛乳腺。他将这款产品取名为“玛珈琳”（margarine），因为他认为它淡淡的油润光泽像珍珠（margarite）。

虽然人造奶油并未使市场上可食油脂的总量大增，而且至今最成熟的现代技术和做法仍无法制造出可以完全取代黄油的产品，但有些厨师的确更喜欢用人造奶油来制作某些种类的糕点。最初的人造奶油的确立下将植物油转换成奶油的范例，如今通常用棉籽、葵花籽和大豆等植物来制成人工奶油状物质的做法，或许正是受其激励。只有资本雄厚的大企业才有办法开发人造奶油，因为制作方法实在太繁复，必须有很大的空间和机械来反复进行加热、水合、沉淀脂肪酸、氢化、过滤、混合和调味等作业。

然而，人造奶油仍吸引人们投入资本，因为它的原料便宜、销售量很大。工业化的过程中，成本就是动力。供应城市和工厂的食物原本价格高昂，直到食品的产量和供应量赶上实际需要。在这暂时的有利因素刺激下，食品产量超过人口的增长，于是有幸活在工业化经济社会的人能获取便宜的食物。平价食物的出现并非偶然，而是各个行业的工业家刻意为之的策略：降低单位成本以扩大市场。在人口暴增的时代，这是一个很管用的策略，食物越便宜，利润就越大。

丰饶和饥荒

就某种程度而言，西方世界中伴随食品工业化而来的“营养革命”看来是芝麻小事，不过就是人们口味或流行趋势的改变罢了。然而有些潮流却维持了相当长的时间。比如，红肉消费在经济发达国家出现衰退，近来引起不少注意。有关产业还为此忧心忡忡，以为那是一种新现象，但那其实是历史潮流。1899 年美国平均每人每年消费 72.4 磅牛肉，1930 年却下跌到 55.3 磅。[26] 记录这个变化可比解释它要简单很多。口味的多样化是部分原因，工业化也有关联：由于家禽养殖和鱼类养殖产业达到工业规模，人们因而更容易获取更便宜的动物蛋白。此外，更普遍的情形是，工业化社会专注于寻求有效率的能量转化形态，这暗示出人们偏好蔬菜食品。

工业化带来的社会改变或许也有关。在发达国家，营养革命中最引人注目的潮流，莫过于区域之间和阶级之间饮食的均等化。19 世纪中叶，巴黎每日的肉消费量是卡昂、勒芒、南特和土伦的两倍，比马赛、图卢兹、兰斯、第戎、斯特拉斯堡和南锡等城市多了 20% 到 40%；这些差异如今皆已消失。[27] 观察过去这几十年来的社会普遍情况，有一个醒目的特征就是购物的资产阶级化：针对大众市场的食品店日趋高档。另一个贵格会巧克力制造商家族的后代 R. 西博姆·朗特里（R. Seebohm Rowntree）曾分别于 1899 年和 1935 年在他的家乡约克进行贫民生活调查。在这两次调查之间，劳工阶级和雇主阶级之间的营养差距逐渐缩小，程度相当惊人。朗特里形容大多数接受调查的家庭吃不饱，不过这是因为他设定的标准高得不切实际。在他的定义中，适当营养所需的热量比当时所有阶级的平均热量摄取值还高。同时，他与当时大多数专业社会学家共享的一个议题也扭曲了他的研究，此议题是：他想要表明，即使相对高收入的家庭也需要学习营养知识，如此才能改变购物习惯。无论如何，他的发现最了不起的地方在于，第一次调查的对象只有单调的饮食内容，日常摄取极少量的动物蛋白，但第二次调查中收集到的菜单则显示出，即使最贫穷的家庭都能吃不止一种食物，而且一周可以吃一次烤牛肉、一次鱼，至于其他种类的新鲜动物蛋白来源，比如肝、兔肉或香肠等，一周至少可以吃上两回。[28]

不过朗特里的确发觉，约克的失业人口和从事最卑微工作的赤贫人口有营养不良的情况。他以一位清洁工作为此类有工作的赤贫人士的代表，此人挣的收入仅够一家人糊口。近代的资产阶级化带来一个讽刺的现象，那就是它使得被摒除在外的人生活更加苦不堪言。在朗特里的研究发表后，社会民主福利试验一度缩短“财富差距”。但是在大多数的发达国家，政府为促进经济成长，从 20 世纪 80 年代起采纳激进的自由市场原则，从此贫富差距又渐渐扩大。想要不落人后，以“低于中产阶级”的收入来维持中产的饮食形态，变成一件越来越困难的事。只要你家里有过得去的食品柜、炉子和锅，想要吃得价廉物美，基本上还是那个老办法，就是购买时令蔬菜、大量的马铃薯、蒜、洋葱、豆类和磨碎的生谷物。若有多余便可以拿来请客。美国政府曾推行“节约食物计划”（Thrifty Food Plan），用意是促使接受救济的家庭能以每人每天 3.53 美元的预算吃得合理合宜。美食记者施泰因加滕尝试之后，有了四大发现。第一，一般美国家庭在家中做菜的花费没有比贫穷家庭高出多少，因此最贫穷家庭仍达到平均水平。第二，政府的计划旨在“尽量不违背美国家庭当前的饮食模式”；换句话说，政府预期即使是最贫穷的人家也偏好中产阶级的饮食习惯，因此建议的餐食量少又次等。然而倘若人们吃新鲜时令食品，不受传统观念影响，还是可以吃得更好、更多、更健康也更有创意。第三，节约计划带有意识形态的痕迹。施泰因加滕写道，菜单“侧重美国营养师喜爱而我痛恨的那些无滋无味的假民族风味菜。每道菜里都偷偷放了青椒。”施泰因加滕还从菜单中大量使用羽衣甘蓝这件事上，察觉到其中暗含的种族假设，节约计划的拟定者显然以为大多数依赖社会救济者是黑人。最后一点，菜单充斥着教条式的营养主义：

> 食谱像是现代营养迷信的完整目录。盐、食用油，有时包括糖，用量都减少到荒唐可笑的程度；火鸡最好吃的皮都被去掉；完全没有黄油（虽然人造奶油中的反式脂肪酸跟饱和脂肪差不多一样的危险）；牛奶一律用脱脂奶粉，由此做出来的面包布丁灰扑扑又淡如水。[29]

有个优点是，菜单中完全没有现成的熟食和便利食品。不过在占有优势的西方社会，即使最贫穷的人都似乎难逃资产阶级化。

虽然阶级和收入的饮食差异持续存在，西方营养状况的大改变却也使发达国家民众的食量一直不断增加。18 世纪末，一般人每天平均摄取的热量大概不到 2 000 卡，如今则为 3 000 多卡。自从第二次世界大战期间发生粮食异常匮乏以后，西方的工业化和后工业化国家的底层民众已不再营养不良，而变成营养过度。在美国和西北欧若干国家，肥胖是比营养不良更大的社会问题。肥胖是社会贫困的表面证据。诚如通用食品公司的产品开发专员阿瑟·奥德尔（Arthur Odell）于 1978 年所说："营养可没人要买，哎呀，大家要的是可乐和薯片嘛！"[30] 关于西方人吃得太多的困境，电影中的描绘最是栩栩如生，比如马尔科·费雷里（Marco Ferreri）导演的叫人又着迷又恶心的《极乐大餐》（*La grande bouffe*），在这部虐待狂似的奇想影片中，主角们把自己吃到活活撑死。还有在英国系列喜剧《巨蟒》（*Monty Python*）中，什么都狼吞虎咽的贪吃鬼克雷奥索特先生最后因为一颗餐后薄荷糖而噎死。可是这些讽刺剧弄错了对象。在西方社会，因吃太多而受害的人很可能是一般所谓的穷人。对性命构成威胁的，正是廉价的食物。与此同时，世上大部分地区却没有机会染上这种富贵病。

因为从古至今，凡有丰饶，必有饥馑与之并存。未蒙受工业化之利的地区会发生什么情形，从爱尔兰 1845 年到 1849 年的马铃薯荒可见端倪。那次饥荒造成 100 万人丧生，迫使 100 万人移民海外，爱尔兰原是人口稠密国家的历史就此告终。由于全然仰赖单一品种的马铃薯，爱尔兰险些因一种歼灭作物的枯萎病而灭亡。伦敦的大英帝国政府也没有处理好此次危机。不过，不能应付饥荒的并不仅有英国，这甚至并不是帝国主义恶行，鉴于比利时和芬兰在 1867 年到 1868 年也发生类似的马铃薯荒。在工业化时期，全球分裂成“富国”和“穷国”两个世界，当逐渐工业化的社会解决了食物供应问题，其他地方的人却备受饥饿之苦。

除了欧洲、北美和其他少数幸运的地区，19 世纪的最后 30 年可谓饥荒年代，灾情之重，夺走的性命之多，超过其他天灾人祸。1876 年至 1878 年由于季风减弱带来干旱，印度发生饥荒，根据官方统计有 500 万人死亡，根据客观估计则应有 700 万人之多。当时的中国也发生饥荒，据官方形容“灾情之惨，为历代之最”。[31] 19 世纪 80 年代末和 90 年代后期，与一连串厄尔尼诺现象有关的恶劣气候两度肆虐地球，太平洋上的逆流为秘鲁带来周期性的水患，却使其他多数热带地区承受旱灾之苦。非洲的乍得湖干涸到只剩一半，尼罗河水位降低35%。[32]据估计，恶劣气候后续在印度造成1 200万至3 000万人死亡，在中国则有2 000万至3 000万人丧命。[33]

当然，贫穷常与我们同在，过去从来没有农业社会不发生饥荒，全球息息相关的气候形态一直以出人意料又无法掌控的各种方式大肆破坏。不过，19世纪末的饥荒呈现了食物历史的新特征，那就是：技术上而言，饥荒如今可以避免，因为全球食物充足，各地交流也更有效率；但饥荒却照样不断发生。有些人归咎于自由贸易使得“利物浦的小麦价格和马德拉斯的降雨量……都成为同一个人类生存的巨大方程式中的变量”。[34]帝国主义确实利用饥荒，说不定还促成饥荒发生。有位传教士听说过一句话：“欧洲人像满天的秃鹰，到处追踪饥荒。”[35]祖鲁人的领袖开芝瓦约（Cteshwayo）曾设法对抗大英帝国，他认为“英国的首领们阻止了降雨”。[36]还有人说：“伦敦人正在很有效率地吃印度的面包。”[37]白人帝国主义者就算并未策动饥荒，至少也有处理不善之责。他们的国家不乏人道主义情操和食物，他们却没有把过剩的情操或食物应用于实际目的。“从总督火车包厢窗户向外看”的风景，好像总是模糊了问题的严重性、责任的重大，使他们看不清解决方法在哪里。[38]

当然，帝国主义和自由贸易在某种层面上有其益处，至少是模棱两可的益处。来自欧洲的廉价生铁对西非族群的食物供给有巨大的影响。西非当地的产铁方式古老、成本又高，在欧洲的铁输入以前，一把锄头价值等于一头牛，兄弟之间必须轮流使用。[39]然而，还是有两个论点直指帝国主义造成饥馑。早先，各地国家对厄尔尼诺现象引起的严峻问题皆处理得宜。1743年至1744年期间，中国盛产粮食地区的灾情就获得清朝政府的妥善处理；1661年，莫卧儿君主奥朗则布（Aurangzeb）“打开他的宝库”，拯救上百万条人命，英国观察员对此大表佩服。[40]另一方面，西方国家只要有心，似乎也有能力让百姓不挨饿。1889 年至 1890 年期间，美国中西部也跟世上大多数地方一样饱受旱灾之苦，但由于救灾行动得宜，饿死的灾民寥寥无几。

20 世纪末期依然是丰饶与饥荒并存。由于不公平的分配供给，发达国家过度生产、过度饱足，其他地方动辄发生饥荒，两者形成强烈对比。有很长一段时间，问题似乎更加严重。20 世纪 60 年代，有识之士皆深信，一二十年内饥荒将改变世界。1960 年至 1965 年间，贫穷国家的粮食生产率是人口增长率的一半。20 世纪 60 年代中期，印度的粮食储量等于“堪萨斯州麦田的产量”。1967 年，美国运送小麦产量的五分之一到印度以救济季风灾害引起的饥荒。[41]但就算可以有效地发起救灾行动，也只是治标不治本，何况救灾行动往往还有战争、贪污和对立的意识形态从中作梗。要挣脱饥荒的陷阱，只有从事农业革命这一条路。

革命的最后阶段

历史学家费尔南·布罗代尔说：“如果真有新石器革命，那么这革命仍在进行中。”[42]人类在农业时代初露端倪时引入的一些改变，比如专业化、驯化、选种、栽培品种等，的确今日都仍在进行。最近的阶段被称为“绿色革命”，听起来很有环保意识，可是应该称之为化学农业革命才对，因为它仰赖大量肥料和杀虫剂，或也可称为农工业革命，因为它背后有制造农药和农用机械的新兴大工业在撑腰。

绿色革命最大的成就为20世纪60年代开发的“神奇”小麦和稻种。科学家采用传统的品种杂交术，开发出可利用热带阳光的品种，这是因为赤道附近一带有56%至59%的太阳辐射能量可利用，美洲大平原一带则不到50%。现代农艺学家的第二个目标为集中培育从肥料和除草剂中获益的品种，使作物在生长时无须奋力与杂草竞争。美国植物工业局的首席谷物学家、史上影响力最大的教科书之一的作者马克·卡尔顿（Mark Carleton），在1916年精辟地总结了杂交和选择新品种粮食的范围和方式。最初，在第二次世界大战爆发前，专家起先致力培育拥有强壮茎秆的品种，以解决作物尚未收成就摇摇欲坠的问题。[43] 接着，他们逐渐重视日本矮株小麦的特性。培育出这种小麦的日本专家早就获得推崇，“把小麦矮化这件事变成艺术”。该领域研究的对象集中于“达摩”和它的后代“农林10号”，这两个品种都能把矮株的特性传给杂交的后代。同样的，稻米培育专家也致力研究“低脚乌尖”品种的稻米，这是中国台湾和印度尼西亚短米的杂交品种，不论每日阳光照射长短，只要施肥，它在种下130天以后就会成熟，因此每年可以有数次收获。[44]

1961年，科学家试验出“格恩斯”（Gaines）品种的冬小麦，它在华盛顿州的试验场打破所有的生产纪录。在墨西哥，专家在雨水丰富的中部高原的查平戈站（Chapingo station）和引水灌溉的北部海岸的索诺拉站（Sonora station）这两个截然不同的环境进行小麦品种试验。试验人员7年来历经多次挫败，同时也取得了重大进展。[45] 到1980年，墨西哥已能够制造20万种杂交品种的小麦。[46] 墨西哥研发的小麦品种如今已殖民全世界，对于这片把玉米贡献给世人的土地来说，这倒是件很有意思的事。

技术改良了以后，受益最多的其实往往是发达国家。拜肥料和抗病品种所赐，美国的小麦产量不到26年增加了一倍。[47]新农艺学的顶尖从业人员和发言人收集的数据显示，从1977年到1979年，英国农民每公顷的平均小麦产量为5.1吨，和墨西哥最佳的小麦产区亚基河谷（Yaqui valley）水平相当，不过后者因阳光充足，小麦从种植到收获的时间只有英国的五分之三。当时全球产量的最高纪录为每公顷14.1吨，产地为华盛顿州一个占地两公顷的试验农场，那里采取集约耕作方式。根据记录，同一时期所有发展中国家在丰年的平均产量为每公顷1.46吨，而这已经比1950年的平均产量多了一倍。[48]

"神奇"作物传入困难地区时，似乎立即就产生影响。在印度，1967年是灾年，当年全国粮产量为1 130万吨，但到1968年时已增为1 650万吨。[49] 1969年，有人问菲律宾的"年度模范农民"下一年打算种什么稻米，他回答说："不知道，我还在等更新的品种。"[50] 1970年，联合国粮食及农业组织一反数年前悲观的预测，估计地球农业有供应1 570亿人所需食物的潜能。据说巴基斯坦、土耳其、印度、菲律宾、肯尼亚和墨西哥的农业革命让"美国和日本早先的农业飞跃看起来微不足道"。[51]到20世纪90年代初，第三世界有四分之三的谷物产区种植新品种。在中国，新品种农作物占了总产量的95%。[52]

绿色革命理应作为人类的一大成就被后人铭记。多亏了绿色革命，上千万人免于挨饿。不过，大多数应用科学在解决问题时都会碰上一个麻烦，那就是解决了旧问题，却制造了新问题。绿色革命排除传统品种，危及生物多样性，但生物多样性其实有助于应对变化无常的环境。在津巴布韦，两种杂交品种合占了玉米总产量的

90%，有位长者在 1993 年对农艺专家说：

> 你们，你们是巫师。你们并没有帮助我们发展，而是害得我们倒退。以前，我们家从来没有问题，因为我种的是传统的小粒谷。就是你们，正在杀害我们，你们害得我们倒退，因为你们叫我们种不适当的作物。就连你们卖的肥料也不适合小粒谷。我们相信小粒谷是最棒的作物，它们是我们的祖灵，我们的金库……啊，你们这些人哪，你们却让我们抛弃了它们。[53]

这番话听来或许像情绪性的反弹，其实相当程度地反映出很多常识。此外，农业计划往往沦为专横暴虐的借口，出现占用土地、官僚逼人以及苛待落后者等现象。有位联合国官员以赞同的语气报告："某个亚洲国家的元首对一位来宾说明他的角色，他伸出指头敲了敲电话说：'这就是小麦革命中最强而有力的元素。我一听有部属落后了，就打电话给相关的官员，他保证会采取行动，但我跟他说：我不要保证，我要你明天以前回电话给我，告诉我你已经把事情办妥了。'"[54]

绿色革命随着它最大的缺点逐渐显露而变得一团糟。由于新作物必须配合施以化学肥料和杀虫剂，因而危及生态平衡以及栖息在耕地上的无数物种：死掉的不只是害虫，还有以这些虫子为食的动物。1961 年，早在绿色革命之初，蕾切尔·卡森就写了《寂静的春天》，这本书理当跻身史上最有影响力的书籍之林。她在书中预言了大地遭杀虫剂肆虐的凄惨末日景象，鸣禽都已饿死灭绝。不知有多少人读完此书后投身环保运动。公认为"绿色革命之父"的科学家 N. E. 博洛格（N. E. Borlaug）谴责“科学笨蛋”对农用化学品进行“歇斯底里的恶意反宣传”。[55] 然而受牵连的不只有科学而已，20 世纪 90 年代在英国，

> 从秋季开始，传统的农民会喷洒“标枪牌”（Javelin）之类的广效型除草剂，以杀死牧草、繁缕、三色堇、婆婆纳和红色宝盖草等纷纷窜出头的野草。（杀虫剂的名称往往都很阳刚，比如“飞弹”“细剑”“冲击”和“突击队”。农药公司认为这类名字能让农夫对产品有信心。）接下来，喷洒燕麦敌（Avadex），直到冬天都可以防止野生燕麦生长。然后，立刻施用杀蛞蝓的农药［品牌名称为“灭虫威”（Draza）］，并首次喷“灭百可”（Ripcord）之类的除虫农药，以杀死蚜虫。[56]

“灭百可”不会毒死瓢虫，却可能杀死其他昆虫、蜘蛛和鱼。而且化学农药的喷洒才刚开始而已。在一年过完以前，传统的农民大概还会施用除真菌剂、除草剂、生长调节剂和更多的除虫剂。根据世界卫生组织的统计，1985 年以前，杀虫剂造成 100 万件急性中毒案例，中毒的多半是农业工作者。世卫组织表示，1990 年有 2 万人因同样的原因而丧生。[57] 此外，化学肥料和杀虫剂仅在有灌溉水源的边际用地上才管用。由于 20 世纪大型水利计划管理不当，大型水坝造成水分蒸发、土壤盐碱化和“沙尘暴”，灌溉措施为农业争取来的土地，大概和因土壤侵蚀与污染而失去的农业用地一样多。绿色革命目前仍在进行，但就长期而言，恐怕难以为继。

全世界依赖绿色革命的改良种子是很危险的事，这不仅仅是因

为滥用杀虫剂会造成无法估计的后果，同时也由于不断有新的害虫和作物疾病快速进化出现。接下来引起最广泛讨论的农业阶段涉及转基因食品。我们没有理由认为这些食品完全不营养、不健康或是没有效率，但它们很可能会跟绿色革命的作物一样，带来意想不到的后果。至于可以预见的后果，其中之一就是意外与非基因改造物种杂交，造成物种灭绝，并制造出新的生态位，从中可能出现具有潜在破坏力的新生物群。因果关系中总是流窜着恶性的随机效应。我们的基因改造突击行动仅限于很小的领域，对象主要是我们自己和已经被我们驯化的物种。大自然这支庞大的部队仍然不在我们的势力范围之内。进化仍会超过我们的革命，是促成改变的力量，例如，微生物的演化就会取代我们所消灭的大部分疾病。我们一手改造供我们食用的物种，就像我们以前对环境所做的一切干预行动，这些改变解决了旧的问题，却也形成了新的问题。我们究竟是掌握了解决世界食物难题的办法，抑或只是在制造更多的危机，目前尚不清楚。

长期来看，全球人口将维持稳定不变，或许还会减少。人口危机所依据的是非常短期的统计数字解读，要预测很久以后的未来，我们必须先回顾长远的过去。以往，每逢人口加速成长，它不是成长到一个阶段开始稳定，就是出现转折点。这种逆转通常不是来自“马尔萨斯抑制”，虽然有时后者确实发生作用。大多数社会在必要时，为了调节人口的增加，会修改婚姻习俗，或者剥削利用妇女的生育期。繁荣正是世上最有效的束缚，因为长期以来贫穷和多子多孙一直被相提并论。无论这些说法正确与否，有些短期趋势的确符合此分析。世上有些最繁荣国家的出生率已经低到人口下降或可能下降的程度；在传统上拥有高出生率的亚洲和南美地区，由于经济日渐繁荣，也出现同样的趋势。我们可以稍微乐观地期待，有朝一日传统农业将能喂饱世界人口，而与此同时，绿色革命和基因工程仍有其用处。不过，到了某一阶段，世人一致反对它们的情况势必扭转。我们应该小心谨慎，不要依赖它们；在实行进一步的激进创新措施时，应该保持极度审慎的心态。在可见的未来，不可能有全球粮食短缺现象，只要妥善管理食物的配销，也不会有饥荒之虞。我们无须惊慌，无须贸然涉险。

食品保存的科学大怪兽

当食物产地和消费地之间的距离拉远时，要保持食物的新鲜是最困难的任务。古罗马时期的城市居民就有这个困扰。罗马作家塞涅卡描述挑夫挑着要给美食家们吃的比目鱼，一路“气喘吁吁，不时吆喝”，叫人让路。这些城里的美食家们“如果在用餐的地方没看到活生生的鱼在游水，绝对不肯吃上一口”。[58] 当工业化突显了食品保鲜的难题时，西方社会诉诸的第一个传统办法就是食品保存法。多数的食品保存法早在远古时代便出现。大部分人都以为冷冻干燥法是相当先进的技术，其实安第斯早期文明在 2 000 多年前便已妥善运用此法来保存马铃薯。这个技术相当繁复，要先把马铃薯冷冻一夜，接着踩踏以去除残余汁液，放在太阳下曝晒。上述步骤需反复进行，为期数天。不知从多久以前开始，所有极地民族就已知道冷冻食品很耐久。前文提过的风干法（参见第一章“火带来了改变”一节）历史可能早于用火烹饪。在有文字记录的每段食物史上，都有盐渍、发酵和烟熏这几项保存技术。

此外，经过试验和教训，差不多所有社会都知道，只要不接触空气，就可以阻止食物腐败。古代的美索不达米亚人会把油灌进食品储藏罐里，好隔绝空气。欧洲在中世纪时期喜爱用黄油或肉冻来填满馅饼的每个窟窿缝隙，防止馅料接触空气。英式罐装黄油焖鱼或肉用的就是同样的古法，如果鱼或肉就是用这一口罐子烹煮，那么不需要冷藏，也不用加防腐剂，食物就可保存好几个月。中世纪时，从事远程航海旅行的人都偏好扎得紧实且充分干燥的木桶，这种木桶比较能抑制细菌的活动。有关当时储存水的技术，我们所知无几，只晓得船员会在饮水中加醋，以延长保鲜期。不过，要不是木桶的设计改良得更不透气，中世纪末期根本不会出现远程航海的大跃进。葡萄牙当时前往印度洋探险的航行时间，是以往最长航期的三倍。

当时的做法何以抑制细菌生长，人们仍不知原理。食品保存的科学吸引了许多早期科学革命的天才。培根是第一位烈士，他因为试验鸡肉在低温下的“硬化”状况时受到感染而死亡。17 世纪晚期，丹尼斯 · 帕潘（Denis Papin）试验研究煮过的糖的保鲜性，由此启发了莱布尼茨，后者改良他的几项发现，将它们应用于作战军队的食物补给。[59] 当时列文虎克发明的显微镜已能观察到微生物的活动，人们普遍认为，与腐败有关的那些霉菌和小虫显然是自动产生的，而且就跟地球上许多生命形态一样，需要空气才能生存。

然而，微生物如何繁殖其实是相当深奥的科学问题。古生菌是地球上最原始的生命形态，紧接其后出现的真核生物和原核生物则是两种比它稍复杂一点的有机体。根据大部分科学家的推断，古生菌在35亿年的时间里是唯一的生命形态。它出现时，地球已存在了大约10亿年，因此我们不能说古生菌一直都存在。它最初应该是由于某种“化学意外”而自然产生，后来才发展出繁殖能力。另一种说法是，也许是神明或科学无法解释的其他干预力量，启动了古生菌的演化过程。虽然18世纪时，这些微生物的古老程度尚不为人知，进化论又仍在初期发展的阶段，但已有人怀疑上帝是否存在（或上帝是否真有独一无二的创造生命的能力），因而激发了有关“自然发生说”的辩论。现在我们已知，自然中并没有“自然发生”的例子，但“自然发生说”却是18世纪盛行一时的理论，自由思想家尤其热衷于探讨，直到1799年科学家拉扎罗·斯帕兰扎尼（Lazzaro Spallanzani）在显微镜底下观察到细胞的分裂繁殖。他结论说，微生物并非“无中生有”，它们只能在原来已有微生物的环境中才能繁殖出来。

斯帕兰扎尼以实例说明，如果在封存食物以前就先加热杀死细菌（bacteria，当时人倾向于称之为animalculi，斯帕兰扎尼则称之为germs），那么细菌便无法自然产生。他的示范并非十全十美，因为他无法令人信服地证明只靠加热便足够有效。有人批评说，加热之所以有用，是因为热力多多少少让受热的物质接触不到空气。无论如何，斯帕兰扎尼的试验让食品工业清楚地学到一课，即加热后封存可使食物无限期保存。结果促成当时食品保存史上最重要的革新：罐头制造业的兴起。斯帕兰扎尼恰巧在战时提出他的发现，实际应用他的研究成果因而成为一件既迫切又有用的事。

差不多在同时，或许只是巧合，法国人尼古拉·阿佩尔（Nicolas Appert）研发的商业装瓶技术传入巴黎的糖果制造行业。阿佩尔自

1780年起便致力研究用糖来保存食品的效果。1804年，他在马西开设一家有50名员工的工厂，开始试验用热水煮罐头，观察罐头会不会因微生物活动而膨胀起来。事实上，有很多年的时间他大都用玻璃瓶来做试验。与此同时，他也逐渐起用蒸汽高压锅来煮瓶子。1810年，他著书公布他的研究心得，博得美食家和家庭主妇的欣赏。不过说实话，军队的需要才是他最重要的考虑因素。Appertization一词即衍生自阿佩尔的姓氏，意为加热灭菌。[60]大约在同时，英国开始以焊接密封的马口铁罐为容器来制造罐头。阿佩尔自己在1822年也改用马口铁罐，不过这种罐头起初并不完全可靠。英国探险家约翰·富兰克林爵士（Sir John Franklin）曾率队远征从欧洲经北美极地直航太平洋的“西北航道”，后来任务失败，全员死亡。他们说不定不是冻死，而是死于感染了肉毒杆菌。讽刺的是，他们身处冰天雪地，食物暴露在这种环境里可以自然保鲜，而探险队携带的罐头里却有致命的细菌滋生。不过另一方面，现代也曾有人发现19世纪20年代的罐头，罐中的食物竟仍可以食用。

罐头业起先主要是供应给军队，不过有几类产品很快博得一般民众喜爱。第一个是19世纪20年代在南特制造的沙丁鱼罐头。1836年，约瑟夫·科林（Joseph Colin）的公司年产10万个罐头；到1880年，法国西岸的罐头厂年产量一共为5 000万。[61]以产量而论，早期罐头制造业第二重要的产品应该是牛奶。美国人盖尔·博登（Gail Borden）在南北战争时开始制造罐头牛奶，供应北军。这两类产品最有趣的地方在于，都有特殊的口感和风味，与新鲜品并不相同。罐头沙丁鱼变得多汁，吃起来有颗粒分明的口感；为了更耐久，罐头牛奶中加了糖，因此尝起来有独特的甜味，质地浓稠。

事实上，罐头等于是一种烹饪法，而不只是保存食品的方法。法国著名美食家格里莫·德·拉雷尼耶（Grimod de La Reynière）不但是早期的美食大师，也热心传播阿佩尔的装瓶技术，他宣称瓶装的青豆和当令的新鲜青豆一样美味。[62] 他说得不对，两者并不相同；就某方面来说，瓶装青豆还更好吃一点。英国的喜剧文学中有一段传奇性的插曲，就是《三人同舟》（*Three Men in a Boat*）中三位主角想要吃菠萝罐头的部分，当时他们的狗"受了点皮肉伤"跑掉了，于是他们只能用桅杆当"武器"。

> 我们毫不留情，又敲又打，又击又捶，把它敲击成各种已知的几何形状，却无法敲出个洞。然后乔治直直向它走去，奋力一砸，砸成一个歪七扭八、怪异至极、丑到可怕的形状，叫他看了胆战心惊，赶紧抛下桅杆。我们三人绕着它，围坐在草地上，瞪着它看。罐头顶上凹进去一大块，看起来好像在嘲笑我们。

到底是什么驱使他们从事这场徒劳无功的"战斗"呢？全是因为他们"想吃那里头的汁"。[63] 10 世纪名厨朱尔·古费（Jules Gouffré）致力追求独特创意，但是他却高度赞美罐头青豆柔软好吃，罐头鲑鱼冻余味无穷。[64]

我应该说明一下自己的爱好。我喜欢新鲜食物，喜欢用光明正大的保存方法处理改良过的食物。我不喜欢假冒成新鲜食品的陈旧货色，因此不喜欢冷冻或辐照处理过的食物。据说这两种处理法有个好处，就是不会或几乎不会破坏食品的风味。在充满 120℃水蒸气的空间中以高压煮食物至少 15 分钟，可以杀死微生物和孢子，但同时也会抹杀掉很多食物的味道和口感。蒸或水煮可以杀死大多数微生物和我们所知的一切病原体，但杀不死孢子，当液体冷却下来，孢子就开始发芽，因此煮沸必须达两次甚至三次；斯帕兰扎尼当年的成绩不够完美，有一个原因就是并未采取这个做法。而大部分绿色蔬菜经过两三次的煮沸，早已风味尽失。这些办法显然都不符科学家或企业家的要求，他们想要的是能保存食物却不会改变味道的方法。牛奶是特例，牛奶以巴氏杀菌法（低温杀菌法）处理，亦即加热到 70℃，味道不会有多大的改变。这种方法可以杀死足够多的细菌，使牛奶不致变酸。高温杀菌法则是让牛奶高温煮沸 4 秒钟，接着让它快速冷却。以这种方法处理的牛奶可保存好几个月，据称质量不受影响，但是很多人喝了以后并不同意这个说法。此外，化学保鲜法也有风险。19 世纪末和 20 世纪初，大多数腌鱼和腌肉中掺有硼砂；为延长保质期，乳制品中也加了硼砂。如今硼砂却被列为有毒物质，禁止使用。用化学品来抑制细菌生长，就算不会造成伤害，也势必影响食物的味道。

辐照法是极有效率的保存方法，据悉只有一种微生物无法用伽马射线杀死。可是这个办法光想想就惹人厌，而且食物在经过辐照处理或摆在货架上很久以后（这种食品往往在架上一待就很久），叫人根本无法相信香气、味道和质地都不会受到影响。食物明明已经离开田地和屠宰场数月之久，经过处理后却假冒为新鲜食品，不管用的是哪种保鲜法，都令人厌恶。传统保存法本来就是要改变食物的风味，所以反而不会有假冒的借口；就某个层面而言，食物反而变得更好吃。只食用醋泡、发酵、风干、罐装、烟熏、糖渍或盐腌的食品固然不好，但是只要这类食品不完全取代新鲜货色，那么它们真可替生活增添一点风味。奶酪和酸菜之类的食品，必须要有良性细菌帮忙，以抑制会造成腐败的恶性细菌。奶酪本身就是一个生态体系：通过罗克福（Roquefort）和斯蒂尔顿（Stilton）等蓝纹奶酪的纹路，你可以看见敌对的良性和恶性细菌彼此厮杀的场景。诚如那句金玉良言："人应为吃而活，不应为活而吃。"我们不应为保存食物而保存，而应该像烹饪美食那样，保存出美味的食物。既然有充足的、真正的新鲜食品，何苦谎称经过加工处理、苟延残喘的食物是新鲜的呢？这些加工食品就像涂了香料防腐的尸体，仰天躺着，了无生气，唯一的优点就是没有臭味。

要寻找既可保存食物又不会改变味道的方法，冷冻法是比较不那么讨人厌的解答。波士顿贸易商自1806年起大做北极冰块的生意，他们把巨大的冰块运到大西洋世界各角落。1851 年，第一个使用天然冰块的冷冻货运火车厢把黄油从纽约州的奥格登斯堡运到波士顿。然而在世上大部分地区，冰块仍是昂贵的商品，绝对不可能当成工业冷冻的原料，因为根本不可能有足够的冰块，温度也不够低。澳大利亚人在 19 世纪 70 年代成功研制出压缩气体冷却器，解决了这个问题。他们最初是为了酿酒业而研制该设备，但是位处南半球的澳大利亚肉产过剩，周遭却没有可输出肉制品的市场，于是显而易见，冷却器应该发挥更广的用途。一般认为，头一批长途货运冷冻肉制品的纪录由"巴拉圭号"（*SS Paraguay*）在 1876 年创下。它从阿根廷运货到法国，货舱的温度为 –30℃。澳大利亚首度运货到伦敦则是在 1880 年。

结果造成巨大的冲击：工业化国家的肉制品变得更便宜且充

足。不过，比起 20 世纪 20 年代和 30 年代的另一项发展，这还算小巫见大巫。美国人克拉伦斯·伯宰（Clarence Birdseye）在北极圈观察因纽特人的烹调法后，[65] 发明了玻璃纸包装法，这使得人可以趁新鲜时急速将食物冷冻。他还引进一种涂蜡的纸板包装，解冻以后纸不会融化。通用食品公司在宣传伯宰“冰冻食物”的第一篇广告文案中说，这项“了不起的发明，塑造了一个奇迹……将完全改变食物史的走向”。美国作曲家科尔·波特（Cole Porter）把玻璃纸列入他的“顶尖”事物名单中，其他的顶尖事物还有西班牙的夏夜、伦敦的国家美术馆和女星葛丽泰·嘉宝的片酬。到 1959 年，美国人花费 27 亿美元购买冷冻食品，其中有 5 亿美元为“加热即食”的现成餐点。[66] 伯宰为工业化的下一阶段铺好了路：不仅食品的生产、加工和供应逐渐工业化，吃这件事情也变得工业化了。

便利食品：“吃”的工业化

移民火车离芝加哥尚有约莫一个钟头的路程，他们却已注意到那股气味。

> 那气味很强，刺鼻又呛人；非常重，简直臭不可闻，强烈地刺激人的感官，很浓烈。有人好像在吸麻醉剂一样，深深吸了几口；其他人则用手帕遮住脸。新移民一阵惊异，迷迷糊糊，还在品味这一切时，车突然停了下来，车门猛然开启，有人喊道：“牲畜养殖场到了！”[67]

美国作家厄普顿·辛克莱（Upton Sinclair）小说中旅客们面对的这个场面，象征着伴随工业化而来的食品加工业面貌。在辛克莱笔下，那像是地狱的景象，从围场冉冉升起的烟，“搞不好来自地心”，两万头牲畜在那儿呻吟，苍蝇染黑了魔王屠宰场的上空。

> 地球上从来没有一个地方像这里一样，集结了那么多劳工和资本。这儿有3万名雇员，直接惠及周遭一带25万人的生活，间接惠及的则有近50万人。这里的产品运销到文明世界的每个国家，为起码3 000万人供给物资！[68]

他们把又老又病、身上长满疖子的牛宰了当食物。“你一刀刺进它们的躯体，就会喷出恶臭的玩意儿，溅得你一脸都是……用来制造‘香牛肉’的，就是这样的东西，这玩意儿害死的美国军人可比挨了西班牙人子弹而阵亡的多了几倍。”工人不管三七二十一，把死老鼠连同地上其他乱七八糟的东西，一并铲进食物里。“比起掺和进香肠里的一些东西，吃了毒药的老鼠算得上是珍味呢。”[69]

工业化造就了不纯净、腐败和掺假的产品。然而在工业化时代，更加工业化却是唯一可接受的解决方法。19世纪晚期，食品科学界一心一意追求纯净，食品工业的发展方向直指生产一致化、无创意、安全的食物。传统烹饪的古老特性，比如愉悦感、个性化和文化认同，通通被取代了。有远见的食品制造商了解到，提高单位成本而达到的纯净准则，有利于规模经济，替投注了庞大资本的工业带来更多生意。卫生是销售利器，任何品牌都可因之受益。

19世纪末的“清洁王”是一位食品业巨子。出生于匹兹堡的

亨利 · J. 海因茨（Henry J. Heinz）* 起初想要成为路德宗牧师，但是他早从 8 岁起就帮着父母叫卖自家菜园过剩的农产品，从而发现自己真正的志向。海因茨在 19 世纪 60 年代时就知道了纯净食品的畅销性，那时他不过十几岁。他将辣根装在玻璃瓶中销售，这样能把商品呈现在买家的眼前。60 年代末，他在自己的笔记本上收集腌制食品的食谱：核桃酱和一种他称之为 chow-chow 的泡菜的资料，顺带还有对清洗液和马绞痛治疗方法的分析，记录中还夹杂了 150 条《圣经》引文。他在 1875 年不幸破产，随后开始经营各式泡菜，把业务范围拓展至罐头产品，重视包装和广告，把亨氏食品公司变成美国钢铁之都匹兹堡的大企业。当他创造出"57 变"的口号时，他已经生产了 60 多种产品，但显然，出于某种"神秘的原因"，他在某次搭乘纽约高架列车的途中被这个数字吸引住了。

他兴建仿古罗马风格的厂房，里面有一个巨大的礼堂，上面的彩绘玻璃窗记录着亨氏集团的哲学：管理优于劳动和资本。1888 年时，这家公司的每名员工工资为每小时 5 美分，每天工作 10 个半小时，还可以拥有免费的制服，享受医疗和牙科治疗，以及每天的美甲服务（针对处理食物的女员工）。员工还能拥有一间内有热水淋浴的更衣室，一个游泳池，一间健身房，一个屋顶花园，一间阅览室和一间餐厅，餐厅里有一架留声机，墙上挂着一百幅画。作为奖励，她们还可以偶尔乘坐公司的小货车去公园，参加讲座和演奏会，参与免费的服装制作、女式帽子制作、烹饪、绘画、唱歌和各种公民课程，每年还可以参加 4 次舞会，其间"海因茨先生在阳台上向我们挥手"。员工

* 以其姓氏命名的食品品牌译作"亨氏"。——编者注

和她们的家人可以一起参加一年一度的圣诞派对，海因茨先生会和圣诞老人握手；她们还可以参加一年一度的当地景点的旅游，届时将有3列专列载着多达4 000名狂欢者。这位创始人的奖励包括“位于匹兹堡最富裕街区的一座宏伟城堡”，城堡内的浴室里有一幅壁画，上面是真人大小的裸体仙女那伊阿得斯，她的嘴唇和脚上都挂着海螺，此外还有一座令人敬畏的私人艺术博物馆。他死后或许还不配拥有“先知”和“先驱”的称号，但他确实为“纯净”赋予了价值。[70]

所谓“未沾人手”这个凸显纯净度的修辞，为机械化冠上神圣的光环。加之与工业规模的食品生产相结合，因此最重要的产品属性是一致性，而非风味。经巴氏杀菌法处理过的奶酪，失去了原有的独特风味。让良性与恶性微生物争斗以达到平衡虽可使奶酪别具滋味，却会危及食品安全，所以必须一并消灭。大众市场上卖得最好的苹果是那些外观最好看的，又大又亮，好像巫婆的礼物。为了延长销售期，水果尚未成熟就上市。有些水果经冷冻后，风味并未削减；有些水果，比如草莓和香蕉，则会冻伤。现代食品工业在致力于对抗不纯净的同时，还以健康为理由吓唬人，生产“不实的食品”。食品工业始终像追寻圣杯似的，汲汲于寻找销售得出去的糖和黄油的代替品。糖、黄油和盐组合成不神圣的三位一体，遭到时髦的正统营养学派咒骂。其实它们都不该受到这些专爱危言耸听的保健人士的诋毁。就像大多数食物，只要吃的量正常就是有益的。盐的确不利于某些人的血压，但这些人在比例上只是很少的一部分；在美国，这个比例是8%（美国的统计数字大概是最可靠的）。虽然根据统计数字，包括黄油在内的饱和脂肪与心脏疾病有关，但是除了少数体内胆固醇含量特别高的人，一般人只要摄取比例正常就没有问题。一般常把肥胖、多动症和蛀牙等健康问题归咎于糖，但糖其实并不比其他会发酵的碳水化合物危害更大；大多数人的摄取量不致造成问题，因此不必受限于多管闲事的营养师。有人以为摄取人工甜味剂、人造奶油和蔗糖聚酯之类的化合物就会更利于身体健康，殊不知这些东西让人的脑袋和味蕾都不好受。有关营养摄取的问题，政府和健康教育单位往往提出保健建议，却弄不清劝导对象，因此除了既得利益者之外，对任何人都没有帮助。长期而言，这样只会造成“狼来了”的心态，让大众对各种卫生运动失去信心，反而破坏了合理的公共卫生政策。这样一来，人们可能就不怎么把官方有关卫生、吸烟和性行为的劝导放在心上，然而这些是真正重要的问题。

令人惊讶的是，大众乐于接受人造食品，而如果人类没完没了地持续开发人造食品，可能会带来噩梦。如今已有用黄豆做成的素肉，可是一个人如果拒绝吃肉，怎么会想要吃假装成肉的素菜呢？所谓的高赖氨酸玉米添加了传统玉米所缺乏的氨基酸，有人宣传它是价格低廉的蛋白质来源，可以取代肉类。说不定终极的笑柄是用微生物制造食品。微生物既有机，可塑性又高，而且供应量源源不绝。其中有些已有类似的应用，绿藻就是用大量人工培养的海藻制成，据说很适合拿来做蛋糕、饼干和冰激凌。螺旋藻晒干了以后，可当饼干零食吃，这在20世纪80年代风行一时。[71] 微生物学家J.R.波斯特盖特（J.R. Postgate）报道说：

> 20世纪70年代，美国开发了一种技术，在剩肉残渣（现代屠宰场处理后的动物躯体，显然有大约四分之三的素材丢弃不用）上培养蘑菇菌丝，不过后来结果如何，我就不得而知。

做蘑菇汤吗？……总有一天，绿藻饼干和甲醇汉堡会变成理所当然的美味餐点；当人们在冲泡“脱水拉图尔古堡红酒”（一种经特别调配的酯类化合物，重现此红酒在最佳年份1937年的风味）时，说不定会纳闷，老祖宗怎么会有那么野蛮的习俗，竟会养殖大型动物、宰了它们，而且还真的吃掉它们的肉。[72]

同时，我们不能确定这类加工食品是否绝对卫生，尽管20世纪的倡导者这么保证。批量生产食物时，只要犯一个错，就会害很多人中毒。经过烹调的微生物可能对健康造成严重的危害。只要料理过的食物解冻一次，或现成餐点加热一次，就会开启一个生态位，供微生物密集寄生。李斯特菌会在冰箱中滋生繁殖。1988年，鸡肉中出现一种新的沙门氏杆菌，几乎可以肯定这是在饲料中滥加抗生素的后果。细菌能够以生物化学家无从预测的速度很快对抗生素做出反应，通过交换基因物质，迅速产生具有抗药性的新菌种。1990年5月，有一个商展的自助餐会暴发沙门氏杆菌中毒事件，150位来宾中有100人食物中毒。半冷冻的鸡腿送到后，置放于冰箱冷藏，第二天沾上鸡蛋和面包粉烹调，又被放进冷冻库两天，经三个半小时的解冻后油炸，接着置于一旁冷却，放回冰箱冷藏三个小时，然后回锅加热，上桌供食。[73]事隔一年，有一所学校的好几百位学生吃了隔夜冷却的肉，然后出现食物中毒症状。大约同一时期，据报道有许多人在参加一场婚宴后中毒。他们感染了具有抗药性的葡萄球菌，而宴席上负责切火鸡和火腿的人，其鼻腔黏液与发炎伤口也带有葡萄球菌，两种细菌一模一样。食物加工过程不够卫生显然会带来危险；可是道高一尺，魔高一丈，人再怎么小心，科学再怎么进步，微生物突变带来的威胁却始终存在。1964 年苏格兰的阿伯丁突然暴发伤寒疫情，夺走 400 人的性命，后来才查出起因。罐头在加热以后，通常需用氯冲洗使罐头冷却，可是有一批罐头没有冲洗到，结果感染了一种只有氯才杀得死的新型伤寒杆菌。感染后的牛肉玷污了切肉机的刀片，使得其他肉制品也受到感染。[74]

因此，我们无论如何也不能说工业化饮食一定是健康的，不过可以肯定的是，它侵蚀了社会。至少，它不能延续西方社会的传统家庭生活模式：厨房传出的香味和温暖是家庭生活的焦点，大伙儿一同用餐，也分享亲情。在某个层面上来说，工业化改变了家庭用餐习惯。其改变力量之大，人人都应该感受得到，因为人人都为了配合新的工作模式而调整了用餐时间。在现代的法国，汤变成晚餐食品。[75]在美国和英国，一天吃四餐的日子早已一去不返。午餐几乎已经消逝无踪，取而代之的是白天的点心和晚上的"正餐"。所谓的"五点钟餐"，也就是到了时间"百业暂休，大伙儿都喝茶去"，这曾经是英国惯例，如今也已消失。就连在习惯吃午餐的德国和意大利，碰到工作日，大家为了省时间也只能在工作场所的食堂吃这顿正餐。西班牙人很难想象要是扰乱了用餐时间，民族文化该怎么维持下去，因此 20 世纪 20 年代，普里莫 · 德 · 里韦拉将军（General Primo de Rivera）的独裁统治注定失败：他计划推动西班牙用餐时间的"现代化"，要配合工业社会的工作日程，建立"上午 11 点用叉子吃午餐"的制度。而今日的西班牙人为了配合现代经济，采取两个办法，一个就是实施"密集日"（dia intensivo）措施，让人可以从早上 8 点连续工作到下午 3 点，然后回家休息，吃传统家庭午餐。另一个办法就是手机：只要手机在手，在漫长的午休时段吃午餐时，也不会和世界断了联系。

即使一家人通常一天只聚餐一次，家庭生活无疑仍可保持其传统形式。然而，就连聚餐一次似乎也变得越来越困难。美国作家爱德华·贝拉米（Edward Bellamy）1887年出版《回顾》（*Looking Backward*）一书，在书中所勾勒的社会主义式乌托邦中，所有的家庭都没有厨房，民众按照报纸上印的菜单订购晚餐，然后聚集在宏伟庄严但舒适的人民会堂里用餐。这种用餐场所如今已在现实中落地，尽管供应餐食的是私人企业，卖的是快餐。人们依然在家里吃饭，只是越来越不规律，而且用餐时间四分五裂，不同的家庭成员选择在不同的时刻吃不同的食物。

快餐其实并不是新兴的现象，想到这一点，应能让人心里舒服一点。史上任何以城市生活为主的文化，几乎都出现过供应现成热食给城市贫民的摊贩。[76]古罗马的住宅很少设有炊煮用的空间，屋里也没有炊具，因此人们向小贩购买现成食品。在贝克特时代的伦敦*街头，公共厨房夜以继日地为三教九流烹煮食物，贩卖烤、煎或白煮的野味、鱼与禽肉。在13世纪的巴黎，街上买得到煮或烤的犊牛肉、牛肉、羊肉、猪肉、羔羊肉、小山羊肉、鸽子、阉鸡、鹅，还有猪肉、鸡肉或鳗鱼馅的香料馅饼、奶酪挞或蛋挞、热华夫饼或薄饼、蛋糕、煎饼、水果蛋糕或派、热青豆糊、蒜味酱汁、香槟奶酪或布里奶酪、黄油、热的肉馅饼。14世纪时，"耕者"皮尔斯†（Piers Plowman）听到小贩高声叫卖："热派，热乎乎哟！好吃的乳猪和鹅肉哟！来吧，快来吃吧！"[77]

就某种程度而言，自1928年以来，人们的饮食情况就没有什么

* 指12世纪的伦敦，托马斯·贝克特（Thomas Becket，1118—1170）曾为坎特伯雷大主教。——编者注

† 同名的中古英语讽刺诗作的主角，该诗写于14世纪。——译者注

变化。《家庭妇女杂志》(*Ladies' Home Journal*)当年俨然以创造历史的语气吹嘘道:"如今,除了半熟的水煮蛋以外,没有什么现成食物是买不到的。"[78] 尽管如此,所谓的传统快餐和今日的便利饮食之间仍有明显的差异。古代和中世纪的小贩绝大部分采取小规模手工制作,仅供应家常餐食给地方上的街坊邻居。今日的快餐业则供应工业化加工处理的食物,目的是方便让人三两口吃完,或在电视、电脑屏幕前进食。餐食不再能联系人,而成了障碍物。"便利"变得比文明、乐趣或营养都来得重要。据调查,人们往往表示他们知道加工食品比新鲜食品难吃,也相信加工食品较不营养,可是为了方便,他们愿意牺牲。

便利饮食的受害者长年来以一种令人脊背发凉的沉着态度忍受这场饮食革命。第二次世界大战期间,专栏作家埃莉诺·厄尔利(Eleanor Early)向读者保证:"总有一天,妇女可以买煮好的晚餐,放在包里提回家……你可以招待牌友吃脱水肉和马铃薯……甜点是用蛋粉加奶粉做的蛋奶布丁。"[79]1937 年,麦当劳兄弟在加州圣贝纳迪诺开设第一家得来速餐厅,是截至当时工业革命所制造的最近似工厂传送带的饮食方式。1948 年起,麦当劳取消供应盘子和刀叉,颠覆了人类经过漫长历程好不容易才争来的文明成就,可是顾客却二话不说,照单全收。麦当劳 15 美分的汉堡成了"食物福特主义"的体现。1953 年,艾森豪威尔总统在马里兰州贝尔茨维尔的农业研究中心试吃"研究午餐",餐点包括橘子粉泡的果汁、"薯片条"、乳清奶酪酱、"脱水冷冻青豆"、喂食荷尔蒙与抗生素的牛和猪的肉以及低脂牛奶。[80]

在那个时代,外国食物的新鲜感也开始对美国市场造成冲击。起初当然还不普及,因为彼时麦卡锡主义盛行,一般人不会为了吃非美国食品而冒大不韪。肉丸意大利面、杂碎和炒面则还可以接受；炒面是战时出现的不中不西的菜，亨氏企业曾大力推广用亨氏蘑菇浓汤炒面的做法。[81] 但外国势力并未因此停止进军快餐业，一家杂志在 1978 年报道说：

> 外国和民族风味菜如今大为风行……想做德国菜，用不着雇用德国厨师，只要在烤牛肉上加点德式酸菜，也就是添加了葛缕子的酸圆白菜。把牛至、九层塔、蒜和罐头番茄混合在一起，再加鸡肉，就是滋味不凡的意大利鸡肉三明治了。要做中国菜，姜、茴芹籽、蒜、洋葱、红椒、茴香籽、丁香或肉桂等材料加个一种或多种，就行了。[82]

今日，汉堡王保证“15 秒钟就准备好全餐”，继续挑战麦当劳。公平起见，我需要附注说明，在撰写本书期间，亦即 2000 年，汉堡王发动新的宣传攻势，口号为“就是比较好吃”，暗示自家汉堡胜过麦当劳。这样的口号并不会让我想亲身尝试、辨个分明。[83]“融合食物”的兴起也叫我不大自在。一般认为这股风潮证明，喜爱创新和异国情调的口味左右了今日的食品市场，我却觉得这种饮食新风格充分显示了当今潮流的枯燥乏味。融合菜就像乐高积木。近代的食物交流革命使食材更容易获得，于是厨房像作业流水线，可以拿材料来重组搭配，这些材料往往是加工过的食品。这显然就像汽车和电气产品“工厂”，厂房并没有在制造什么，而是将世界各地送来的零件组装起来。这些零件产自哪里并不重要，只要制造成本低廉即可。以前从来没有这么多人可以享受这么多种产品；只是，他们好像甘愿放弃从前的饮食方式，选择廉价的标准规格产品。

在把烹饪当成文明基础的人看来，微波炉是最后的仇敌（本书第一章已提过这一点）。1960 年，塔德（Tad's）餐厅推出用塑料膜包装的冷冻晚餐，顾客需用餐桌边的微波炉自行解冻。[84] 幸好，这个噱头并未成功，或许是因为微波炉更适合人民公敌——独自用餐者。微波炉这个设备解放了同居在一个屋檐下的人，使他们不必彼此等待用餐时间。大伙儿围桌聚餐交流的仪式就这样被轻易瓦解。微波炉和现成即食的餐点联手消灭了烹饪和用餐这两个社交活动。食物史上第一次大革命有就此被毁灭之虞。大伙儿围在营火、锅具和餐桌旁产生的伙伴情谊，帮助人类同心协力、共同生活至少 15 万年，如今这份情谊却可能毁于一旦。

虽然西方历史上有各种危险的信号随着工业化时代而来，但我们仍然有充分的理由对食物的未来保持乐观。工业时代已经结束或逐渐走向终点。在那之前，食品生产、加工和供给的革新措施推动了全球化市场，而主宰市场的是跨国大型企业。这在食物史上是新的现象，不过截至目前，尚未真正出现整个食品世界被独占的迹象；独占市场是资本家最大的梦想，却是反对资本主义之人最可怕的噩梦。目前已经有人因而提倡工匠文化。有些地方迫于压力必须接受口味标准化的产品，人们因此产生反抗，从而促使传统烹饪复兴。就连麦当劳和可口可乐都不得不根据各地口味和文化偏见，修正食谱、调整卖相。消费者又开始强调认同，食物成了营销人所谓的“领带”产品：从一个人吃的食物可以看出其人的自我认知、出身的社群、国家和阶级。在繁华的市场，消费重点已从廉价转移到高质量、稀有性以及精细的手工制作。我们在前文已经看到，在人口暴增的时代，食品工业因降低价格而大发横财；但在西方发达国家，这个时代已经过去了。当目前的发展中国家逐渐赶上脚步后，也会出现同样的移转情形。世人食用牙膏管状和粉末包食品的幻想，就像现代主义者其他各个幻想，诸如社会主义乌托邦、信息贵族、核子动力社会、科尔比西耶描绘的都市和星际世界等，通通被历史证伪。未来会比较像过去，而不是未来学派专家预测的那样。快餐优先的现象在未来主义或旋涡画派看来已经过时了，属于已经消逝的时代，虽然它们当初曾因人们求快求新而风行一时。15 秒汉堡将步 15 美分汉堡后尘，成为历史。美国人为了效率已经吞下了那么多垃圾，如今他们多半拒喝速溶咖啡。这种挑剔作风或许不仅是昭示未来的迹象，也是过去的卷土重来。

虽然标准化产品仍占上风，食物却仍是艺术，发达国家有些当代的食物文化也跟其他艺术一样，呈现后现代主义的特色。味蕾的国际化和融合菜的兴起，反映着多元文化主义。流行减肥法和时髦的厌食症等已渐露疲态；这些“不食”行为之于食物，就像约翰·凯奇（John Cage）的沉默之于音乐，《女巫布莱尔》之于电影。暴食症带有反讽意味，既过量又偏执，患者私下拼命偷吃，然后自己催吐，通通吐出来。坎贝尔（Campbell）浓汤罐头已成后现代主义的代表形象，此事也带有双重反讽意味，因为罐头汤似已不再是食品巨头的拳头产品。曾经与新鲜食品相比，它或许还有点机械技术威力，如今则已荡然无存。它已成为某种能给人安慰的老式家常菜，对抗着急冻、辐照处理或即食冲泡的汤品。事实上，坎贝尔正是如此宣传自家产品的。时尚的生食并不是倒退回茹毛饮血的时代，而是在反抗加工食品，拒斥工业化时代的“新鲜”概念。

后现代的挑剔口味是对抗贪婪和生态傲慢的良性反应。在营养过剩的西方，吃得好就是吃得少。我们应理性地开发自然，而不是掠夺自然。我们已经滥用地球，制造太多的食物；我们浪费资源，危害物种。挑剔与“精食主义”是社会自我保护的方法，用来对抗工业时代的有害后果，比如廉价食品过量供应、环境生态的恶化、口味受到严重破坏。有机农业运动公开弃绝集约化生产养殖、化学肥料和农药，对市场形成很大的冲击；这一点颇令人意外，毕竟从消费者的角度来看，有机产品最主要的特点就是价钱较贵。英国王储查尔斯王子大力提倡有机农业运动，同时身体力行。他对传统农民的批评很不以为然，这些农民说有机农业运动人士都是“无聊家伙和怪胎，出发点良善……但危言耸听，一心向往前工业化的往日时光”。[85] 可是，我们确实需要扭转已经过了头的工业主义。不论是出自理性或本能，我们都义无反顾，必须如此。下一次食物革命的角色将是颠覆上一次革命。

注 释

自 序

1 A. Sebba, 'No Sex Please, We're Peckish', *The Times Higher Education Supplement*, 4 February 2000.

第一章 烹饪的发明——第一次革命

1 E. Clark, *The Oysters of Locmariquer* (Chicago, 1964), p. 6.

2 K. Donner, *Among the Samoyed in Siberia* (New Haven, 1954), p. 129.

3 W. S. Maugham, *Altogether* (London, 1934), p. 1122.

4 W. C. McGrew,'Chimpanzee Material Culture: What Are Its Limits and Why?', in R. Foley, ed., *The Origins of Animal Behaviour* (London, 1991), pp. 13-22; J.Goudsblom, *Fire and Civilization* (Harmondsworth, 1994) , pp. 21-25.

5 Virgil, Georgics II, v 260; C. Lévi-Strauss, *From Honey to Ashes: Introduction to a Science of Mythology*, 2 vols. (London, 1973), ii, p. 303.

6 B. Malinowski, *Magic, Science and Religion and Other Essays* (London, 1974), p. 175.

7 C. Lévi-Strauss, *The Raw and the Cooked* (London, 1970), p. 336.

8 Ibid., p. 65.

9 E.Ohnuki-Tierney, *Rice as Self: Japanese Identities Through Time* (Princeton, 1993), p. 30.

10 J. Hendry,'Food as Social Nutrition: The Japanese Case', in M. Chapman and H. Macbeth, eds., *Food for Humanity: Cross-disciplinary Readings* (Oxford, 1990), pp. 57-62.

11 C. E. McDonaugh,'Tharu Evaluations of Food', in Chapman and Macbeth, op. cit. pp. 45-48, at p. 46.

12 A. A. J. Jansen et al., eds., *Food and Nutrition in Fiji*, 2 vols. (Suva, 1990), vol. 2, pp. 632-634.

13 G. A. Bezzola, *Die Mongolen in abendländische Sicht* (Berne, 1974), pp. 134-144.

14 J. A. Brillat-Savarin, *The Philosopher in the Kitchen*, trans. A. Drayton (Harmondsworth, 1970), p. 244.（我倾向于引用这版译文，而非更常见的）*The Physiology of Taste*, trans. M. K. Fisher [New York, 1972]。)

15 L. van der Post, *First Catch Your Eland: A Taste of Africa* (London, 1977), p. 28.

16 Ibid., p. 29; L. van der Post, *African Cooking* (New York, 1970), p. 38.

17 J. G. Frazer, *Myths of the Origins of Fire* (London, 1930), pp. 22-23.

18 G. Bachelard, *Fragments d'un poétique du feu* (Paris, 1988), pp. 106, 129.

19 See the symposium on the subject in *Current Anthropology*, xxx (1989); Goudsblom, op. cit., pp. 16-23.

20 A. Marshak, *Roots of Civilization* (London, 1972), pp. 111-112; A. H. Brodrick, *The Abbé Breuil, Historian* (London, 1963), p. 11.

21 H. Breuil, *Beyond the Bounds of History: Scenes from the Old Stone Age* (London, 1949), p. 36.

22 C. Lamb, *A Dissertation Upon Roast Pig* (London, n.d. [1896]), pp. 16-18.

23 Ibid., pp. 34-35.

24 Goudsblom, op. cit., p. 34.

25 Ibid., p. 36.

26 D. L. Jennings,'Cassava', in N. W. Simmonds, ed., *Evolution of Crop Plants* (London, 1976), pp. 81-84.

27 Quoted in P. Camporesi, *The Magic Harvest: Food, Folklore and Society* (Cambridge, 1989), pp. 3-4; variant version in G. Bachelard, *The Psychoanalysis of Fire* (London, 1964), p. 15.

28 C. Perlès.'Les origines de la cuisine: l'acte alimentaire dans l'histoire de l'homme', *Communications*, xxxi (1979), pp. 1-14.

29 P. Pray Bober, *Art, Culture and Cuisine: Ancient and Medieval Gastronomy* (Chicago and London, 1999), p. 78.

30 Trans, E. V. Rieu (Harmondsworth, 1991), p. 43.

31 F. J. Remedi, *Los secretos de la olla: entre el gusto y la necesidad: la alimentación en la Cordoba de principios del siglo XX* (Cordoba, 1998), p. 208.

32 C. Perles,'Hearth and Home in the Old Stone Age', *Natural History*, xc (1981), pp. 38-41.

33 H. Dunn-Meynell,'Three Lunches: Some Culinary Reminiscences of the Aptly named Cook Islands', in H. Walker, ed., *Food on the Move* (Totnes, 1997), pp. 111-113.

34 C. A. Wilson, *Food and Drink in Britain from the Stone Age to Recent Times* (London, 1973), p. 65.

35 M. J. O'Kelly, *Early Ireland* (Cambridge, 1989).

36 J. H. Cook, *Longhorn Cowboy* (Norman, 1984), p. 82.

37 C. Perry,'The Horseback Kitchen of Central Asia', in Walker, ed., op. cit., pp. 243-248.

38 S. Hudgins,'Raw Liver and More: Feasting with the Buriats of Southern Siberia', in Walker, ed., op. cit., pp. 136-156, at p. 147.

39 Rieu, trans., op. cit., pp. 274-276.

40 C. Lévi-Strauss. *The Origin of Table Manners* (London, 1968), p. 471.

41 A. Dalby, *Siren Feasts: A History Of Food and Gastronomy in Greece* (London, 1996), p. 44.

42 H. Levenstein, *Revolution at the Table: The Transformation of the American Diet* (New York, 1988), p. 68.

43 C. Fischler,'La"macdonaldisation"des moeurs', in J.-L. Flandre and M. Montanari, eds., *Histoire de l'alimentation* (Paris, 1996), pp. 858-879, at p. 867.

第二章　吃的意义——食物是仪式和魔法

1 *The Sunday Times*, 31 December 1961, quoted in C. Ray, ed., *The Gourmet's Companion* (London, 1963), p. 433.

2 1952 movie, quoted in H. Levenstein, *Revolution at the Table* (New York, 1988), p. 103.

3 E. Ybarra,'Two Letters of Dr Chanca', *Smithsonian Contributions to Knowledge*, xlviii (1907).

4 B. de Sahagun, *Historia de las Cosas de la Nueva España* (Mexico City, 1989), p. 506.

5 A. R. Pagden, *The Fall of Natural Man* (Cambridge, 1982), p. 87.

6 Ibid., p. 83.

7 H. Staden, *The True History of His Captivity, 1557,* ed. M. Letts (London, 1929), p. 80.

8 Pagden, op. cit., p. 85.

9 P. Way,'The Cutting Edge of Culture: British Soldiers Encounter Native Americans in the French and Indian War', in M. Daunton and R. Halpern, eds., *Empire and Others: British Encounters with Indigenous Peoples, 1600—1850* (Philadelphia, 1999), pp. 123-148, at p. 134.

10 J. Hunt, *Memoir of the Rev. W. Cross, Wesleyan Missionary to the Friendly and Feejee Islands* (London, 1946), p. 22.

11 W. Arens, *The Man-Eating Myth* (New York, 1979); G. Obeyeskere,'Cannibal Feasts in Nineteenth-century Fiji: Seamen'sYarns and the Ethnographic Imagination', in F. Barker, P. Hulme and M. Iversen, eds., *Cannibalism and the Colonial World* (Cambridge, 1998), pp. 63—86.

12 Quoted in L. Montrose,'The Work of Gender in the Discourse of Discovery', in S. Greenblatt, ed., *New World Encounters* (Berkeley, 1993), p. 196.

13 Pagden, op. cit., p. 83.

14 G. Williams ed., *The Voyage of George Vancouver, 1791-1795*, 4 vols. (London, 1984), vol, 2, p. 552.

15 A. Rumsey,'The White Man as Cannibal in the New Guinea Highlands', in L.R. Goldman, ed., *The Anthropology of Cannibalism* (Westport, Ct, 1999), pp. 105-121, at p. 108.

16 *Memoirs of Sergeant Burgogne, 1812-1813* (New York, 1958).

17 A. W. B. Simpson, *Cannibalism and the Common Law* (Chicago, 1984), p. 282.

18 所有的这些食人行为在中国历史上也不时出现实例，尤其是“为复仇而食人”的事例。参见 K. C. Chang, ed., *Food in Chinese Culture* (New York, 1977)。

19 Simpson, op, cit., passim.

20 Ibid., p. 132.

21 Ibid., p. 145.

22 Way, loc. cit., p. 135.

23 P. P. Read, *Alive* (New York, 1974).

24 相关记录参见 F. Lestringant, *Le Huguenot et le sauvage* (Paris, 1990) 和 *Cannibalism* (London, 2000)。

25 D. Gardner,'Anthropophagy, Myth and the Subtle Ways of Ethnocentrism', in Goldman, ed., op. cit., pp. 27-49.

26 T. M. Ernst,'Onabasulu Cannibalism and the Moral Agents of Misfortune', in ibid., pp. 143-159, at p. 145.

27 P.R. Sanday, *Divine Hunger: Cannibalism as a Cultural System* (Cambridge, 1986), p.x.

28 Ibid., p. 6.

29 Ernst, loc. cit., p. 147.

30 Sanday, op. cit., p. 69; A. Meigs,'Food as a Cultural Construction', *Food and Foodways*, 2 vols. (1988), vol. 2, pp. 341-359.

31 Sanday, op, cit., p. 21.

32 Sahlins, quoted in ibid., p. 22. see P. Brown and D. Tuzin, eds., *The Ethnography of Cannibalism* (Wellington, 1983.)

33 N. J. Dawood, ed., *Arabian Nights* (Harmondsworth, 1954), p. 45.

34 A. Shelton,'Huichol Attitudes to Maize', in M. Chapman and H. Macbeth, eds., *Food for Humanity: Cross-disciplinary Readings* (Oxford, 1990), pp. 34-44.

35 S. Coe, *America's First Cuisines* (Austin, 1994), p. 10.

36 W. K. and M. M. N. Powers,'Metaphysical Aspects of an Oglala Food System', in M. Douglas, ed., *Food in the Social Order: Studies of Food and Festivities in Three American Communities* (New York, 1984), pp. 40-96.

37 M. Harris, *Good to Eat: Riddles of Food and Culture* (London, 1986), pp. 56-66.

38 Quoted in M. Douglas, *Purity and Danger* (London, 1984), p. 31.

39 Ibid., p. 55.

40 A. A. Jansen, et al., eds., *Food and Nutrition in Fiji*, 2 vols. (Suva, 1990), vol. 2, pp. 632-634.

41 Douglas, Purity, p. 155.

42 Sahagun, op, cit., p. 280.

43 J. A. Brillat-Savarin, *The Philosopher in the Kitchen*, trans. A. Drayton (Harmondsworth, 1970), pp. 92-93.

44 T. Taylor, *The Prehistory of Sex* (London, 1996), p. 87.

45 J.-L. Flandrin and M. Mantanari, eds., *Histoire de l'Alimentation* (Paris, 1996), p. 72.

46 C. Bromberger,'Eating Habits and Cultural Boundaries in Northern Iran', in S. Zubaida and R. Tapper, eds., *Culinary Cultures of the Middle East* (London, 1994), pp. 185-201.

47 E. N. Anderson, *The Food of China* (New Haven, 1988), pp. 187-190.

48 A. Beardsworth and T. Keil, *Sociology on the Menu* (London, 1997), p. 128.

49 Quoted in Flandrin and Montanari, eds., op. cit., p. 261.

50 Galen, *De bonis malisque sucis*, ed. A. M. Ieraci Bio (Naples, 1987), pp. 6, 9.

51 Galen, *Scripta minora*, ed. J. Marquardt, I. E. P. von Muller G. Helmreich, 3 vols. (Leipzig, 1884-93), *De sanitate tuenda*, c. 5.

52 F. López-Ríos Fernández, *Medicina naval española en la época de los descubrimientos* (Barcelona, 1993), pp. 85-163. 引文来自 Lind (A Treatise of the Scurvy, 1753, facsimile edn. [Edinburgh, 1953]) 下文两段引文均来源于此。

53 G. Williams, *The Prize of all the Oceans* (London, 2000), pp. 45-46.

54 M. E. Hoare, ed., *The Resolution Journal of Johann Reinhold Forster*, 4 vols. (London, 1981-1982), vol. 3, p. 454.

55 P. LeRoy, *A Narrative of the Singular Adventures of Four Russian Sailors Who Were Cast Away on the Desert Island of East Spitzbergen* (London, 1774), pp. 69-72.

56 J. Dunmore, ed., *The Journal of Jean-François de Galaup de la Pérouse*, 2 vols. (London, 1994), vol. 2, pp. 317, 431-432.

57 M. Palau, ed., *Malaspina'94* (Madrid, 1994), p. 74.

58 Williams, ed., op. cit., pp. 1471-1472.

59 S. Nissenbaum, *Sex, Diet and Debility in Jacksonian America: Sylvester Graham and Health Reform* (Westport, Ct. 1980).

60 C. F. Beckingham et al., *The Itinerario of Jerónimo Lobo* (London, 1984), pp. 262-263.

61 Quoted in C. Spencer, *The Heretics' Feast: A History of Vegetarianism* (London, 1993), p. 100.

62 *Wealth of Nations* (1784), vol. 3, p. 341. See also K. Thomas, *Man and the Natural World* (London, 1983).

63 Henry Brougham, quoted in T. Morton, *Shelley and the Revolution in Taste* (Cambridge, 1994), p. 26.

64 G. Nicholson, *On the Primeval Diet of Man* (1801), ed. R. Preece (Lewiston, 1999), p. 8.

65 Ibid., p. 33.

66 C. B. Heiser, *Seed to Civilization: The Story of Food* (Cambridge, Ma, 1990), p. 85.

67 J. Ritson, *An Essay on Abstinence from Animal Food as a Moral Duty* (1802).

68 P. B. Shelley, *A Vindication of Natural Diet* (London, 1813); ed. F. E. Worland (London, 1922).

69 Morton, op, cit., p. 136.

70 Ibid., p. 29; M. Shelley, *Frankenstein* (Chicago, 1982), p. 142.

71 Nissenbaum, op. cit., p. 6.

72 Ibid., p. 127.

73 Ibid., pp. 151-152.

74 Levenstein, op. cit., p. 93.

75 E. S. Weigley, *Sarah Tyson Rorer: The Nation's Instructress in Dietetics and Cookery* (Philadelphia, 1977), p. 37.

76 Ibid., pp. 125. 138.

77 Ibid., p. 61.

78 Ibid., pp. 2, 63, 139.

79 Ibid., p. 48.

80 Levenstein, op. cit., p. 87.

81 Ibid., p. 88.

82 A. W. Hofmann, *The Life-work of Liebig* (London, 1876), p. 27.

83 Ibid., p. 31. 亨利・查维斯（Henry Chavasse）认为应该注意不让儿童吃蔬菜。*Advice to Mothers on Management of Their Offspring* (1839), quoted in S. Mennell,'Indigestion in the Nineteenth Century: Aspects of English Taste and Anxiety', *Oxford Symposium on Food and Cookery, 1987: Taste: Proceedings* (London, 1988), pp. 153-166.

84 Barillat-Savarin, op. cit., p. 304.

85 J. H. Salisbury, *The Relation of Alimentation and Disease* (New York, 1888), p. 94.

86 Ibid., pp. 145-148.

87 Ibid., pp. 97-98, 127, 135, 140.

88 Levenstein, op. cit., p. 41.

89 Ibid., p. 149.

90 Ibid., p. 155.

91 Ibid., p. 159.

92 H. Levenstein, *Paradox of Plenty: A Social History of Eating in Modern America* (Oxford, 1993).

93 Ibid., pp. 11-12.

94 B. G. Hauser, *The Gayelord Hauser Cookbook* (New York, 1946).

95 L. R. Wolberg, *The Psychology of Eating* (London , 1937), p. x.

96 Ibid., pp. 36-38.

97 Ibid., p. 18.

98 P. M. Gaman and K. B. Sherrington, *The Science of Food* (Oxford. 1996), p. 102.

99 Levestein, *Paradox of Plenty*, p. 21.

100 Ibid., p. 22.

101 Ibid., p. 64.

102 Ibid. pp. 69, 71, 75-76, 95.

103 R. McCarrison, *Nutrition and Health* (London, n.d.), p. 18.

104 Ibid., pp. 23, 51, 75, 78.

105 J. LeFanu, *Eat Your Heart Out: The Fallacy of the Healthy Diet* (London, 1987), pp. 56-61.

106 J. Chang, *Zest for Life: Live Disease-free with the Tao* (Stockholm, 1995).

107 Ibid., p. 23.

108 G. B. Bragg and D. Simon, *The Ayurvedic Cookbook* (New York, 1997).

109 U. Lecordier, *The High-Sexuality Diet* (London, 1984), pp. 17-23.

110 H. C. Lu, *The Chinese System of Using Foods to Stay Young* (New York, 1996), p. 27.

111 J.-M. *Bourre, Brainfood* (Boston, 1990), pp. 57-65.

112 Jansen, et al., op. cit., vol. 2, pp. 554-569.

113 Lu, op. cit., vol. 2, p. 9.

114 Ibid., pp. 10-18.

115 'The British Are Digging Their Own Graves with Their Teeth', *Northants Chronicle and Echo*, quoted in LeFanu, op. cit., p. 21.

116 Ibid., pp. 28-29.

117 H. L. Abrams,'Vegetarianism: an Anthropological-Nutritional Evaluation', *Journal of Applied Nutrition*, xii (1980), pp. 53-78. 关于现代医学和审美潮流如何拒斥脂肪的精彩叙述，参见 P. N. Stearns, *Fat History: Bodies and Beauty in the Modern West* (New York, 1997)。

118 L. L. Cavalli-Sforza,'Human Evolution and Nutrition', in D. N. Walcher and N. Kretchmer, eds., *Food Nutrition and Evolution: Food As an Environmental Factor in the Genesis of Human Variability* (Chicago, 1981), p. 2.

第三章　畜牧革命——从“收集”食物到“生产”食物

1 Quoted in F. T. Cheng, *Musings of a Chinese Gourmet* (London, 1962), p. 73.

2 J.-L. Flandre and M. Montanari, eds., *Histoire de l'alimentation* (Paris, 1996), p. 776.

3 D. and P. Brothwell, *Food in Antiquity* (London, 1969), p. 67.

4 P. J. Ucko and G. W. Dimbleby, eds., *The Domestication and Exploitation of Plants and Animals: A Survey of the Diet of Early Peoples* (Baltimore, 1998).

5 E. Clark, *The Oysters of Locqmariquer* (Chicago, 1964), pp. 39-40.

6 Brothwell and Brothwell, op. cit., p. 64; J. G. Evans,'The Exploitation of Molluscs', in Ucko and Dimbleby, eds., op. cit. (London, 1969 edn.), pp. 479-484.

7 A. Dalby, *Siren Feasts: A History of Food and Gastronomy in Greece* (London, 1996), p. 38.

8 G. Clark, *World Prehistory in New Perspective* (New York, 1977), pp. 113-114.

9 E. Clark, op. cit., p. 39; M. Toussaint-Samat, *History of Food* (London, 1992), p. 385.

10 Flandrin and Montanari, op. cit., p. 41.

11 K. V. Flannery,'Origins and Ecological Effects of Early Domestication in Iran and the Near East', in Ucko and Dimbleby, eds., op. cit., pp. 73-100.

12 T. Ingold,'Growing Plants and Raising Animals: An Anthropological Perspective on Domestication', in D. R. Harris, ed., *The Origins and Spread of Agriculture and Pastoralism in Eurasia* (London, 1996), pp. 12-24; H.-P. Uepermann,'Animal Domestication: Accident or Intention', in ibid., pp. 227-237.

13 W. Gronon, *Changes in the Land: Indians, Colonists and the Ecology of New England* (New York, 1983), pp. 49-51.

14 C. Darwin, *The Variation of Animals and Plants Under Domestication*, 2 vols. (London, 1868), vol. 2, pp. 207-209.

15 J. M. Barrie, *The Admirable Crichton*, Act 3, Scene 1.

16 C. Lévi-Strauss, *The Raw and the Cooked* (London, 1970), p. 82.

17 T. F. Kehoe,'Coralling: Evidence from Upper Paleolithic Cave Art', in L. B. Davis and B. O. K. Reeves, eds., *Hunters of the Recent Past* (London, 1990), pp. 34-46.

18 S. B. Eaton and M. Konner,'Paleolithic Nutrition: A Consideration of its Natrue and Current Implications', *New England Journal of Medicine*, cccxii (1985), pp. 283-289; S. B. Eaton, M. Shostak and M. Konner, *The Stone-Age Health Programme* (London, 1988), pp. 77-83.

19 O. Blehr,'Communal Hunting As a Prerequisite for Caribou (wild reindeer) As Human Resource' in Davis and Reeves, eds., op. cit., pp. 304-326.

20 B. A. Jones,'Paleoindians and Proboscideans: Ecological Determinants of Selectivity in the Southwestern United States', in Davis and Reeves, eds., op. cit., pp. 68-84.

21 J. Diamond, *Guns, Germs and Steel: The Fates of Human Sociteies* (London, 1997), p. 43.

22 L. van der Post, *The Lost World of the Kalahari* (London, 1961), pp. 234-240.

23 J. C. Driver,'Meat in Due Season : The Timing of Communal Hunts', in Davis and Reeves, eds., op. cit., pp. 11-33.

24 G. Parker Winship, ed., *The Journey of Coronado* (Golden, Co, 1990), p. 117.

25 L. Forsberg,'Economic and Social Change in the Interior of Northern Sweden 6000 B. C.-1000 A. D.', in T. B. Larson and H. Lundmark, eds., *Approaches to Swedish Prehistory: A Spectrum of Problems and Perspectives in Contemporary Research* (Oxford, 1989), pp. 75-77.

26 K. Donner, *Among the Samoyed in Siberia* (New Haven, 1954), p. 104.

27 R. Bosi, *The Lapps* (New York, 1960), p. 53.

28 A. Spencer, *The Lapps* (New York, 1978), pp. 43-59.

29 P. Hadjo, *The Samoyed Peoples and Languages* (Bloomington, 1963), p. 10.

30 Donner, op. cit., p. 106.

31 J. H. Cook, *Fifty Years on the Old Frontier* (Norman, 1954), pp. 14-18.

32 N. D. Cook, *Born to Die: Disease and New World Conquest, 1492-1650* (Cambridge, 1998), p. 28.

33 J. McNeill, Something New under the Sun (London, 2000), p. 210.

34 R. J. Adams, *Come an' Get It: The Story of the Old Cowboy Cook* (Norman, 1952). Quoted in A. Davidson, *The Oxford Companion to Food* (Oxford, 1999).

35 Cf. Diamond, op. cit., pp. 168-175.

36 G. C. Frison, C.A. Reher and D. N. Walker,'Prehistoric Mountain Sheep Hunting in the Central Rocky Mountains of North America', in Davis and Reeves, eds., op. cit., pp. 218-240.

37 M. Harris, *Good to Eat: Riddles of Food and Culture* (London, 1986), pp. 131-132.

38 McNeill, op, cit., p. 246.

39 Ibid., pp. 248-251; L. P. Paine, *Down East: A Maritime History of Maine* (Gardiner, 2000), pp. 118-133.

40 A. A. J. Jansen et al., eds., *Food and Nutrition in Fiji*, 2 vols. (Suva, 1990), vol. I. P.397.

41 Toussaint-Samat, op. cit., pp. 326-327.

第四章　可食的大地——栽种食用植物

1 J. A. Brillat-Savarin, *The Philosopher in the Kitchen*, trans. A. Drayton (Harmondsworth, 1970). pp. 243-244.

2 Leo Africanus, quoted in M. Brett and E. Femtress, *The Berbers* (Oxford, 1996), p. 201.

3 A. B. Gebauer and T. D. Price,'Foragers to Farmers: An Introduction', *The Transition to Agriculture in Prehistory* (Madison, 1992), pp. 1-10.

4 C. Darwin, *The Variation of Animals and Plants under Domestication*, 2 vols. (London, 1868), vol. 1, pp. 309-310.

5 J. Diamond, *Guns, Germs and Steel: The Fates of Human Societies* (London, 1997), pp. 14-22.

6 C. A. Reed, ed., *Origins of Agriculture* (The Hague, 1977), p. 370.

7 J. R. Harlan,'The Origins of Cereal Agriculture in the Old World', in Gebaner and Price, eds., op. cit., pp. 357-383, 363.

8 M. N. Cohen and G. J. Armelagos, *Paleopathology at the Origins of Agriculture* (New York, 1984), pp. 51-73.

9 L. R. Binford,'Post-Pleistocene Adaptations', in S. R. and L. R. Binford, eds., *New Perspectives in Archaeology* (Chicago, 1968), pp. 313-341; M. D. Sahlins,'Notes on the Original Affluent Society', in R. B. Lee and I. DeVore, eds., *Man the Hunter* (Chicago, 1968), pp. 85-88; *Stone-age Economics* (Chicago, 1972), especially pp. 1-39.

10 T. Bonyhady, *Burk and Wills: from Melbourne to Myth* (Balmain, 1991), pp. 137-141.

11 J. R. Harlan, *Crops and Man* (Madison, 1992), p. 27.

12 Ibid., p. 8.

13 V. G. Childe, *Man Makes Himself* (London, 1936); *Piecing Together the Past* (London, 1956).

14 C. O. Sauer, *Agricultural Origin and Dispersals* (New York, 1952).

15 R. J. Braidwood and B. Howe, eds., *Prehistoric Investigations in Iraqi Kurdistan* (Chicago, 1960).

16 K. Flannery,'The Origins of Agriculture' *Annual Reviews in Anthropology*, II (1973), pp. 271-310.

17 E. S. Anderson, *Plants, Man and Life* (London, 1954), pp. 142-150.

18 C. B. Heiser, *Seed to Civilization: the Story of Food* (Cambridge, Ma, 1990), pp. 14-26.

19 S. R. and L. R. Binford, eds., op. cit.; M. Cohen, *The Food Crisis in Prehistory* (New York, 1977).

20 B. Bronson,' The Earliest Farming: Demography As Cause and Consequence', in S. Polgar, ed., *Population, Ecology and Social Evolution* (The Hague, 1975).

21 B. Hayden,'Nimrods, Piscators, Pluckers and Planters: The Emergence of Food Production', *Journal of Anthropological Research*, ix(1953), pp. 31-69.

22 B. Hayden,'Pathways to Power: Principles for Creating Socioeconomic Inequalities', in T. D. Price and G. M. Feinman, eds., *Foundations of Social Inequality* (New York, 1995), pp. 15-86.

23 Harlan, *Crops and Man*, pp. 35-36.

24 S. J. Fiedel, *Prehistory of the Americas* (New York, 1987), p. 162.

25 G. P. Nabhan, *The Desert Smells Like Rain: A Naturalist in Papago Indian Country* (San Francisco, 1982); *Enduring Seeds: Native American Agriculture and Wild Plant Conservation* (San Francisco, 1989).

26 B. Fagan, *The Journey from Eden: The Peopling of Our World* (London, 1990), p. 225.

27 D. Rindos, *The Origins of Agriculture: An Evolutionary Perspective* (New York, 1984).

28 K. F. Kiple and K. C. Ornelas, eds., *The Cambridge World History of Food*, 2 vols (Cambridge, 2000), vol. 1, p. 149.

29 C. I. Beckwith, *The Tibetan Empire in Central Asia: A History of the Struggle for Great Power Among Tibetans, Turks, Arabs and Chinese During the Early Middle Ages*

(Princeton, 1987), p. 100.

30 A. Waley, *The Book of Songs Translated from the Chinese* (London, 1937) p. 17.

31 D. N. Keightley, ed., *The Origins of Chinese Civilization* (Berkeley, 1983), p. 27.

32 K. C. Chang, *Shang Civilization* (New Haven and London, 1980), pp. 138-141.

33 Waley, op. cit., p. 24.

34 Ibid., p. 242.

35 Chang, op. cit., p, 70.

36 Te-Tzu Chang,'The Origins and Early Culture of the Cereal Grains and Food Legumes', in Keightley , ed., op. cit., pp. 66-68.

37 W. Fogg,'Swidden Cultivation of Foxtail Millet by Taiwan Aborigines: A Cultural Analogue of the Domestica of Serica Italica in China', in Keightley, ed., op. cit., pp. 95-115.

38 Waley, op. cit., pp. 164-167.

39 Te-Tzu Chang, loc. Cit., p. 81.

40 Chang, op. cit., pp. I48-149. 本段中有关中国小米的内容来自 F. Férnandez-Armesto, *Civilizations* (London, 2000), pp. 251-253。

41 A. G. Frank, *ReOrient: Global Economy in the Asian Age* (Berkeley, 1998); J. Goody , *The East in the West* (London, 1996); F. Fernández-Armesto, *Millennium* (London, 1995, new edn. 1999) .

42 I. C. Glover and C. F. W. Higham,'Early Rice Cultivation in South, Southeast and East Asia', in Harris, *Origins*, pp. 413-441.

43 H. Maspero, *China in Antiquity* (n. p., 1978), p. 382.

44 D. W. Lathrap,'Our Father the Cayman, Our Mother the Gourd', in C. A. Reed, ed., *Origin of Agriculture* (The Hague, 1977) pp. 713-751, at pp. 721-722.

45 S. Coe, *America's First Cuisines* (Austin, 1994), p. 14.

46 C. Darwin, *The Variation of Animals and Plants under Domestication*, 2 vols. (London, 1868), vol. 1, p. 315.

47 Fernández-Armesto, *Civilization*, p. 210.

48 P. Pray Bober, *Art, Culture and Cuisines: Ancient and Medieval Gastronomy* (Chicago and London, 1999), p. 62.

49 Heiser, op. cit., p. 70.

50 M. Spriggs,'Taro-cropping Systems in the South-east Asian Pacific Region', *Archaeology in Oceania*, xvii (1982), pp. 7-15.

51 J. Golson,'Kuku and the Development of Agriculture in New Guinea: Retrospection and Introspection', in D. E. Yen and J. M. J. Mummery, eds., *Pacific Production Systems: Approaches to Economic History* (Canberra, 1983), pp. 139-147.

52 Heiser, op. cit., p. 149.

53 D. G. Coursey,'The Origins and Domestication of Yams in Africa', in B. K. Schwartz and R. E. Dummett, *West African Culture Dynamics* (The Hague, 1980), pp. 67-90.

54 J. Golson,'No Room at the Top: Agricultural Intensification in the New Guinea Highlands', in J. Allen et al., eds., *Sunda and Sabul* (London, 1977), pp. 601-638.

55 J. G. Hawkes,'The Domestication of Roots and Tubers in the American Tropics', in D. R. Harris and G. C. Hillman, eds., *Foraging and farming* (London, 1989), pp. 292-304.

56 J. V. Murra, *Formaciones económicas y políticas del mundo andino* (Lima, 1975), pp. 45-57.

57 J. Lafitau, *Moeurs des sauvages amériquains, comparés aux moeurs des premiers temps*, 2 vols. (Paris, 1703), vol. 1, pp. 100-101.

第五章　食物与阶级——社会不平等与高级饮食的兴起

1 M. Montanari, *The Culture of Food* (Oxford, 1994), pp. 10-11.

2 Ibid., pp. 23, 26.

3 Quoted in A. Dalby, *Siren Feasts: A History of Food and Gastronomy in Greece* (London, 1996), pp. 70-71; 译文有改动。

4 M. Girouard, *Life in the English Country House* (New Haven, 1978), p. 12.

5 B. J. Kemp, *Ancient Egypt: Anatomy of a Civilization* (London, 1989), pp. 120-128.

6 F. Fernández-Armesto, *Civilization* (London, 2000), pp. 226-227.

7 J.-L. Flandre and M. Montanari, eds., *Histoire de l'Alimentation* (Paris, 1996), p. 55.

8 Montanari, op. cit., p. 22.

9 O. Prakash, *Food and Drinks in Ancient India from Earliest Times to c. 1200 A. D.* (Delhi, 1961), p. 100.

10 T. Wright, *The Homes of Other Days: A History of Domestic Manners and Sentiments in England* (London, 1871), p. 368. See also J. Lawrence,'Royal Feasts', *Oxford Symposium on Food and Cookery, 1900: Feasting and Fasting: Proceedings* (London, 1990).

11 H. Powdermaker,'An Anthropological Approach to the Problems of Obesity', *Bulletin of the New York Academy of Medecine*, xxxvi (1960), in C. Counihan and P. van Esterik, eds., *Food and Culture: A Reader* (New York and London, 1997), pp. 203-210.

12 S. Mennell, *All Manners of Food* (Oxford, 1985), p. 33. 关于路易十四的饮食习惯，参见 B. K. Wheaton, *Savouring the Past: The French Kitchen and Table from 1300*

to 1789 (London, 1983), p. 135。

13 J. A. Brillat-Savarin, *The Philosopher in the Kitchen*, trans. A. Drayton (Harmondsworth, 1970), pp. 60-61.

14 Ibid., p. 133.

15 A. J. Liebling, *Between Meals: An Appetite for Paris* (New York, 1995), p. 6.

16 *The Warden* (London, 1907), pp. 114-115.

17 H. Levenstein, *Revolution at the Table* (New York, 1988), pp. 7-14.

18 *New Yorker*, 1944, quoted in J. Smith, *Hungry for You* (London, 1996).

19 W. R. Leonard and M. L. Robertson,'Evolutionary Perspectives on Human Nutrition: The Influence of Brain and Body Size on Diet and Metabolism', *American Journal of Human Biology*, vi (1994), pp. 77-88.

20 J. Steingarten, *The Man Who Ate Everything* (London, 1997), p. 5.

21 M. F. K. Fisher and S. Tsuji in S.Tsuji, *Japanese Cooking: A Simple Art* (Tokyo, 1980), pp. 8-24.

22 I. Morris, ed., *The Pillow-Book of Sei Shonagon* (Harmondsworth, 1967), pp. 69, 169.

23 L. Frédéric, *Daily Life in Japan at the Time of the Samurai, 1185-1603* (London, 1974, p. 72.

24 Captain Golownin, *Japan and the Japanese, Comprising the Narrative of a Captivity in Japan*, 2 vols. (London, 1853), ii, p. 147.

25 R. Alcock, *The Capital of the Tycoon: A Narrative of a Three Years' Residence in Japan*, 2 vols. (London, 1863), i, p. 272.

26 J. Street, *Mysterious Japan* (London, 1922), pp. 127-128

27 S. Tsuji, *Japanese Cooking*, pp. 8-14, 21-22

28 P. Pray Bober, *Art, Culture and Cuisine: Ancient and Medieval Gastronomy* (Chicago and London, 1999), pp. 72-73.

29 Flandre and Montanari, op. cit., p. 72.

30 A. Waley, *More Translations from the Chinese* (New York, 1919), pp. 13-14, quoted in Goody, *Cooking,Cuisine and Class* (Cambridge,1982), p. 112; 译文有改动。

31 Athenaeus, *The Deipnosopbists*, iv, p. 147, trans. C. B. Gulick, 7 vols. (London, 1927-1941), ii (1928), pp. 171-175.

32 A Waley, *The Book of Songs* (New York, 1938), *X,* pp. 7-8.

33 Goody, op. cit., p. 133.

34 Juvenal, Satire 4, 143.

35 T. S. Peterson, *Acquired Tastes: The French Origins of Modern Cuisine* (Ithica,

1994), p. 48.

36 C. A. Déry,'Fish as Food and Symbol in Rome', in H. Walker, ed., *Oxford Symposium on the History of Food* (Totnes, 1997), pp. 94-115, at p. 97.

37 E. Gowers, *The Loaded Table: Representations of Food in Roman Literature* (Oxford, 1993), pp. 1-24, 111.

38 M. Montanari, *The Culture of Food* (Oxford, 1994), p. 164.

39 O. Cartellieri, *The Court of Burgundy* (London, 1972), pp. 139-153.

40 D. Durston, *Old Kyoto* (Kyoto, 1986), p. 29.

41 J.-C. Bonnet,'The Gulinary System in the *Encyclopédie*', in R. Forster and O. Ranum, eds., *Food and Drink in History* (Baltimore, 1979), pp. 139-165, at p. 143.

42 Hu Sihui, *Yinshan Zhengyao–Correct Proncíples of Eating and Drinking*, quoted in M. Toussaint-Samat, *History of Food* (London, 1992), p. 329.

43 Gowers, op. cit., p. 51.

44 Dalby, op. cit., p. 122.

45 Antiphanes, quoted in ibid., p. 113; 译文有改动。

46 L. Bolens, *Agronomes andalous du moyen age* (Geneva, 1981).

47 Brillat-Savarin, op. cit., pp. 54-55.

48 Steingarten, op. cit., p. 231.

49 F. Gómez de Oroxco in M. de Carcery Disdier, *Apuntes para la historia de la transculturación indoespañola* (Mexico City, 1995), pp. x-xi.

50 Montanari, op. cit., p. 58.

51 M. Leibenstein,'Beyond Old Cookbooks: Four Travellers' Accounts', in Walker, ed., op. cit., pp. 224-229.

52 Wright, op. cit., pp. 360-361.

53 Bober, op. cit., p. 154.

54 J. Goody, *Food and Love: A Cultural History of East and West* (London, 1998), p. 131.

55 Bonnet, loc. cit., pp. 146-147.

56 See also Goody, *Food and Love*, p. 130.

57 Peterson, op. cit., pp. 109-110.

58 J.R. Pitte, *Gastronomie française: histoire et géographie d'une passion* (Paris, 1991), pp. 127-128.

59 Ibid., p. 129.

60 Wright, op. cit., p. 167.

61 Dalby, op. cit., p. 25.

62 A. Beardsworth and T. Keil, *Sociology on the Menu* (London, 1997),p. 87.

63 Montanari, op. cit., p. 86.

64 P. Camporesi, *The Magic Harvest: Food, Folklore and Society* (Cambridge, 1989), p. 95.

65 Ibid., p. 119.

66 Goody, Cooking, p. 101.

67 J.- P. Aron,'The Art of Using Leftovers: Paris, 1850-1900', in Forster and Ranum, eds., op. cit., pp. 98-108, at pp. 99, 102.

68 Camporesi, op cit., pp. 80-81, 106.

69 Peterson, op. cit., p. 92.

70 Dalby, op. cit., p. 64.

71 Camporesi, op. cit., p. 90.

72 Montanari, op. cit., p. 31.

73 Ibid., p. 51.

74 Forster and Ranum, eds., op. cit., p. x.

75 Prakash, op. cit., p. 100.

76 Peterson, op. cit., pp. 84-88.

77 Montanari, op. cit., p. 57.

78 J. Revel,'A Capital's Privileges: Food Supply in Early-modern Rome', in Forster and Ranum, eds., op. cit., pp. 37-49, at pp. 39-40.

79 Montanari, op. cit., p. 143.

80 Dalby, op. cit., p. 200.

81 John Byng, quoted in J. P. Alcock,'God Sends Meat, but the Devil sends Cooks: or A Solitary Pleasure: the travels of the Hon. John Byng through England and Wales in the late XVIIIth century', in Walker, ed., *Food on the Move*, pp. 14-31, at p. 22.

82 M. Bloch,'Les aliments de l'ancienne France', in J.-J. Hemardinquer, ed., *Pour une histoire de l'alimentation* (Paris, 1970), pp. 231-235.

83 F. J. Remedi, *Los secretos de la olla: entre el gusto y la necesidad: la alimentación en la Cordoba de principios del siglo* XX (Cordoba, 1998), p. 81.

84 B. Díaz del Castillo, *Historia verdadera de la conquista de la Nueva España*, ed. J. Ramírez Cabañas, 2 vols. (Mexico City, 1968), vol. 1, p. 271.

85 T. de Benavente o Motolinia, *Memoriales*, ed. E. O'Gorman (Mexico City, 1971), p. 342.

86 F. Berdan, *The Aztecs of Central Mexico: An Imperial Society* (New York, 1982), p. 39.

87 B. de Sahagún, *Historia de las Cosas de la Nueva España* (Mexico City, 1989), pp. 503-512.

88 P. P. Bober,'William Bartran's Travels in Lands of Amerindian Tobacco and Caffeine: Foodways of Seminoles, Creeks and Cherokees', in Walker, ed., op. cit., pp. 44-51, at p. 47.

89 Goody, *Food and Love*, p. 2.

90 Goody, *Cooking*, pp. 40-78.

第六章　消失的饮食界限——食物与文化远程交流的故事

1 M. Douglas, ed., *Food in the Social Order: Studies of Food and Festivities in Three American Communities* (New York, 1984), p. 4.

2 Quoted in J. Goody, *Food and Love: A Cultural History of East and West*, p. 134.

3 R. Warner, *Antiquitates Culinariae* [1791], quoted in J. Goody, *Cooking, Cuisine and Class* (Cambridge, 1982), p. 146.

4 H. Levenstein, *Paradox of Plenty: A Social History of Eating in Modern America* (Oxford, 1993), p. 45.

5 Ibid., p. 140.

6 A. J. Liebling, *Between Meals: An Appetite for Paris* (New York, 1995), pp. 8, 16, 131.

7 R. Barthes,'Towards a Psychology of Contemporary Food Consumption', in R. Forster and O. Ranum, eds., *Food and Drink in History* (Baltimore, 1979), pp. 166-173.

8 M. L. De Vault, *Feeding the Family: The Social Organization of Caring As Gendered Work* (Chicago, 1991).

9 A. Dalby, *Siren Feasts: A History of Food and Gastronomy in Greece* (London, 1996), p. 21.

10 Menander, quoted in ibid., p. 21.

11 Archestratus, quoted in ibid., p. 159.

12 A. A. J. Jansen et al., eds., *Food and Nutrition in Fiji*, 2 vol. (Suva, 1990), vol. 2, pp. 191-208.

13 H. Levenstein, *Revolution at the Table: The Transformation of the American Diet* (New York, 1988), p. vii.

14 Quoted in S. Coe, *America's First Cuisines* (Austin, 1994), p. 28.

15 Ibid., p. 126.

16 F. Férnandez-Armesto, *The Empire of Philip II: A Decade at the Edge* (London, 1998).

17 S. Zubaida,'National, Communal and Global Dimensions in Middle Eastern Food Cultures', in S. Zubaida and R. Tapper, eds., *Culinary Cultures of the Middle East* (London

and New York, 1994), pp. 33-48, at p. 41.

18 A. E. Algar, *Classical Turkish Cooking* (New York, 1991), pp. 57-58.

19 Ibid., p. 28.

20 L. van der Post, *African Cooking* (New York, 1970), pp. 131-151.

21 C. Darwin, *The Variation of Animals and Plants under Domestication*, 2 vols. (London, 1868), vol. 1, p. 309.

22 富兰克林远征队救援队军医伊莱沙·凯恩（Elisha Kane）1850年语，引自 Levenstein, *Paradox*, p. 228。

23 A. Lamb, *The Mandarin Road to Old Hue* (London, 1970), p. 45.

24 G. and D. West, *By Bus to the Sahara* (London, 1995), pp. 79, 97-100, 149.

25 Goody, *Food and Love*, p. 162.

26 F. T. Cheng, *Musings of a Chinese Courmet* (London, 1962), p. 24.

27 F. Fernández-Armesto,'The Stranger-effect in Early-modern Asia', *Itinerario*, xxiv (2000), pp. 8-123.

28 Hermippus, quoted in Dalby, op. cit., p. 105.

29 Brillat-Savarin, op. cit., p. 275.

30 H. A. R. Gibb and C. F. Beckingham, eds., *The Travels of Ibn Battuta, AD 1325-1354*, 4 vols. (London, 1994), vol. 4, pp. 946-947.

31 J. Israel, *The Dutch Republic and the Hispanic World* (Oxford, 1982), pp. 25, 45, 92, 123-124, 136, 203, 214, 288-289.

32 M. Herrero Sánchez, *El acercamiento hispano-neerlandes 1648-1678* (Madrid, 2000), pp. 110-125.

33 F. Fernández-Armesto, *Columbus* (London, 1996), p. 87.

34 E. Naville, *The Temple of Deir el Bahair* (London, 1894), pp. 21-25; Fernández-Armesto, *Civilizations*, pp. 224-226.

35 S. M. Burstein, ed., *Agatharchides of Cnidus On the Erythraean Sea* (London, 1989), p. 162.

36 L. Casson,'Cinnamon and Cassia in the Ancient World',in *Ancient Trade and Society* (Detroit, 1984) pp. 224-241; J. I. Miller, *The Spice Trade of the Roman Empire* (Oxford, 1969), p. 21.

37 Miller, op. cit., pp. 34-118; Dalby, op. cit., p. 137.

38 Dalby, op. cit., p. 137.

39 C. Verlinden, *Les Origines de la civilization atlantique* (Paris, 1966), pp. 167-170.

40 F. Fernández-Armesto, *Before Columbus* (Philadelphia, 1987), p. 198.

41 J.-B. Buyerin, *De re cibaria* (Lyon, 1560), p. 2.

42 A. Reid, *South-east Asia in the Age of Commerce*, 2 vols. (New Haven, 1988-1993), vol. 2, pp. 277-303; F. Fernández-Armesto, *Millennium* (London, 1995, new edn., 1999), pp. 303-309.

第七章　挑战演化——食物和生态交流的故事

1 A. Davidson, ed., *The Oxford Companion to Food* (Oxford, 1998), s. v.

2 Philibert Commerson in 1769, quoted in R. H. Grove, *Ecological Imperialism: Colonial Expansion, Tropical Island Edens and the Origins of Environmentalism*, 1600-1860 (Cambridge, 1996), p. 238.

3 E. K. Fisk,' Motivation and Modernization', *Pacific Perspective*, i (1972), p. 21.

4 A. Dalby, *Siren Feasts: A History of Food and Gastronomy in Greece* (London, 1996), p. 140.

5 Ibid., p. 87.

6 C. A. Dery,'Food and the Roman Army: Travel, Transport and Transmission (with Particular Reference to the Province of Britain), in H. Walker, *Food on the Move* (Totnes, 1997), pp. 84-96, at p. 91.

7 J. McNeill, *Something New Under the Sun* (London, 2000), p. 210.

8 Grove, op. cit., p. 93.

9 S. Coe, *America's First Cuisines* (Austin, 1994), p. 28.

10 Ibid., p. 96.

11 C. T. Sen,'The Portuguese Influence on Bengali Cuisine', in Walker, op. cit., pp. 288-298.

12 J. McNeill, op. cit., p. 173; F. D. Por,'Lessepsian Migration: an Appraisal and New Data', *Bulletin de l'Institut Océanique de Monaco*, no. spéc. 7(1990), pp. 1-7.

13 F. Fernández-Armesto, *Civilizations* (London, 2000), pp. 93-109.

14 *The Prairie* (New York, n. d.), p. 6.

15 C. M. Scarry and E. J. Reitz,'Herbs, Fish, Scum and Vermin: Subsistence Strategies in Sixteenth-century Spanish Florida', in D. Hurst Thomas, ed., *Columbian Consequences*, 2 vols. (Washington, D. C. and London, 1900), vol. 2, pp. 343-354.

16 W. Cronon, *Nature's Metropolis: Chicago and the Great West* (New York, 1991).

17 A. de Tocqueville, *Writings on Empire and Slavery*, ed. J. Pitts (Baltimore, 2001), P. 61.

18 F. Fernández-Armesto, *The Canary Islands After the Conquest* (Oxford, 1982), p. 70.

19 B. D. Smith,'The Origins of Agriculture in North America', *Science*, ccxlvi (1989), pp. 1566-1571.

20 B. Trigger and W. E. Washburn, eds., *The Cambridge History of the Native Peoples of the Americas, I: North America*, (Cambridge, 1996), vol. 1, p. 162.

21 G. Amelagos and M. C. Hill,'An Evalution of the Biological Consequences of the Mississippian Transformation', in D. H. Dye and C. A. Cox, eds., *Towns and Temples Along the Mississippi* (Tuscaloosa, 1900), pp. 16-37.

22 J. Lafitau, *Moeurs des sauvages amériquains, comparés aux moeurs des premiers temps*,2 vols. (Paris, 1703) vol. 1, p. 70.

23 F. Fernández-Armesto, *Millennium* (London, 1995, new edn., 1999), p. 353.

24 Battara's *Prattica agraria* (1798 edn.), vol. 1, p. 95, quoted in P. Camporesi, *The Magic Harvest: Food, Folklore and Society* (Cambridge, 1989), p. 22.

25 Fernández-Armesto, *Millennium*, p. 353.

26 M. Morineau,'The Potato in the XVIIIth Century', in R. Forster and O. Ranum, eds., *Food and Drink in History* (Baltimore, 1979), pp. 17-36.

27 Juan de Velasco, quoted in Coe, op. cit., p. 38.

28 J. Leclant,'Coffee and Cafés in Paris, 1644-1693', in Forster and Ranum, eds., op. cit., pp. 86-97, at pp. 87-89.

29 Ibid., p. 90.

30 'Multatuli', *Max Havelaav*, trans. R. Edwards (Harmondsworth, 1987), pp. 73-74 (punctuation modified).

31 S. D. Coe, *The True History of Chocolate* (London, 1996), p. 65.

32 Ibid., p. 201.

33 J. Goody,'Industrial Food: Towards the Development of a World Cuisine', in C. Counihan and P. van Esterik, eds., *Food and Culture: a Reader* (New York and London, 1997), pp. 338-356; S. W. Mintz,'Time, Sugar and Sweetness', in ibid., pp. 357-369.

34 E. S. Dodge, *Islands and Empires: Western Impact on the Pacific and Asia* (Minneapolis,1976) pp. 137-139.

35 Ibid., p. 233.

36 Ibid., p. 409.

37 Ibid., p. 418.

38 J. Belich, *Making Peoples: A History of the New Zealanders* (Auckland, 1996), pp. 145-146.

39 *Millennium*, pp. 640-641.

第八章　喂养巨人——饮食工业化的故事

1 Quoted in F. T. Cheng, *Musings of a Chinese Gourmet* (London, 1962), p. 147.

2 C. E. Francatelli, *A Plain Cookery Book for the Working Classes* (London, 1977), p. 16.

3 Ibid., pp. 44-45.

4 Ibid., p. 22.

5 J. M. Strang,'Caveat Emptor: Food Adulteration in Nineteenth-century England', *Oxford Symposium on Food and Cookery, 1986: The Cooking Medium: Proceedings* (London, 1987), pp. 129-133.

6 Ibid., pp. 13-19, 31-32, 89.

7 L. Burbank, *An Architect of Nature* (London, 1939), pp. 1, 5, 27, 32, 34, 41; F. W. Clampett, *Luther Burbank*, "Our Good Infidel" (New York, 1926), pp. 21-22; K. Pandora, in *American National Biography*.

8 J. McNeill, *Something New Under the Sun: An Environmental History of the Twentieth Century* (London, 2000), p. 24.

9 H. Levenstein, *Revolution at the Table: The Transformation of the American Diet* (New York, 1988), p. 109.

10 W. H. Wilson and A. J. Banks, *The Chicken and the Egg* (New York, 1955), p. 10.

11 B. MacDonald, *The Egg and I* (Bath, 1946), pp. 65,115.

12 Wilson and Banks, *Chicken and the Egg*, p. 38.

13 C. Wilson in F. H. Hinsley, ed., *New Cambridge Modern History* (Cambridge, 1976), vol. 11, p. 55.

14 R. Scola, *Feeding the Victorian City: The Food Supply of Manchester, 1770-1870* (Manchester, 1992), pp. 159-162.

15 H. V. Morton, *A Stranger in Spain* (London, 1983), p. 130.

16 J. Burnett, *Plenty and Want: A Social History of Diet in England from 1815 to the Present Day* (London, 1966), p. 35.

17 J. Goody, *Cooking Cuisine and Class: A Study in Comparative Sociology* (Cambridge, 1982), pp. 156-157.

18 T. A. B. Corley, *Quaker Enterprise in Biscuits: Huntley and Palmers of Reading, 1822-1972* (London, 1972), pp. 52-55, 92-95.

19 W. G. Clarence-Smith, *Cocoa and Chocolate, 1765-1914* (London and New York, 2000), pp. 10-92.

20 S. D. Coe, *The True History of Chocolate* (London, 1996), p. 243.

21 S. E Hinkle, *Hershey* (NewYork, 1964), pp. 8-15.

22 J. G. Brenner, *The Chocolate Wars: Inside the Secret World of Mars and Hershey* (London, 1999), pp. 9, 20, 42, 47-59.

23 J. Liebig, *Researches on the Chemistry of Food* (London, 1847), p. 2.

24 Ibid., p. 9.

25 Quoted in M. Toussaint-Samat, *History of Food* (London, 1992), p. 221.

26 Levenstein, *Revolution*, p. 194.

27 R. Mandrou,'Les comsommations des villes françaises (viandes et boissons) au milieu du XIXe siècle, '*Annales*, xvi(1961), pp. 740-747.

28 R. S. Rowntree, *Poverty and Progress: A Second Social Survey of York* (London, 1941), pp. 172-197.

29 J. Steingarten, *The Man Who Ate Everything* (London, 1997), p. 37.

30 H. Levenstein, *Paradox of Plenty: A Social History of Eating in Modern America* (Oxford, 1993), p. 197.

31 M. Davis, *Late Victorian Holocausts: El Niño Famines and the Making of the Third World* (London, 2000), pp. 4-5, 111.

32 B. Fagan, *Floods, Famines and Emperors: El Niño and the Fate of Civilizations* (London, 2000), p. 214.

33 Davis, op. cit., p. 7.

34 Ibid., p. 12.

35 Ibid., p. 139.

36 Ibid., p. 102.

37 Ibid., p. 26.

38 Ibid., p. 146.

39 J. Goody, *Cooking, Cuisine and Class: A Study in Comparative Sociology* (Cambridge, 1982), pp. 60-61.

40 Davis, op. cit., pp. 283, 286.

41 L. R. Brown, *Seeds of Change: The Green Revolution and Development in the 1970s* (London, 1980), pp. xi, 6-7.

42 F. Braudel,'Alimentation et catégories de l'histoire', *Annales*, xvi (1961), pp. 723-728.

43 H. Hanson, N. E. Borlaug and R. G. Anderson, *Wheat in the Third World* (Epping, 1982), pp. 15-17.

44 C. B. Heiser, *Seed to Civilization: The Story of Food* (Cambridge, Ma, 1990), p. 88.

45 Hanson et al., op. cit., pp. 17-19, 31.

46 Ibid., p. 40.

47 Heiser, op. cit., p. 77.

48 Hanson et al., op. cit., pp. 6, 15.

49 Ibid., p. 48.

50 Ibid., p. 23.

51 Brown, op. cit., p. ix.

52 McNeill, op. cit., p. 222.

53 Quoted in J. Pottier, *Anthropology of Food: the Social Dynamics of Food Security* (Cambridge, 1999), p. 127.

54 Hanson et al., op. cit., p. 107.

55 Levenstein, Paradox, p. 161.

56 HRH The Prince of Wales and C. Clover, *Highgrove: Portrait of an Estate* (London, 1993), p. 125.

57 McNeill, op. cit., p. 224.

58 *Quaestiones Naturales*, Bk 3, c 18.

59 G. Pedrocco,'L'industrie alimentaire et les nouvelles techniques de conservation', in J.-L. Flandre and M. Montanari, eds., *Histoire de l'Alimentation* (Paris, 1996), pp. 779-794, at p. 785.

60 A. Capatti,'Le gout de la conserve', in Flandre and Montanari, eds., op. cit., pp. 795-807, at p. 798.

61 J. Goody, *Food and Love: A Cultural History of East and West* (London, 1998), p. 160.

62 Capatti, loc. Cit., p. 799.

63 Jerome K. Jerome, *Three Men in a Boat* (London, 1957), pp. 116-117.

64 Capatti, loc. Cit., p. 801.

65 Toussaint-Samat, op. cit., p. 751.

66 Levenstein, *Paradox*, pp. 107-108.

67 U. Sinclair, *The Jungle* (Harmondsworth, 1965), p. 32.

68 Ibid., p. 51.

69 Ibid., p. 163.

70 R, C. Alberts, *The Great Provider: H. J. Heinz and His 57 Varieties* (London, 1973), pp. 7, 40, 102, 11, 130, 136-141; *A Golden Day: A Memorial and a Celebration* (Pittsburgh, 1925), pp. 17, 37.

71 J. R. Postgate, *Microbes and Man* (Cambridge, 1992), pp. 139-140, 146, 151.

72 Ibid., pp. 238-240.

73 P. M. Gaman and K. B. Sherrington, *The Science of Food* (Oxford, 1996), pp. 242, 244-245.

74 Postgate, op. cit., p. 68.

75 J. Claudian and Y. Serville,'Aspects de l'évolution récente de comportement alimentaire en France: composition des repas et urbanisation', in J. J. Hemardinquer, ed., *Pour une histoire de l'alimentation* (Paris, 1970), pp. 174-187.

76 M. Carlin,'Fast Food and Urban Living Standards in Medieval England', in M. Carlin and J. T. Rosenthal, eds., *Food and Eating in Medieval Europe* (London, 1998), pp. 27-51, at p. 27.

77 Ibid., pp. 29, 31.

78 Levenstein, *Revolution*, p. 163.

79 Ibid., p. 106.

80 Ibid., p. 113.

81 Ibid., pp. 122-123.

82 *Fast Service magazine*, 1978, quoted in Levenstein, *Paradox*, p. 233.

83 Levenstein, *Revolution*, p. 227.

84 Ibid., p. 128.

85 *Highgrove*, pp. 30, 276.